TRAITÉ
DES ARBRES
ET
ARBUSTES.

TOME SECOND.

TRAITÉ
DES ARBRES
ET
ARBUSTES
QUI SE CULTIVENT EN FRANCE
EN PLEINE TERRE.

Par M. DUHAMEL DU MONCEAU, Inspecteur général
de la Marine ; de l'Académie Royale des Sciences, de la Société
Royale de Londres, Honoraire de la Société d'Edimbourg
& de l'Académie de Marine.

TOME SECOND.

A PARIS,
Chez H. L. GUERIN & L. F. DELATOUR,
rue Saint Jacques, à Saint Thomas d'Aquin,

M. DCC. LV.
Avec Approbation & Privilege du Roi.

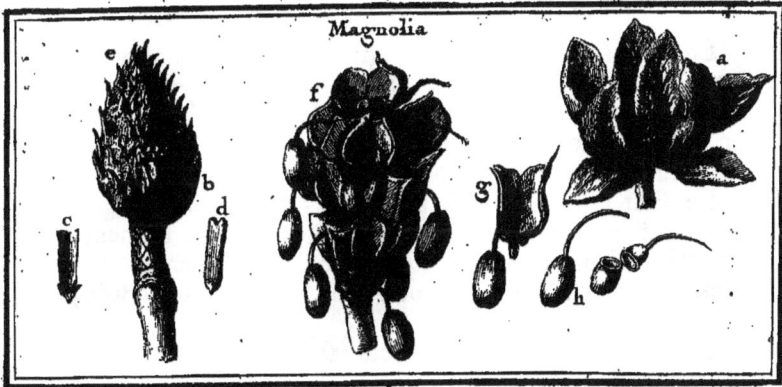

Magnolia

TRAITÉ
DES ARBRES ET ARBUSTES
QUI SE CULTIVENT EN FRANCE EN PLEINE TERRE.

MAGNOLIA, Plum. & Linn. LAURIER-TULIPIER.

DESCRIPTION.

L E calyce de la fleur (*a*) du Laurier-Tulipier eſt compoſé de trois petites feuilles ovales creuſées en cuilleron; elles reſſemblent à des pétales, & elles tombent quand le fruit noue.

Les pétales ſont au nombre de neuf; ils ſont grands, oblongs, arrondis par le bout, creuſés en cuilleron, & attachés au calyce par un appendice étroit.

On apperçoit dans le diſque de la fleur beaucoup d'étamines (*b*) filamenteuſes, applaties, & bordées à leur extrêmité par des ſommets étroits (*dc*).

Tome II.   A

Le piftil (*e*) eft formé d'un grand nombre d'embryons ob-longs qui font tous attachés à une efpece de poinçon pyra-midal; chaque embryon porte un ftyle recourbé & contourné en différents fens; & à leur extrémité eft attaché, fuivant la longueur du ftyle, le ftigmate qui eft velu.

Le fruit (*f*) a, dans fa perfeétion, la forme & la groffeur d'un œuf compofé d'efpeces d'écailles (*g*) qui forment des alvéoles, dans chacune defquelles eft une femence (*h*) affez groffe, de forme ovale un peu comprimée fur les côtés, & qui pend à un filet.

Les feuilles du Laurier-Tulipier font très-grandes, unies, liffes, polies, d'un beau verd, très-brillantes & d'une figure ovale très-allongée; elles reffemblent affez à celles du Laurier-Cerife, & font pofées alternativement fur les branches.

L'efpece, n°. 2, eft commune à la Louyfiane: fes feuilles font moins grandes que celles de l'efpece n°. ɪ; elles font en deffus d'un beau verd, & en deffous couvertes d'une fleur bleuâtre: elles tombent l'hyver.

Cet arbre parvient jufqu'à la groffeur de nos Noyers; fa tête eft bien arrondie, & tellement garnie de feuilles, qu'elle eft prefque impénétrable à la pluie & au foleil.

Son écorce eft grife & unie; fon bois eft blanc, tendre & liant.

Ses grandes fleurs blanches de la forme des Tulipes font un très-bel effet, étant accompagnées de la belle verdure des feuilles: les fruits deviennent d'un très-beau rouge en l'automne.

On a placé dans la vignette une fleur beaucoup plus petite que nature, pour faire voir feulement l'arrangement des pétales; les autres parties de cette vignette font de grandeur naturelle.

E S P E C E S.

ɪ. *MAGNOLIA altiffima flore ingenti candido.* Catefb. ou *TULIPIFERA arbor Floridana, Lauri longè amplioribus fplendentibus & denfioribus foliis, flore majore albo.* Pluk.

Magnolia qui a les fleurs blanches, très-grandes, & des feuilles plus grandes que celles du Laurier-Cerife; ou Laurier-Tulipier de la Louyfiane.

2. MAGNOLIA Lauri folio ſubtùs albicante. Cateſb. *ſive TULIPIFERA*
   Virginiana , Laurinis foliis adverſâ parte rore cæruleo cinĉtis Coni-
   baccifera. Pluk. Alm.
   MAGNOLIA de Virginie à feuilles de Laurier ceriſe , qui ſont
   blanches en deſſous ; ou LAURIER-TULIPIER des Iroquois.

Nous ſupprimons pluſieurs eſpeces de Magnolia : les unes qui
ſont trop délicates pour être élevées en pleine terre , & les
autres que nous ne connoiſſons pas aſſez.

C U L T U R E.

La plupart des ſemences qu'on nous envoie de la Louyſiané
ne levent point ; & nous ſommes obligés de multiplier les
Lauriers-Tulipiers par les marcottes.
   Ces arbres craignent trop le froid pour qu'on puiſſe les riſ-
quer en pleine terre dans notre climat ; mais je ſuis perſuadé
qu'ils y réuſſiroient en Provence & en Languedoc : peut-être
même ſupporteront-ils nos hyvers, quand nous pourrons en riſ-
quer de gros pieds.

U S A G E S.

Le Laurier-Tulipier eſt un des plus beaux arbres qu'on puiſſe
cultiver ; c'eſt ce qui nous a engagé à en parler dans ce Traité ;
car comme ils craignent le froid de notre climat, ils ne devroient pas y être compris.
   Quoique leurs graines ſoient très-ameres, on dit que les Per-
roquets de la Louyſiane en ſont très-friands : cela eſt d'autant
plus ſingulier, que l'on peut regarder comme une regle générale, que les amandes ameres ſont pernicieuſes aux oiſeaux,

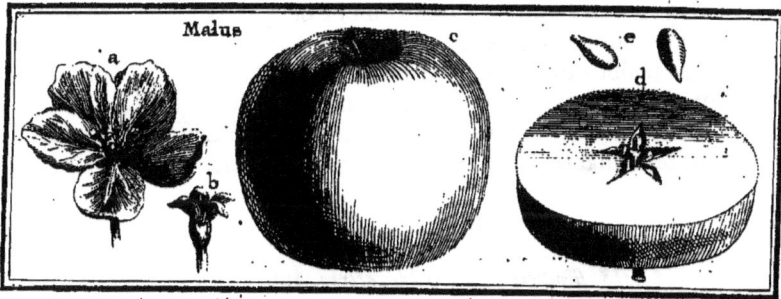

Malus

MALUS, Tournef. PYRUS, Linn. POMMIER.

DESCRIPTION.

LES fleurs (*a*) du Pommier font formées d'un calyce (*b*) qui eft d'une feule piece divifée en cinq, & figurée en godet; ce calyce porte cinq grands pétales arrondis & difpofés en rofe.

Le calyce donne encore naiffance à une vingtaine d'étamines qui font terminées par des fommets figurés en olive, & divifés fuivant leur longueur par une rainure.

On apperçoit au milieu de la fleur un piftil formé d'un embryon qui fait partie du calyce, & de cinq ftyles affez longs.

L'embryon ou la bafe du calyce devient un fruit charnu (*c*), arrondi, couvert d'une peau fouvent colorée; il eft terminé par une couronne formée des échancrures du calyce. Les pédicules ou queues qui attachent les Pommes aux arbres, font ordinairement courtes & placées dans un enfoncement qui pénetre bien avant dans le fruit. Cette circonftance peut fervir à diftinguer les Pommes d'avec les Poires. On trouve prefque toujours dans l'intérieur (*d*) cinq loges, quelquefois quatre, qui font formées par une membrane dure; chacune de ces loges contient une ou deux femences (*e*) qui ont la figure d'une larme, on les nomme pepins; ils font applatis du côté où ils fe touchent.

MALUS, Pommier.

Il y a des Pommiers qui forment de grands arbres, & d'autres de petits arbriſſeaux.

Les feuilles ſont entieres, ordinairement un peu velues, ſurtout par deſſous, dentelées & comme ondées par les bords, poſées alternativement ſur les branches : le deſſous eſt relevé d'arrêtes ſaillantes, & le deſſus creuſé de ſillons.

ESPECES.

1. *MALUS ſilveſtris fructu valde acerbo.* Inſt.
POMMIER ſauvage ou ſauvageon, à fruit fort âcre.

2. *MALUS ſilveſtris foliis ex albo variegatis.* M. C.
POMMIER ſauvage dont les feuilles ſont panachées de blanc.

3. *MALUS flore pleno.* C. B. P.
POMMIER à fleur double.

4. *MALUS ſilveſtris Virginiana floribus odoratis.* M. C.
POMMIER de Virginie à fleurs odorantes.

5. *MALUS fructifera flore fugaci.* H. R. Par.
POMMIER qui ne paroît point produire de fleur; ou POMME-FIGUE.

6. *MALUS ſativa foliis eleganter variegatis.* M. C.
POMMIER cultivé dont les feuilles ſont très-panachées.

7. *MALUS ſativa fructu maculis vitreis foris & intùs notato.* Inſt.
POMMIER à fruit tranſparent ou de glace.

8. *MALUS pumila quæ potiùs frutex quàm arbor.* C. B. P.
POMMIER nain, dit DE PARADIS.

9. *MALUS exigua pallidis floribus.* C. B. P.
POMMIER de médiocre grandeur, dit DOUCIN ou FICHET.

10. *MALUS ſativa fructu ſubrotundo & viridi palleſcente, acidè dulci.* Inſt.
POMMIER cultivé dont le fruit eſt arrondi & d'un goût agréable, ou REINETTE blanche.

11. *MALUS ſativa fructu ſplendidè purpureo.* Inſt.
POMMIER cultivé dont le fruit eſt varié de blanc & de rouge, ou API.

12. *MALUS sativa fructu magno, intensè rubenti, Viola odore.* Inst.
POMMIER cultivé dont le fruit est d'un rouge foncé, & qui
sent la Violette; ou CALVILLE rouge.

M. Linneus n'a fait qu'un genre des Poiriers, des Coignassiers & des Pommiers. Quoique les parties de la fructification soient très-semblables dans ces trois especes, nous avons cru que, pour nous conformer à l'usage, & pour ne pas rendre un genre trop nombreux, il convenoit de les distinguer, comme l'a fait M. de Tournefort, d'autant que la forme des fruits suffit pour éviter la confusion: car les Poires & les Pommes sont lisses, & les Coins sont couverts de duvet; la queue des Pommes est reçue dans une cavité profonde, celle des Poires & des Coins tient à une partie saillante

Nous aurions pu rapporter ici beaucoup d'autres especes de Pommes, ou, si l'on veut, beaucoup de variétés qu'on cultive dans les vergers; mais nous avons jugé que cette longue énumération seroit déplacée dans un Traité comme celui-ci. Nous croyons même que plusieurs des especes que nous avons rapportées, ne sont que des variétés.

CULTURE.

Les Pommiers sauvages croissent naturellement dans les forêts, où ils forment des arbres de moyenne grandeur: leurs fruits, qui sont ordinairement fort âcres, tombent, & leurs pepins germent; ce qui fait qu'on trouve ordinairement sous les Pommiers beaucoup de jeunes arbres qu'on arrache pour les planter dans les pépinieres.

Pour se procurer beaucoup de Pommiers sauvages, on étend sur une terre bien labourée l'épaisseur d'un travers de doigt de marc des Pommes qu'on a pressées pour en tirer le cidre; on recouvre ce marc d'un pouce de terre, & au printemps suivant elle se trouve chargée de jeunes Pommiers, qu'on arrache la seconde ou la troisieme année pour leur couper le pivot & en garnir les pépinieres: c'est sur ces Pommiers sauvages qu'on greffe les Pommiers que l'on veut élever en plein vent.

Il y a une espece de Pommier qui devient beaucoup moins grand que les Pommiers sauvages. On le nomme *Doucin* ou *Fichet*, n°. 9 : on se sert de cette espece pour greffer dessus les arbres qu'on veut tenir en buisson ; mais quand le terrein leur plaît, ils deviennent fort grands, & ils sont long-temps à donner du fruit : ils sont néanmoins préférables aux Pommiers sauvageons pour faire de gros buissons & des demi-tiges. On les multiplie par le plant enraciné ou par les drageons qui se trouvent au pied des vieilles souches ; ou bien on en fait des marcottes.

Enfin quand on veut avoir des Pommiers très-nains, on les greffe sur le Pommier nain nommé *Paradis*, n°. 8, qui ne s'éleve qu'à trois ou quatre pieds de hauteur : ce petit arbre se multiplie par marcottes & par boutures.

Ainsi les Pommiers en plein vent se greffent sur les sauvageons arrachés dans les forêts ou élevés de pepins ; les Pommiers en buisson sur le Doucin, & les nains sur le Paradis.

Les Pommiers se plaisent dans les terres qui ont beaucoup de fond & qui sont un peu humides.

Ce n'est point ici le lieu de parler de la taille des Pommiers en buisson & en espalier, puisque nous ne faisons qu'effleurer ce qui regarde les vergers.

Les Pommiers sauvages viennent naturellement en Canada vers Nïagara.

USAGES.

Toutes les especes de Pommiers portent dans le mois de Mai de grandes fleurs, la plupart couleur de rose, qui font un très-bel effet ; ainsi le Pommier à fleur double peut être mis dans les bosquets du printemps.

Les Pommiers ne peuvent point faire de belles avenues ; parce que leurs branches pendent toujours fort bas & interrompent le passage. On voit néanmoins en Normandie quelques especes de Pommiers à cidre qui soutiennent bien leurs branches, & qui ont assez le port des Tilleuls.

On sait que le fruit des Pommiers est très-utile. Celui des forêts sert à nourrir les bêtes fauves & les porcs. Quantité de pommes qu'on nomme *à Couteau*, sont très-bonnes à manger crues & cuites, à faire des compotes & des confitures. Les

Médecins

Médecins les ordonnent dans les tifanes pour calmer les toux. Les Pommes douces font laxatives, & les Pommes âcres aftringentes. Enfin il y a quantité de Pommes, les unes aigres & fures, les autres âcres, les autres douces, qui fervent à faire du cidre. Pour cela on les écrafe fous des meules pofées de champ, à peu près comme celle qui eft repréfentée ci-après à l'article de l'Olivier; on les paffe enfuite fous de forts preffoirs pour en exprimer le jus, qu'on laiffe fermenter dans de grandes tonnes; & l'on fait ainfi une liqueur qui tient lieu de vin dans les pays où le Raifin ne mûrit pas.

Les Pommes douces font un cidre délicat, agréable à boire, mais qui n'eft point de garde. On fait avec les Pommes fures & âcres, du cidre qui fe garde trois & quatre ans. En mêlant ces différents fruits on varie la qualité des cidres; mais ce n'eft pas ici le lieu d'entrer fur cela dans un plus grand détail. Il fuffit de favoir que le fuc des Pommes fermente; qu'en premier lieu il eft mufcide & doux; puis qu'il devient piquant & vineux: c'eft-là le cidre qu'on boit ordinairement: qu'il devient acide, & alors il tient lieu de vinaigre. En diftillant le cidre on obtient un efprit ardent peu différent de l'efprit-de-vin.

Le bois des Pommiers fauvageons eft moins dur que celui des Poiriers, mais il n'a pas une couleur auffi agréable: il eft plein, fort doux, très-liant, affez femblable à celui de l'Alizier; il eft recherché par les Menuifiers, & encore plus par les Tourneurs.

Quoique les fleurs des Pommiers paroiffent au printemps, & que les fruits ne mûriffent que dans l'automne, on a repréfenté dans la planche les fleurs & les fruits mûrs: on a auffi affecté d'y repréfenter des Pommes rondes & des Pommes longues.

Menispermum.

MENISPERMUM, Tournef. & Linn.

DESCRIPTION.

LE calyce (*a*) de la fleur du Menifpermum eft compofé de fix petites feuilles ovales & oblongues, qui tombent avant la maturité du fruit; elles recouvrent quatre ou fix péta-les (*b*) oblongs & ovales, creufés en cuilleron, & difpofés en rofe; dans l'intérieur on trouve ordinairement fix étamines affez courtes. Le piftil (*c*) eft compofé de trois embryons & d'un pareil nombre de ftyles terminés par des ftigmates obtus. Les ftyles fe renverfent & forment trois angles égaux : les embryons (*d*) deviennent autant de baies ovales (*e*) qui contiennent chacune une femence (*f*) applatie, figurée comme un croiffant.

Le nombre de toutes les parties de la fructification de cet arbufte eft fujet à varier.

Les fleurs font raffemblées par bouquets.

Cette plante eft farmenteufe : elle n'a point de mains; mais elle fe roule fur tout ce qu'elle rencontre, & s'élève très-haut.

Ses feuilles font fimples, affez grandes, prefque rondes, échancrées par les bords, portées fur des quèues affez longues, & placées alternativement fur les branches.

ESPECES.

1. *MENISPERMUM Canadenfe fcandens, umbilicato folio.* Act. Acad. R. P.

Menispermum grimpant de Canada, dont la feuille a un umbilic; ou Lierre de Canada.

B ij

2. *MENISPERMUM folio Hederaceo.* Hort. Eltham.
MENISPERMUM à feuilles de Lierre, ou LIERRE DE VIRGINIE.

CULTURE.

Le Menifpermum fe multiplie aifément par des drageons
enracinés, qui pouffent abondamment autour des pieds. Cette
plante fe plaît à l'ombre.

USAGES.

Comme les feuilles du Menifpermum font affez belles l'été ;
on peut employer cette plante pour en garnir les petites terraf-
fes : mais elle eft incommode en ce qu'elle trace beaucoup.
Des deux efpeces rapportées ci-deffus, l'une porte fes fruits
raffemblés par bouquets autour des branches ; l'autre les a
difpofés en petites grappes.

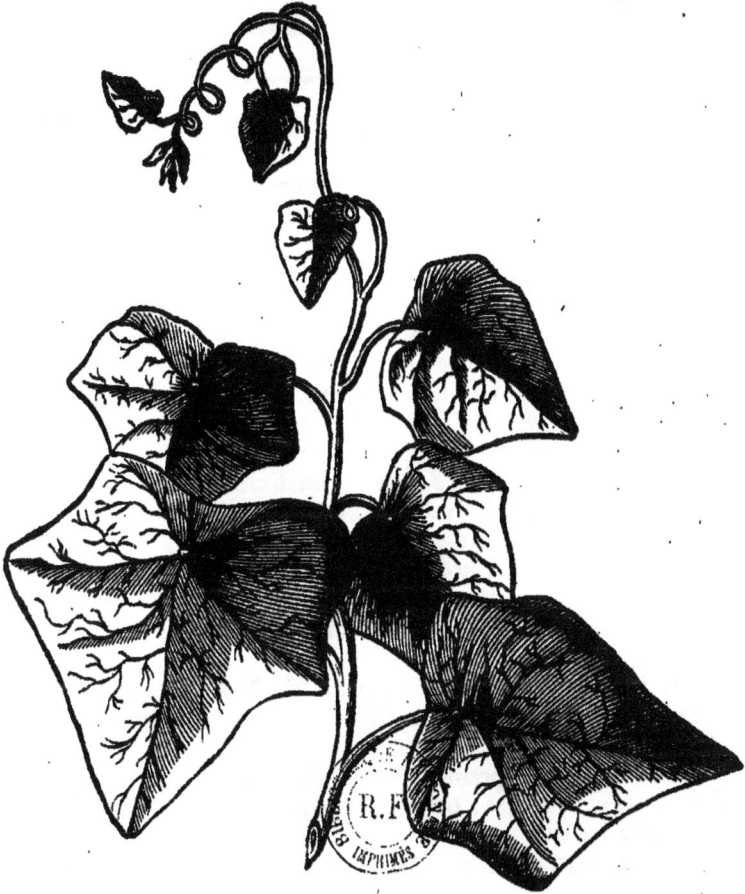

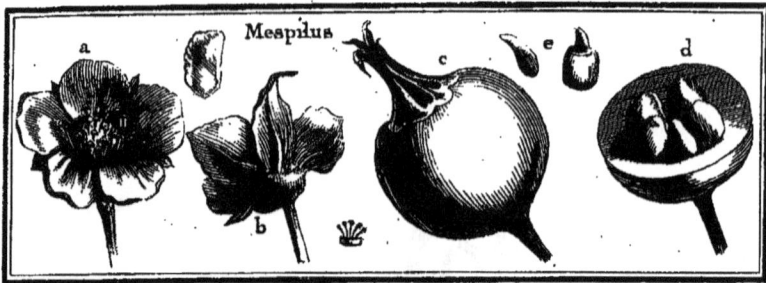

Mespilus

MESPILUS Tournef. & Linn. NEFFLIER.

DESCRIPTION.

LA fleur (a) des Neffliers est composée d'un calyce (b) qui est d'une seule piece, & qui supporte cinq pétales arrondis & creusés en cuilleron ; dans plusieurs especes, le calyce donne aussi quelquefois naissance à dix & souvent jusqu'à vingt étamines assez longues, au milieu desquelles on apperçoit le pistil formé d'un embryon qui fait partie du calyce, & de cinq styles qui sont terminés par des stigmates arrondis.

L'embryon devient une baie ou un fruit charnu (c) qui est terminé par un umbilic profond, & bordé des découpures du calyce qui forment une couronne.

On trouve dans l'intérieur (d) de plusieurs especes cinq noyaux (e) de figure irréguliere, dans d'autres deux ou trois ; ces noyaux quelquefois sont fort durs ; d'autres fois ce ne sont que des especes de pepins.

Les feuilles de toutes les especes de Neffliers sont posées alternativement sur les branches ; mais leur figure est très-différente suivant les especes.

Les Neffliers proprement dits (*folio Laurino*) les ont grandes, simples, entieres, ovales, longues, terminées en pointe, & un peu velues.

Les Azeroliers les ont découpées, plus ou moins profondément.

Les feuilles des Aube-épines font plus découpées & plus luifantes que celles de la plupart des Azeroliers.

Le Buiffon-ardent les a entieres, luifantes, finement den-telées par les bords.

Les feuilles des Amélanchiers font ovales, prefque rondes, médiocrement grandes, finement dentelées par les bords & d'un verd terne.

Le genre des Neffliers eft très-nombreux, quand on y com-prend toutes les efpeces de M. de Tournefort. M. Linneus en a retranché beaucoup qu'il a réunis aux *Cratægus* ; & la feule différence qu'il met entre les Neffliers & les Aliziers, con-fifte dans le nombre des femences ou noyaux. Il a laiffé au rang des Neffliers ceux qui en ont cinq, & il a réuni aux Ali-ziers ceux qui n'en ont que deux. Nous aurions adopté le fen-timent de ce célebre Botanifte, fi nous n'avions pas obfervé que le nombre des femences varie, depuis un jufqu'à cinq, dans les différentes efpeces de Neffliers & d'Aliziers.

M. de Tournefort a établi la différence de ces deux genres, non fur le nombre des noyaux, mais fur ce que dans les Ali-ziers les noyaux font dans des loges comme les pepins des Poires, au lieu que les noyaux des Neffliers font dans la chair même du fruit. Cette différence ne nous a paru ni affez frappante, ni affez conftante.

Ainfi donc nous comprendrons dans les Neffliers toutes les efpeces dont M. de Tournefort fait mention ; nous aurons feule-ment l'attention de réunir les efpeces qui ont le plus de reffem-blance les unes avec les autres, & de marquer celles que M. Linneus nomme *Aliziers*, & celles auxquelles il a confervé le nom de *Neffliers*.

E S P E C E S.

NEFFLIERS proprement dits, qui ont les feuilles ovales entieres, une vingtaine d'étamines & ordinairement cinq noyaux durs.

1. *MESPILUS Germanica, folio Laurino, non ferrato, five* MESPILUS *filveftris.* C. B. P.

MESPILUS inermis, foliis lanceolatis, integerrimis, tomentofis, ca-lycibus acuminatis. Linn. Spec.

NEFFLIERS des bois à feuilles entieres, non dentelées. Quel-ques-uns le nomment MESLIER.

2. *MESPILUS folio Laurino major.* C. B. P.
Nefflier cultivé à feuille entiere, non dentelée, & qui porte de gros fruits.

3. *MESPILUS folio Laurino fine officulis.*
Nefflier à feuille entiere & à fruits fans noyaux.

4. *MESPILUS folio Laurino major, fructu precoci, fapidiori, oblongo, leviori feu rariori fubftantiâ.* Hort. Cathol.
Nefflier à feuille entiere, dont le fruit eft précoce, oblong, & dont la chair eft délicate.

5. *MESPILUS folio Laurino major, fructu minori, rariori fubftantiâ.* Hort. Cathol.
Nefflier à feuille entiere & à petit fruit dont la chair eft délicate.

6. *MESPILUS fructu medio, è rotundo oblongo, aufteriori infulfo, coronâ claus'.* Hort. Cathol.
Nefflier à feuille entiere & à petit fruit un peu allongé, dont la couronne eft rabattue fur l'umbilic.

7. *MESPILUS aculeata Amygdali folio.* Inft.
MESPILUS fpinofa, foliis lanceolato-ovatis, crenatis, calycibus fructûs obtufis. Linn. Hort. Cliff.
Nefflier épineux à feuille entiere finement dentelée : fes fleurs ont beaucoup d'étamines ; fes fruits contiennent cinq noyaux fort petits. BUISSON ARDENT OU PYRACHANTA.

AMELANCHIER : les feuilles font ovales & arrondies ; les fleurs contiennent beaucoup d'étamines ; les fruits ont tantôt trois & tantôt dix pepins tendres.

8. *MESPILUS folio rotundiori, fructu nigro fubdulci.* Inft.
MESPILUS inermis, foliis ovalibus ferratis, cauliculis hirfutis. Linn. Spec.
Nefflier à feuille ronde & à fruit doux, ou AMELANCHIER des bois. Cette efpece a dix pepins tendres.

9. *MESPILUS inermis, foliis fubtùs glabris, obversè ovatis.* Gron. Virg.
MESPILUS inermis, foliis ovato-oblongis, glabris, ferratis, caule inermi. Linn. Spec.
Nefflier de Canada à feuilles ovales & liffes, ou AMELANCHIER de Canada à petite fleur.

20. *MESPILUS folio fubrotundo, fruĉtu rubro.* Inft.
MESPILUS foliis ovatis, integerrimis. Linn. Spec.
Nefflier à feuille ronde & à fruit rouge, ou Cotonaster; ou Amelanchier velu. Cette efpece a trois noyaux.

AZEROLIER à feuilles de Poirier, entieres, finement dentelées, très-luifantes, & dont le fruit contient ordinairement deux gros noyaux fort durs.

21. *MESPILUS aculeata, Pyri folia, denticulata, fplendens, fruĉtu infigni rutilo, Virginienfis.* Pluk.
CRATÆGUS foliis lanceolato-ovatis, ferratis, glabris, ramis fpinofis. Linn. Spec.
Nefflier, ou Azerolier de Virginie à feuille de Poirier finement dentelée, très-luifante, & dont le fruit eft d'un fort beau rouge.

AZEROLIER à feuille d'Alizier. Les feuilles font très-femblables à celles de l'Alizier. Les fruits contiennent quatre ou cinq noyaux.

22. *MESPILUS Canadenfis Sorbi terminalis facie.* Inft.
MESPILUS Apii folio, Virginiana, fpinis horrida, fruĉtu amplo coccineo. Pluk.
CRATÆGUS foliis ovatis, repando-angulatis, ferratis, glabris. Linn. Hort. Cliff.
Nefflier de Canada dont les feuilles reffemblent affez à celles de l'Alizier.

AZEROLIERS à feuilles découpées ; & qui offrent bien des variétés : on en trouve qui n'ont que huit ou dix étamines, & la plupart de leurs fruits contiennent, les uns deux & les autres trois noyaux.

23. *MESPILUS Apii folio laciniato.* C. B. P.
ARONIA Veterum.
CRATÆGUS foliis obtufis, bitrifidis, fubdentatis. Linn. Spec.
Nefflier à feuille découpée, ou Azerolier des bois.

24. *MESPILUS Apii folio laciniato, fruĉtu majore, intenfius rubro, gratioris faporis.* Hort. Cath.
Nefflier à feuille découpée & à gros fruit très-rouge d'une faveur agréable, ou Azerolier à gros fruit rouge.

15. *MESPILUS*

15. *MESPILUS Apii folio laciniato. Agrios fructu minori ex albo lutef-cente, umbilicum versùs turbinato.* Hort. Cath.
NEFFLIER à fruit blanc jaunâtre, qui a un peu la figure d'une Poire, ou AZEROLIER à fruit long.

16. *MESPILUS Virginiana spinis longioribus, rectis foliis, quodammodò auriculatis.* Pluk.
NEFFLIER de Virginie à feuilles luifantes & à longues épines, ou AZEROLIER à feuilles longues & luifantes.

AUBE-PIN, AUBE-EPINE, ou EPINE-BLANCHE, NOBLE-EPINE. Les feuilles font découpées très-profondément, & la plupart des fruits ne contiennent qu'un noyau dur.

17. *MESPILUS Apii folio, filveftris spinofa, five OXIACANTHA.* C. B. P. *CRATÆGUS foliis obtufis, bitrifidis, ferratis.* Linn. Hort. Cliff.
NEFFLIER des bois à feuille très-découpée, & à petit fruit très-rouge, ou AUBE-ÉPINE des haies.

18. *MESPILUS spinofa, five OXIACANTHA flore pleno.* Inft.
NEFFLIER ou AUBE-ÉPINE à fleur double.

Les fleurs de cette efpece ont plufieurs piftils, & il nous quelques fruits qui contiennent plufieurs noyaux.

19. *MESPILUS Apii folio, triphylla, fterilis, robuftioribus spinis.* H. Cath.
NEFFLIER des bois, ou AUBE-ÉPINE ftérile à trois feuilles & à grandes épines.

20. *MESPILUS filveftris, spinofa, hirfuta, Apii folio palmato, fructu majori.* Hort. Cath.
NEFFLIER des bois épineux, velu, à feuille découpée & à gros fruit, ou AUBE-ÉPINE à gros fruit.

21. *MESPILUS spinofa, five OXIACANTHA Virginiana maxima.* M. C.
Grand NEFFLIER de Virginie, épineux, ou grande AUBE-ÉPINE de Virginie.

Nota. M. de Tournefort fait encore mention d'un Nefflier du Levant qui a les feuilles découpées, & dont le fruit affez gros contient cinq noyaux : en voici la phrafe.

22. *MESPILUS Orientalis Tanaceti folio, villofo, magno fructu pen-tagono, è viridi flavefcente.* Cor. Inft.
NEFFLIER du Levant à feuille de Tanefie, dont le fruit eft gros & relevé en cinq côtes de Melon.

CULTURE.

Toutes les efpeces de Neffliers peuvent s'élever de graines. Celles qui croiſſent naturellement dans les forêts, fourniſſent du plant qu'on arrache pour mettre en pépiniere. Mais quand on veut faire des femis de Neffliers, il eſt bon d'être prévenu que les femences ne levent fouvent que dans la feconde année. Quelques-uns, par cette raiſon, mettent en automne les fruits dans un pot ou dans une caiſſe avec de la terre, & les conſervent dans un lieu frais, ou même à l'air; ou bien ils enterrent les pots à deux ou trois pieds de profondeur; ils les y laiſſent paſſer une année entiere, & ils ne les en tirent qu'au printemps de l'année fuivante pour les femer en planche : alors les femences ne tardent pas à lever.

Nous avons éprouvé qu'en mettant dès la fin de Septembre, les fruits auſſi-tôt qu'ils font mûrs, lits par lits avec de la terre un peu humide, & les femant au printemps fuivant dans des terrines fur couche, les femences levent dès la premiere année; c'eſt une pratique avantageuſe pour les efpeces rares.

On peut auſſi multiplier les Neffliers par des marcottes, & en greffant les efpeces rares fur celles qui font communes.

Toutes les efpeces de Neffliers s'accommodent aſſez bien de toutes fortes de terreins, excepté des terreins trop fecs où elles ne font que languir.

C'eſt une fort bonne pratique que de répandre beaucoup de fruits d'Aube-pins, d'Azeroliers & de Buiſſons-ardens dans les femis des bois; car ces arbriſſeaux, qui ne font aucun tort au Chêne ni au Châtaignier, couvrent la terre, font périr l'herbe, & le grand bois y croît mieux. Nous en avons auſſi femé dans des remiſes que nous plantions : les jeunes Neffliers n'ont paru fenſiblement que dans la troiſieme ou quatrieme année; mais ils ont beaucoup contribué à garnir les remiſes : cette attention, qui n'occaſionne aucuns frais, ne doit point être négligée.

USAGES.

Les Neffliers, n°. 1, 2, 3, 4, 5, donnent des fruits qu'on

peut manger quand on les a laissés mollir sur la paille. Le fruit du n°. 1 a le goût plus relevé que celui de toutes les autres especes; mais l'espece du n°. 3 est préférable, parce que son fruit est fort gros. Le n°. 2 a l'avantage de n'avoir point de noyaux.

Comme les Nefles commencent d'abord à mollir par le cœur, il arrive souvent que cette partie est pourrie avant que le dessus soit en état d'être mangé; pour prévenir cet inconvénient, quelque temps avant que les Nefles molissent, on les secoue dans un van pour meurtrir le dessus, qui alors mollit aussi promptement que le dedans. Au reste c'est toujours un fruit très-médiocre; il a la propriété d'arrêter les cours de ventre.

Les Azeroliers, depuis le n°. 11 jusqu'au n°. 16, sont de fort jolis arbres dans le mois de Mai, quand ils sont en fleurs; il convient donc de les mettre dans les bosquets du printemps. Ils sont aussi assez agréables en automne, lorsqu'ils sont chargés de leurs fruits, les uns rouges & les autres blancs : mais comme dans ce temps-là les feuilles ont presque toujours perdu leur éclat, nous n'osons conseiller d'en mettre dans les bosquets de cette saison. Les especes qui portent de gros fruit peuvent être cultivées dans les potagers. Quoique leur fruit soit assez fade, on s'en sert pour orner les desserts; en Provence on en fait des confitures qui sont assez bonnes.

On fera bien de mettre des Azeroliers dans les remises, parce que leur fruit attire le gibier. Ils n'ont pas tant d'épines que l'Aube-épine; mais ils croissent plus vîte, & deviennent plus grands.

L'espece du n°. 11 mérite sur-tout d'être cultivée, à cause du brillant de ses feuilles & de l'éclat de son fruit.

Les Aube-pins, depuis le n°. 17 jusqu'au 21, sont des arbrisseaux très-agréables dans le mois de Mai, temps auquel ils sont en fleurs; plusieurs de ces especes répandent une odeur des plus gracieuses. On pourra pour cette raison en mettre dans les bosquets du printemps, sur-tout l'Aube-pin à fleur double, qui est charmant dans le temps de sa fleur.

Comme les Aube-pins ont de grandes épines, & qu'ils souffrent le croissant & le ciseau, on en fait d'excellentes haies, qui sont très-jolies quand on a soin de les tondre. Nous avons des Aube-pins dont les fleurs n'ont aucune odeur; leurs feuilles font un peu plus brillantes que celles des autres.

Le Buiffon-ardent, n°. 7, eft fort beau dans le temps de fa fleur qui paroît au mois de Mai; mais il eft encore plus agréable dans l'automne, quand il eft chargé de cette prodigieufe quantité de fruits rouges qui le font paroître comme en feu.

Enfin les Amelanchiers & les Cotonafters, n°. 8, 9 & 10, font d'affez jolis arbuftes. Celui du n°. 8 porte cinq pétales qui font longs & étroits. Le n°. 10 forme un arbufte très-joli; & le n°. 9, qui reffemble fort au n°. 8 par fes feuilles, a des pétales ronds comme le Pyracantha.

Les feuilles de toutes les efpeces que nous venons de rapporter, font garnies de deux ftipules à leurs pédicules. L'Epine-blanche a les ftipules cannelées & découpées comme fa feuille. Le Nefflier proprement dit, a pour ftipules deux petites feuilles unies; d'autres enfin comme l'Amélanchier, le Cotonafter & le Pyrachanta ont pour ftipules deux petits filets.

Toutes les efpeces de Neffliers fe greffent les unes fur les autres; la plupart reprennent auffi fur le Coignaffier, & elles peuvent fervir de fujets pour greffer deffus des Poiriers qui reftent nains, & qui produifent leur fruit plutôt que lorfqu'ils font greffés fur des Poiriers fauvageons. J'ai vu, au Château de la Galiffoniere près Nantes, des Poiriers de Virgouleufes en efpalier, qui étoient greffés fur Aube-pin, & qui donnoient du fruit, quoiqu'ils fuffent affez jeunes.

Toutes les efpeces de Neffles paffent pour aftringentes.

Le n°. 22, dont M. de Tournefort parle dans fon Voyage du Levant, forme un arbre auffi gros que les Chênes. Les branches fe répandent de côté & d'autre; les feuilles font d'un verd pâle, légerement velues des deux côtés, découpées jufques vers la nervure du milieu en trois parties qui font dentelées par les bords comme celles de la Tanefie: les fruits qui naiffent deux ou trois enfemble, reffemblent à de petites Pommes d'un pouce de diametre, partagées en cinq côtes comme celles de Melon. Leur écorce eft d'un verd pâle & légerement velue. Les Arméniens mangent ce fruit, quoiqu'il foit moins bon que les Azeroles. Je crois que cet arbre n'exifte plus dans nos Jardins.

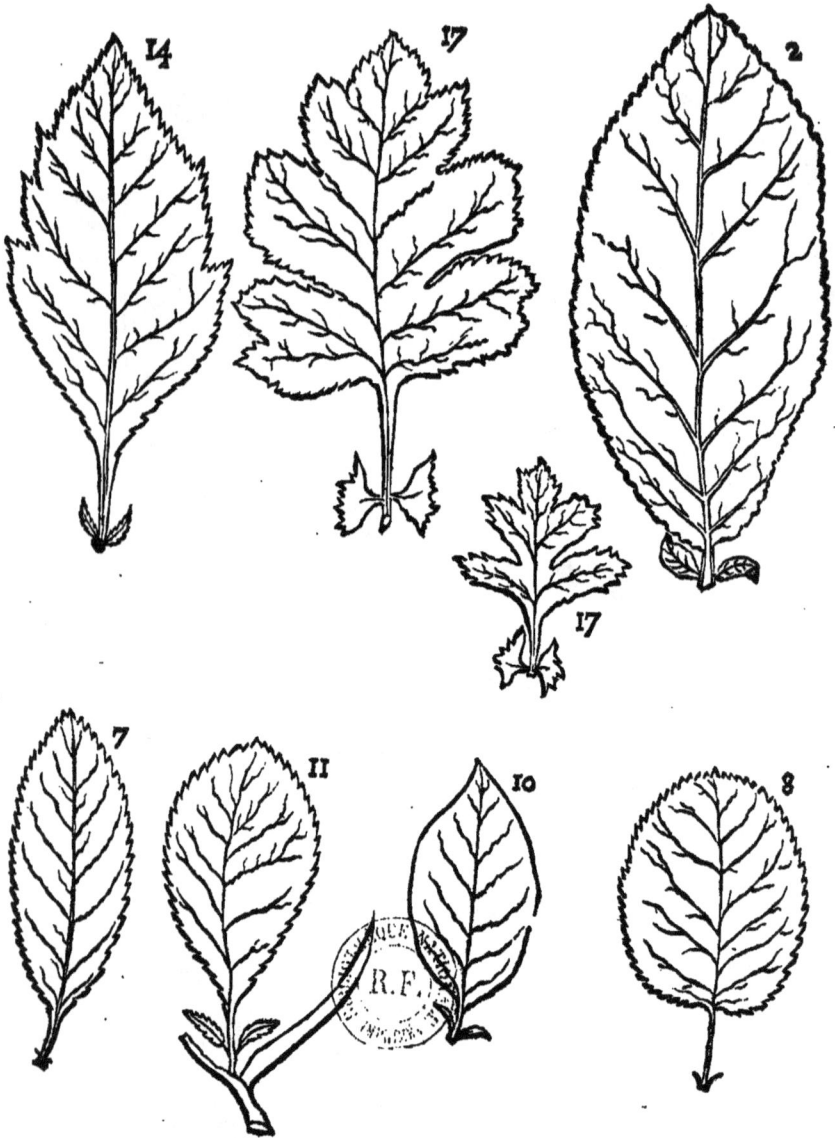

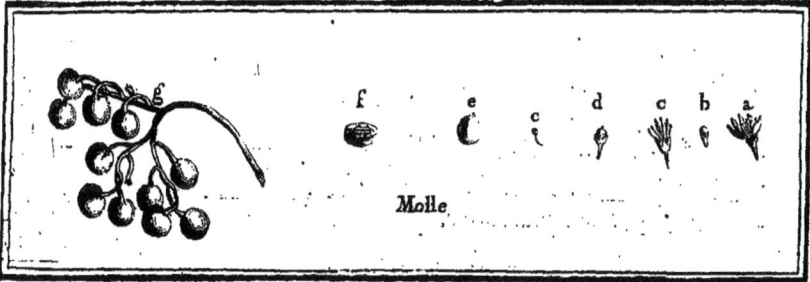

Molle

MOLLE, TOURNEF. SCHINUS; LINN.

DESCRIPTION.

LES fleurs du *Molle* font compofées d'un petit calyce di-vifé en cinq (*c*), & de cinq pétales arrondis, difpofés en rofe (*a*). On apperçoit dans l'intérieur dix étamines (*c*) & un piftil (*d*) formé d'un embryon arrondi & d'un ftyle. L'embryon devient une baie ronde (*g*), dans laquelle on trouve une efpece de noyau (*f*) qui eft comme une petite balle (*e*).

Les fleurs font raffemblées en forme de grappes; elles font d'un blanc qui tire fur le jaune: les baies font rougeâtres. Les fleurs & les fruits ont un aromat piquant, affez femblable au poivre.

Les feuilles font compofées de folioles étroites, dentelées par les bords, terminées en pointe, rangées par paires fur un filet qui eft terminé par une feule. Elles ont auffi une odeur affez femblable au poivre.

Souvent l'on trouve des feuilles dont les folioles font alternes; mais d'ordinaire elles font oppofées.

ESPECE.

MOLLE *Clufii*, ou LENTISCUS *Peruviana*. C. B.
MOLLE, ou LENTISQUE du Pérou.

CULTURE.

Cet arbre, qui devient affez grand au Pérou, s'éleve aifément dans nos Orangeries; mais on ne peut le conferver
en pleine terre qu'à de très-bonnes expofitions, en le couvrant avec foin; encore ne faut-il l'y mettre que quand il eft
un peu gros. On l'éleve facilement de graines, & on peut le
multiplier par des marcottes.

USAGES.

Le *Molle* eft un arbre très-joli, mais trop délicat pour fervir
à la décoration de nos bofquets. Nous avons cru devoir en
parler, parce que probablement on pourroit l'élever en pleine
terre dans nos Provinces maritimes, principalement en Provence & en Languedoc, où il pourroit être de quelque utilité:
càr en faifant bouillir fes baies dans l'eau, on obtient une
liqueur vineufe affez agréable, qui eft diurétique ; & l'on retire
de fa tige, par incifion, une réfine odorante qui approche de
la gomme Élemi. On dit que l'écorce & les feuilles de cet
arbre font réfolutives & bonnes contre les humeurs froides.

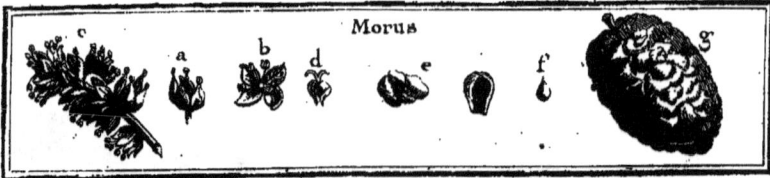

Morus

MORUS, TOURNEF. & LINN. MÛRIER.

DESCRIPTION.

IL y a des Mûriers qui ne portent que des fleurs mâles, &
d'autres qui portent des fleurs femelles, ou quelquefois des
fleurs mâles & des fleurs femelles fur le même arbre.

Le calyce des fleurs mâles (*a*) eft divifé en quatre pieces
ovales, creufées en cuilleron ; elles n'ont point de pétales,
mais quatre étamines (*b*) affez longues, qui partent d'entre les
découpures du calyce. Les fleurs font attachées fur un filet
en forme d'épi (*c*).

Le calyce des fleurs femelles eft divifé en quatre parties ob-
tufes, arrondies; elles fubfiftent jufqu'à la maturité du fruit;
point de pétales, mais un piftil (*d*) qui eft formé d'un embryon ovale, & de deux ftyles affez longs & recourbés.

L'embryon & le calyce deviennent une baie fucculente (*e*),
qui contient une femence ovale (*f*), terminée en pointe.

Ces baies ou grains étant raffemblés fur un poinçon commun, forment une efpece de tête plus ou moins allongée (*g*),
qu'on nomme *Mûre*.

Les feuilles font pofées alternativement fur les branches;
mais il y en a de figure très-différente, fuivant les efpeces :
les unes font entieres, feulement dentelées par les bords; d'autres font découpées très-profondément comme les feuilles de
Figuier; quelques-unes font fort grandes, d'autres fort petites; il y en a de plus rudes les unes que les autres, prefque
toutes font d'un fort beau verd, & très-brillantes.

ESPECES.

1. *MORUS fructu nigro*. C. B. P.
  MEURIER cultivé à fruit noir.

2. *MORUS fructu nigro minori, foliis eleganter laciniatis*. Inst.
  MEURIER à petit fruit noir & à feuilles très-découpées.

3. *MORUS fructu albo minori, insulso*. H. Cath.
  MEURIER à fruit blanc insipide.

4. *MORUS fructu minori ex albo purpurascente*. Inst.
  MEURIER à petit fruit purpurin.

5. *MORUS Hispanica amplissimis foliis numquam laciniatis*.
  MEURIER d'Espagne à très-grandes feuilles qui ne sont jamais découpées.

6. *MORUS fructu nigro, folio eleganter variegato*. M. C.
  MEURIER à fruit noir & à feuilles panachées.

7. *MORUS Virginiensis arbor Loti arboris instar ramosa, foliis amplissimis*. Pluk.
  MEURIER de Virginie à très-grandes feuilles, & qui ressemblent au Micocoulier.

8. *MORUS Virginiana foliis latissimis scabris, fructu rubro longiori*. M. C.
  MEURIER de Virginie à grandes feuilles rudes au toucher, à fruit rouge & fort long.

Cette derniere espece qui nous est venue de la Louysiane, & d'auprès de Montréal, pourroit être la même que la précédente. Celui que nous cultivons n'a pas les feuilles fort rudes; & le fruit, qui a un pouce de longueur sur environ quatre lignes de diametre, ressemble à un Chaton.

Il m'est venu, il y a dix à douze ans, des fruits d'un Mûrier de Virginie: ils étoient longs & bons à manger. On les a semés & élevés à Trianon: ils n'ont point encore donné de fruit; mais les feuilles font dentelées: seroit-ce le n°. 6 dégénéré?

CULTURE

CULTURE.

Les Mûriers s'accommodent affez bien de toutes fortes de terreins; néanmoins ils croiffent beaucoup plus promptement dans les terres chaudes & légeres qui ont beaucoup de fond, & ils y réuffiffent mieux que dans les terres maigres ou froides & argilleufes. D'ailleurs on prétend que dans les terres trop maigres la feuille y devient feche, & ne fournit pas affez de nourriture pour les vers à foie. On remarque encore que ces arbres font très-vigoureux le long des ruiffeaux remplis d'eau : mais on prétend que dans les terres humides & graffes, leurs feuilles forment une nourriture trop groffiere, peu favorable à la fanté des vers & préjudiciable à la bonne qualité de la foie.

J'ai fait d'affez grandes plantations de Mûriers dans des terres très-fortes, & dans des terres légeres : les premiers pouffent avec plus de vigueur, & ont leurs feuilles plus vertes. Mais ces arbres font encore trop jeunes pour que je puiffe décider de la différente qualité de leurs feuilles d'après mon expérience. Je vois feulement dans un Mémoire que m'a fourni M. du Verger du Mans, qui fuit depuis quinze ans, avec tout le foin & l'intelligence poffible, la culture des Mûriers, que dans le pays du Maine, des Mûriers ont acquis en quinze ans vingt-un pouces de circonférence, au lieu que dans le même efpace de temps & dans le même terrein, des Ormes & des Noyers de même âge avoient tout au plus quinze pouces.

On voit depuis long-temps des Mûriers noirs à gros fruit, plantés dans les différentes Provinces de France; mais on a cru pendant long-temps que le Mûrier blanc ne pouvoit réuffir que dans les climats chauds, tels que font l'Italie, l'Efpagne, la Provence, le Languedoc, le Piémont, &c. Suivant nos anciens Auteurs d'Agriculture, les Mûriers blancs ne fe font établis en France que fous le regne de Charles IX. Plufieurs Gentilshommes de Provence & de Dauphiné, qui fervoient en Sicile, frappés du produit de ces arbres pour la foie, en apporterent les premiers en France dans leurs terres, où ils réuffirent auffi bien qu'en Italie. Henri IV. perfuadé de l'avantage qui pourroit en revenir à fon Royaume, ordonna la plantation des Mûriers; mais les feules Provinces du Languedoc, de la Provence, du

Tome II. D

Dauphiné & du Vivarais, s'y foumirent; & qui ignore combien de richeffes cet arbre a répandues dans ces Provinces!

Dans les Provinces moins tempérées, on en planta feulement quelques-uns par curiofité; & ç'en étoit affez pour prouver que cet arbre ne craint point les gelées. On en eut encore une preuve plus forte par la réuffite des Mûriers qui furent plantés dans les Jardins des Thuilleries & du Pleffis-lez-Tours. On rapporte encore que M. Colbert, frappé de la beauté de ces arbres, fit venir de Provence une famille entiere, pour tenter d'élever des vers à foie avec les feuilles de Mûrier blanc; & que Chriftophe Jouard, choifi pour cette opération, fut furpris de la beauté des arbres qu'il vit à Paris, & qu'il fe promit un heureux fuccès de l'entreprife à laquelle le Miniftre s'intéreffoit. Les tentatives furent des plus heureufes; mais le Miniftre mourut, & le projet fut abandonné.

Il réfulte toujours de ces faits, qui font rapportés par plufieurs Auteurs, que les Mûriers peuvent très-bien réuffir dans des climats auffi froids que les environs de Paris. Feu M. Orry, Controlleur général, a favorifé la plantation des Mûriers blancs, dans la vue de multiplier en France l'éducation des vers à foie: les Provinces de Touraine, de Poitou, du Maine & d'Anjou nous donnent des preuves récentes de la poffibilité qu'il y a de les élever dans des climats affez froids.

Il y a plus: on affure que les plantations de Mûriers ont très-bien réuffi en Irlande, & dans quelques Provinces d'Allemagne: il nous eft venu du Canada des branches & des fruits de Mûriers qui y croiffent vers le haut du Fleuve Saint Laurent, près Montréal.

Enfin, depuis une quinzaine d'années, M. du Verger en éleve avec beaucoup de fuccès aux environs du Mans; & nous dans les plaines des environs de Pethiviers, auffi-bien que fur les rives de la forêt d'Orléans de ce même côté: nous en avons une quarantaine d'affez gros, & qui viennent fort bien, dans le parc de Denainvilliers près Pethiviers, où nous les avons plantés, il y a quinze ou dix-huit ans, au bord d'un taillis où ils n'exigent plus aucune culture. Ainfi je puis, d'après nos propres expériences & les Mémoires qui m'ont été fournis par M. du Verger, donner tous les éclairciffements qu'on peut defirer fur la culture des Mûriers blancs.

Avant de détailler la culture des Mûriers, il est bon d'être prévenu que la distinction des Mûriers blancs & des Mûriers noirs, n'est fondée ni sur la couleur de la feuille ou de l'écorce, ni même sur celle du fruit. On appelle *Mûriers noirs*, ceux qui produisent de gros fruits bons à manger, qui sont toûjours d'un rouge si foncé qu'ils paroissent noirs : & ceux-là se réduisent à deux ou trois variétés. Tous les autres Mûriers sont rangés dans la classe des *Mûriers blancs*, soit que le fruit soit gros ou petit, noir, blanc ou rouge, &c. Entre ceux-ci il y en a qui ont leurs feuilles blanchâtres, d'autres d'un verd foncé ; les uns produisent de très-grandes feuilles entieres, d'autres de très-petites, profondément échancrées. Le fruit de tous ces Mûriers est ordinairement fade & dégoûtant. On ne cultive les Mûriers noirs que pour leur fruit ; & les blancs pour leurs feuilles, qui servent à élever les vers à soie. Nous en parlerons plus amplement dans l'article des usages.

On peut multiplier les Mûriers par la semence, par les marcottes & par les boutures. Nous allons expliquer successivement ces différentes pratiques ; je commence par ce qui regarde la graine.

Si l'on veut élever des Mûriers noirs, on choisit les plus grosses & les plus belles Mûres ; si ce sont des Mûriers blancs qu'on se propose de multiplier, on préfere les grosses Mûres blanches qui se trouvent sur les grands Mûriers dont les feuilles sont grandes, blanchâtres, douces, tendres & les moins découpées qu'il soit possible ; en un mot on préfere les fruits des arbres qu'on nomme *Mûriers de bonnes feuilles*, & particulierement de ceux qu'on appelle *Mûriers d'Espagne*.

Pour recueillir la graine il faut que les fruits soient parvenus à une parfaite maturité : on les laisse tomber d'eux-mêmes : mais il est bon de rebuter ceux qui tombent les premiers ; ils sont ordinairement altérés & de mauvaise qualité.

A mesure qu'on ramasse les Mûres, on les écrase, & on les met dans un vase avec un peu d'eau pour fermenter comme le vin ; on les presse deux ou trois fois par jour avec les mains, ou on les foule avec une espece de pilon de bois ; quand la pulpe est attendrie par cette macération, on ajoute beaucoup d'eau pour la dissoudre. En répétant plusieurs fois

D ij

ce lavage, on jette avec l'eau les graines qui furnagent; elles font ordinairement mauvaifes : on emporte auffi par ce procédé une bonne partie de la pulpe; & il refte au fond du vafe un marc dans lequel eft la bonne graine. On fait fécher ce marc ; à mefure qu'il fe deffeche, on l'émiette avec les mains pour détacher les graines ; & quand il eft bien fec, on en fépare la graine avec un crible.

Quand on achete cette graine, on doit la choifir groffe, pefante, blonde ; lorfqu'on l'écrafe, elle doit répandre beaucoup d'huile ; fi on la jette fur une pelle rouge, elle doit pétiller.

La meilleure graine fe tire ordinairement du Piémont, du Languedoc & du Comtat d'Avignon, parce qu'on y cultive des arbres de bonnes feuilles : on en tire auffi d'Efpagne. J'en ai eu de la Louyfiane qui a très-bien réuffi : en général j'incline à donner la préférence à la graine qu'on recueille dans des pays où il fait quelquefois affez froid ; il m'a paru que les arbres qui en proviennent en étoient plus capables de réfifter à nos gelées.

On peut femer la graine auffi-tôt qu'elle eft recueillie, ou la conferver pour ne la mettre en terre qu'au printemps : ces deux pratiques ont leurs avantages & leurs inconveniens. Quand les automnes font chaudes & humides, une partie de la graine qu'on a femée immédiatement après la récolte, leve avant l'hyver ; ces jeunes plants, qui font alors très-foibles, périffent, fi les gelées font fortes, à moins qu'on n'ait foin de les couvrir. Les graines qu'on feme au printemps font quelquefois long-temps à lever ; & même il en leve peu, fi la faifon eft froide & feche ; ce qui arrive fouvent dans notre climat.

Pour éviter ces inconvénients ; auffi-tôt que les femences font recueillies, je les mêle avec du fable, & je les conferve jufqu'à la moitié d'Avril dans une ferre à l'abri de la gelée : alors je les feme avec le fable, ce qui eft plus avantageux, parce que cette graine étant fine, on court toujours rifque de la femer trop épaiffe : il faut tâcher de ne répandre qu'une once de graine fur une planche de fix pieds de largeur & de vingt-quatre pieds de longueur.

Pour femer la graine de Mûrier, on doit choifir une bonne terre de potager, bien labourée, point trop graffe, mais légere : l'arbre viendroit mieux dans une terre qui auroit du fond, mais la feuille n'en feroit pas fi bonne. On feme cette graine dans

quatre rayons que l'on fait dans la longueur des planches ; ou
bien on la répand au hazard fur la terre, que l'on a dreffée au
rateau, & on la recouvre avec un peu de terreau. Il eft
affez indifférent de fuivre l'une ou l'autre méthode ; mais il
faut avoir l'attention de ne recouvrir cette graine que d'une
très-petite épaiffeur de terre ; car fi elle eft trop enterrée,
elle ne leve pas.

Si l'on veut femer de la graine qu'on a tirée d'ailleurs, &
qui fe fera defféchée pendant plufieurs mois, on fera bien de
la mettre auparavant tremper au moins vingt-quatre heures
dans l'eau : on rejette comme mauvaife celle qui furnage,
& on avance la germination de celle qui fe précipite au fond.

Quand la graine eft en terre, elle n'exige d'autre foin que
de tenir les planches nettes d'herbes, qu'on arrache à la main,
& de les arrofer de temps en temps. On juge bien que pour
exécuter commodément ces travaux, il faut pratiquer des fen-
tiers entre les planches.

Quand les terres font de nature à fe battre par les arrofe-
ments & à former une croûte, on donne un très-léger labour
avec une curette. J'ai quelquefois couvert les planches où les
femences n'étoient prefque pas enterrées, avec une legere
couche de mouffe que je retenois avec de petites baguettes ;
ce moyen m'a affez bien réuffi.

La culture de la premiere année fe borne à arracher les
mauvaifes herbes, à arrofer les jeunes plants quand on juge
qu'ils en ont befoin, & à donner de petits binages à la main
avec un crochet, pour que la terre ne forme point de croûte.
Quand les Mûriers auront été femés par rayons, on fera bien
à l'entrée de l'hyver de relever un peu la terre pour les re-
chauffer : car il y a certaines terres qui, fe gonflant par la
gelée, s'affaiffent aux dégels, & alors les jeunes arbres fe
déchauffés.

Si les jeunes Mûriers étoient trop foibles, & que leur bois
parût tendre & herbacé, il feroit bon de les couvrir avec des
feuilles pour les garantir des grandes gelées.

La culture de la feconde année fe borne encore à arracher
les mauvaifes herbes, à donner de petits binages, & à arrofer
les jeunes arbres lorfqu'il fait fec.

Dans l'automne de la seconde année, quand la terre est bien pénétrée d'eau, on tire du semis tous les arbres qui ont de petites feuilles d'un verd très-foncé, rudes comme celles de l'Orme, ou profondément déchiquetées : ces arbres qui ne sont point estimés pour la nourrirure des vers, se plantent dans les massifs de bois, ou se mettent à part en pépiniere pour être greffés, comme nous le dirons dans la suite.

Les jeunes Mûriers qui sont chargés de bonnes feuilles restent dans le semis jusqu'au mois de Mars ; & alors on les arrache pour les mettre en pépiniere. Comme ces arbres sont plus précieux que les autres, on ne les replante qu'au printemps, sur-tout dans les terroirs de l'intérieur du Royaume, qui sont très-exposés aux gelées ; parce qu'il est d'expérience que les arbres nouvellement plantés sont beaucoup plus sujets à être endommagés par la gelée, que ceux qui ont déjà pris possession de la terre par leurs racines.

La seconde ou la troisiéme année, quand le jeune plant, qu'on nomme la *Pourette*, a acquis trois pieds de hauteur, & qu'il est gros comme le doigt à quatre pouces au dessus de terre, on doit l'arracher pour le mettre en pépiniere : sans cette transplantation les Mûriers ne pousseroient qu'une racine en pivot, & la plus grande partie des arbres périroit quand on les arracheroit pour les mettre aux places où ils doivent toujours rester.

La qualité de la terre pour les pépinieres, doit être pareille à celle qu'on a destinée pour les semis : si elle a suffisamment de fond, on se contente de lui donner pendant une année plusieurs labours à la houe, en formant de gros sillons, pour que la terre profite des influences de l'air. Si la terre a peu de fond, on lui en donne en la fouillant par tranchées ; & pour éviter le transport des terres, on fait en sorte que le déblai d'une tranchée serve de remblai à une autre.

Dès le commencement du printemps, si-tôt que la terre est assez ressuyée pour être travaillée, on dresse le terrein, & l'on forme au cordeau des rigoles qui doivent être éloignées les unes des autres de deux pieds & demi ou trois pieds, à compter du milieu d'une rigole jusqu'au milieu d'une autre. Si la plantation a beaucoup d'étendue, on pratique de distance

en diſtance, des allées plus ou moins larges, & quelques ſen-
tiers afin de donner de l'air à la pépiniere, & encore pour
faciliter le travail de cette culture.

On profite des beaux jours du mois de Mars pour planter
la pépiniere; & voici comme il convient d'exécuter cette
opération.

Un homme patient & adroit eſt chargé d'arracher le plant;
& on doit lui recommander de ménager les racines le plus
qu'il ſera poſſible. Un autre coupe le pivot, rogne les racines, retranche les branches mal placées, & forme trois lots;
dans l'un, il met les plus gros arbres; dans un autre, les
moyens; & dans le troiſieme, les petits.

Comme le gros plant & le moyen doivent être plantés à
part, on porte le plant à deux ouvriers qui ſont chargés de
planter dans différens endroits de la pépiniere ces deux ſortes
de plants. A l'égard du troiſieme lot, on peut en former des
paliſſades, comme on fait avec les charmilles; ou bien on lo-
bine en carreaux; c'eſt-à-dire, qu'on plante ces petits arbres
dans des planches, laiſſant ſeulement ſix ou huit pouces de
diſtance entre chaque pied, afin qu'ils puiſſent ſe fortifier pendant quelques années, après quoi on les met en pépiniere
comme ceux dont nous allons parler.

Les Planteurs ayant un genou en terre, placent les Mûriers
dans le milieu des rigoles, à dix-huit pouces les uns des autres, ſe dirigeant ſur un cordeau bien tendu; ils recouvrent
les racines avec de la terre, qu'ils font couler avec la main
dans le fond des rigoles; ils arrangent bien les racines; ils
preſſent la terre avec la main; & allant toujours en reculant, ils
laiſſent le plant en cet état: des Ouvriers qui ſuivent, achevent
de remplir la rigole avec une houe. Si les terres ſont de nature
à retenir l'eau, on bombe un peu la terre au pied des jeunes
Mûriers: ſi les terres imbibent l'eau aiſément, on met toute la
terre à plat. Quelques-uns penſent qu'il eſt avantageux dans
les terreins ſecs, de creuſer un peu la terre vers le pied des
Mûriers, ou de tenir l'entre-deux un peu bombé: mais cette
pratique me paroît aſſez inutile; car les Mûriers craignent plutôt la trop grande humidité que la terre ſeche.

On a ſoin de conſerver un peu de beau plant dans le ſemis;

afin de remplacer les Mûriers qui périroient, & de tenir la pépiniere toujours bien garnie.

Ces arbres ainſi plantés, n'exigent d'autre ſoin pendant les deux premieres années, que d'être labourés au moins trois fois dans le cours de chaque année, avec cette attention de ne pas faire les labours trop profonds auprès des arbres, pour ne point endommager les racines.

Il y a des Cultivateurs qui prétendent qu'il faut réceper tous ces jeunes arbres dans la troiſieme année, ſans diſtinĉtion de ceux qui ſont gros ou petits, droits ou tortus: mais nous ne ſommes point dans cet uſage; nous nous contentons d'élaguer proprement les arbres qui ſe dirigent bien, & nous ne récepons que ceux qui, malgré ce ſoin, ne forment point une tige droite, ou qui paroiſſent languiſſants. Néanmoins nous nous abſtiendrons de blâmer la pratique contraire à notre uſage, d'autant que M. du Verger paroît la regarder comme importante pour avoir de belles tiges.

Si les branches qui ſortent d'une ſouche récepée, ſe panchoient trop horizontalement au lieu de s'élever droit, on pourroit, plutôt que d'y mettre des perches ou tuteurs qui exigent de la dépenſe & endommagent ſouvent les arbres, ménager une branche qui prendroit une direĉtion contraire, & on accolleroit avec du jonc ces deux branches pour leur faire prendre une ſituation verticale; & pour ne point avoir un arbre fourchu, on couperoit au-deſſus du lien la branche qu'on ſe propoſe de retrancher dans la ſuite.

Il eſt bon d'être prévenu que les Mûriers pouſſent beaucoup de branches gourmandes; car ſi l'on négligeoit de les retrancher juſque ſur la tige, il ſeroit impoſſible d'avoir des arbres dont la tige fût bien formée. Il faut cependant laiſſer ſubſiſter toutes les menues branches qui contribuent à faire prendre de la groſſeur au maître brin; car ſi on les retranchoit, on n'auroit que des tiges en houſſine, qu'on ne pourroit jamais bien diriger. Mais ſi-tôt qu'une de ces branches latérales prend trop de groſſeur, il faut la retrancher en quelque ſaiſon que ce ſoit. Il ne faut point auſſi laiſſer le haut de l'arbre trop chargé de branches. C'eſt pourquoi depuis le mois de Juillet juſqu'à celui de Septembre, il faut viſiter très-fréquemment les pépinieres,

& couper

& couper continuellement les branches qui prennent trop de
vigueur; sans quoi l'on ne parviendra jamais à avoir des arbres
de belle tige.

Le principal objet qu'on se propose quand on éleve des
Mûriers, étant de se procurer des feuilles pour nourrir des
vers à soie, il seroit avantageux de tenir les tiges fort basses,
afin d'avoir plus de facilité à cueillir ces feuilles. Mais comme
on plante souvent les Mûriers autour des pieces de terre, ou
en quinconce dans celles qu'on labourre à la charrue, on est
obligé d'élever leurs tiges, afin que les chevaux & les bœufs
puissent passer dessous. Ce n'est donc que dans la quatrieme
ou cinquieme année, lorsqu'on peut leur ménager des tiges
de sept pieds de hauteur, qu'on commence à leur former la
tête, en retranchant les branches superflues, en coupant l'extrémité de celles de la cime, qui s'élevent trop, & en retranchant
soigneusement toutes les branches qui sont le long de la tige.

Dans la sixieme année, on peut tirer quelques arbres de cette
pépiniere, & l'on continue d'en arracher jusqu'à la neuvieme
& dixieme qu'on enleve tout, sauf à rabattre à mi-tige ou en
buisson les arbres foibles. Mais il ne faut tirer de la pépiniere
que des arbres forts, si l'on se propose de faire une belle
plantation.

Il est superflu d'avertir que jusqu'à ce qu'on ait entierement
vuidé la pépiniere, il faut toujours l'entretenir nette d'herbes
par de bons labours.

Il est bon de remarquer que tant que les Mûriers n'ont
pas à leur tête du bois de trois ans, ils sont très-délicats : la
grêle & les gelées leur causent des chancres, qui obligent de
les réduire à mi-tige, ou même de les récéper. Au contraire,
quand ces arbres ont la tête formée de bois mûr, & qu'ils
sont pourvus de belles racines, ils sont moins exposés à ces
accidents que beaucoup d'autres arbres : ils subsistent dans les
plus mauvaises terres.

Avant de passer à la transplantation des Mûriers, nous devons avertir qu'un des plus sûrs moyens d'avoir de belles feuilles, est de les greffer. Les greffes réussissent en fente, en écusson
& en sifflet, sur-tout quand on greffe les Mûriers d'Espagne
sur nos Mûriers à petite feuille; mais à l'égard des autres,

l'écuſſon eſt la méthode dont le ſuccès eſt le moins certain.

On voit dans preſque tous les livres d'Agriculture, qu'on peut greffer les Mûriers ſur l'Orme : je n'oſerois aſſurer que cette greffe n'aura jamais de ſuccès ; cependant je l'ai tentée bien des fois inutilement, & j'ai bien des raiſons de penſer qu'elle ne peut pas réuſſir.

Nous avons déja dit que les Mûriers croiſſoient bien plus vîte dans les terres légeres & ſubſtantieuſes ; nous devons ajoû-ter, en parlant de la tranſplantation, que cet arbre a aſſez bien réuſſi dans des terreins ſablonneux ou graveleux, maigres & aſſez arides, dans leſquels la Bruyere venoit à peine : ils ne réuſſiſſent abſolument point dans les ſables trop mouvants : il n'y a que quelques eſpeces de Pins qui s'accommodent de ces ſortes de terreins. Voyez l'article *Pinus.*

On plante ſouvent les Mûriers en bordures autour des pie-ces de terre & le long des chemins, afin que les racines en s'étendant dans la terre des chemins, ces arbres puiſſent en partie ſubſiſter de cette terre qui reſte inutile.

Il faut choiſir pour ces plantations les plus belles tiges & les plus fortes, afin que les arbres puiſſent mieux réſiſter à quantité d'accidents qui ſont toujours plus fréquents auprès des chemins.

On plante auſſi des Mûriers en quinconce dans des pieces de terre environnées de foſſés ; on laboure le deſſous à la char-rue, & l'on y ſeme quelques menus grains pour ſe rédimer des frais des labours. En ce cas on plante ordinairement les arbres éloignés les uns des autres, afin que les grains profitent mieux. Comme ces arbres ſont alors en quelque façon à l'abri de tout accident, on peut les tenir plus bas de tige pour avoir plus de facilité à en cueillir les feuilles. Mais il ne faut jamais ſemer ſous les Mûriers, ni Sain-foin, ni Luzerne, ni les autres herbes de prés, qui ſont contraires à tous les arbres, & particulierement aux Mûriers.

Dans les parcs bien clos, on peut planter des taillis de Mû-riers, en plantant ces arbres après les avoir étêtés, à une toiſe & demie, ou deux ou trois toiſes les uns des autres. On laboure ces taillis pendant trois ou quatre ans, comme une vigne ; & ſi la terre ſe trouve bonne, on peut ſe diſpenſer d'y faire enſuite aucuns labours. Nous en avons ainfi abandonnés qui viennent affez bien. Ces arbres en buiffon font un peu plus printaniers que les autres : on a beaucoup de facilité à cueillir leurs feuilles ; & il tient beaucoup d'arbres dans un petit terrein. Ces avantages, qu'on ne doit point négliger quand on fe propofe d'élever des vers, engageront fans doute à faire de ces taillis, quand même on feroit obligé de leur donner tous les ans un ou deux labours à la houe.

On peut auffi, dans les parcs, former des paliffades de Mûriers qu'on plante comme la Charmille ; elles ferviront l'été à la décoration, & au printemps on pourra en retirer une bonne quantité de feuilles pour la nourriture des vers.

Enfin fi dans les parcs il fe trouve des monticules, on fera bien de planter des Mûriers aux différentes expofitions ; & il fera bon d'en mettre même quelques-uns en efpalier le long des murs : on fe procure par ces attentions des feuilles hâtives & des feuilles tardives ; ce qui peut être très-avantageux à la nourriture des vers.

Pour planter des paliffades de Mûriers, on fera des rigoles proportionnées à la groffeur du plant ; pour le refte, on doit fe conformer à ce que nous difons dans l'article du Charme. Voyez CARPINUS.

Pour planter les taillis, on fera des tranchées de trois ou quatre pieds de largeur, à deux toifes & demie ou trois toifes les unes des autres ; & l'on plantera les arbres dans ces tranchées à une pareille diftance, toujours en échiquier. On obfervera qu'il faut les planter plus ferrés dans les mauvais terreins que dans les bons : ces arbres qui doivent être affez forts, feront coupés à fix ou huit pouces au deffus de terre ; c'eft pourquoi on choifira pour ces plantations des arbres mal figurés.

A l'égard des quinconces, où l'on met des arbres de quatre pieds & demi, ou de cinq ou fix pieds de tige, à quatre ou cinq toifes les uns des autres, par rangées éloignées de fept à huit toifes, pour rendre la culture des champs plus aifée, on peut fe difpenfer, fur-tout lorfque le terrein eft bon, de faire des tranchées. Il fuffit alors de faire des trous de quatre pieds ou quatre pieds & demi d'ouverture, fur deux pieds ou deux pieds

& demi de profondeur, & l'on y plante les arbres sans les étêter. On procede de même pour les filets le long des chemins.

On peut faire les trous & les tranchées en été, en automne ou en hyver: il est même avantageux qu'ils restent ouverts long-temps; la terre qu'on en aura tirée en deviendra meilleure: mais il ne faut commencer la plantation que quand tous les trous seront faits. On fera bien, sur-tout dans les mauvais terreins, de mettre d'un côté la terre qui paroîtra la meilleure, pour s'en servir à recouvrir les racines; & de l'autre la plus mauvaise, avec laquelle on achevera d'emplir le trou.

Quand on se prépare à faire la plantation, on remplit les tranchées & les trous avec la mauvaise terre & la médiocre, qu'on mêle grossierement ensemble, & on foule un peu le terrein à mesure qu'on met de la terre: c'est pour cela qu'il faut éviter de faire cette opération par un temps trop humide, pour ne point corroyer la terre. Il faudroit même s'abstenir de la fouler, si le terrein étoit argilleux; car on lui feroit un tort considérable; en ce cas on doit planter plus près de la superficie, afin que les arbres ne s'enterrent point trop, quand la terre vient à s'affaisser d'elle-même.

Lorsque les trous & les tranchées sont remplis jusqu'à dix ou douze pouces de la superficie, on met, sur-tout aux endroits où doivent être posés les arbres, six pouces d'épaisseur de la meilleure terre; & à chaque endroit où les arbres doivent être plantés, on pose des jalons qu'on aligne bien proprement.

On peut faire les plantations en Automne, dans les mois d'Octobre & de Novembre; ou au Printemps, dans les mois de Mars & d'Avril.

Je préfere les plantations du printemps, quand les pépinieres sont à portée de l'endroit où les arbres doivent être plantés: c'est encore ce que j'observe à l'égard de tous les arbres qui sont un peu tendres aux grandes gelées, parce qu'elles endommagent toujours plus les arbres nouvellement plantés. Mais quand on tire les arbres de loin, on est presque toujours obligé de les planter en automne, pour éviter que le hâle, qui est souvent très-grand au printemps, n'endommage les racines.

Dans le cas où l'on tire les arbres de loin, on doit enve+ lopper soigneusement les racines avec de la litiere ou de la fougere, pour les défendre de la pluie & de la gelée, & prendre garde que les tiges ne foient écorchées fur les voitures.

Lorfque les pépinieres font à portée de l'endroit où l'on plante, il faut mettre un ou deux hommes adroits & attentifs à la pépiniere pour arracher, & leur recommander de bien ménager les racines qu'il faut tenir longues, & prendre garde de les forcer. Deux Jardiniers armés de ferpettes & de volins bien tranchants, tailleront les branches & les racines ; car on n'étête point les Mûriers qu'on ne doit point tranfporter fur des voitures. Des Manouvriers porteront les arbres aux Planteurs : il doit y en avoir au moins trois ; un qui tient la tige des arbres, un qui lui donne les ordres néceffaires pour qu'ils foient bien alignés, & un qui couvre les racines avec la meilleure terre, & qui a l'attention d'y mettre la main de temps en temps, afin qu'il ne refte point de vuide entre les racines ; ce même ouvrier termine l'opération en formant une petite butte de terre au pied de l'arbre, & la foulant avec le pied, afin que les tiges ne fe deverfent point.

Dans les terres légeres & feches, on peut mettre au pied des arbres une couche de feuilles de bruyere, de fougere ou de litiere, qu'on charge d'un peu de terre pour empêcher que le vent ne l'emporte. Par cette précaution, on empêche l'ardeur du foleil de pénétrer jufqu'aux racines ; & les arbres reprennent plus fûrement.

Dans les endroits où l'on ne peut pas interdire l'entrée du bétail, il fera néceffaire d'entourer la tige des arbres avec des épines ; fans cette précaution, la plus grande partie des arbres fe trouveront dérangés de leur alignement, ou tout-à-fait renverfés.

Quand une fois les Mûriers font repris, ils n'exigent que les foins ordinaires qu'on donne à tous les arbres de haute tige ; tenir la terre en labour, conferver la tige nette de branches, enfin élaguer affez la tête pour que les branches s'élevent fans confufion. La feuille devient alors plus belle & de meilleure qualité pour la nourriture des vers. On reconnoîtra par expérience que les Mûriers, qui feront labourés avec plus de foin, donneront plus de feuilles, & que ces feuilles feront de meilleure

qualité. On remarque que quand les Mûriers font très-chargés
de branches, leurs feuilles viennent très-petites & de médiocre qualité pour la nourriture des vers. C'eft pourquoi les
Piémontois font dans l'ufage de divifer leurs Mûriers en trois,
quatre ou cinq coupes ; & tous les ans ils en étêtent une.
Au lieu de les étêter, on peut fe contenter de retrancher les
menues branches, & de raccourcir les groffes, en retranchant
celles qui font mal placées.

On fait un tort confidérable aux Mûriers, quand on les
effeuille trop jeunes pour en nourrir des vers. On peut bien,
fans inconvénient, retrancher à la ferpette, ou avec le cifeau,
toutes les branches mal placées qui fe trouvent aux paliffades,
aux arbres en buiffon, & même dans les pépinieres, pour les
donner en bourgeon aux jeunes vers à la fin d'Avril ou au
commencement de Mai ; mais il ne faut ébroffer à la main
que les gros Mûriers replantés depuis huit à dix ans.

Le Mûrier blanc a beaucoup de feve dans les bons terreins.
Lorfque les hyvers font doux, il ne perd fes feuilles qu'à la
fin de Décembre. En 1750 l'hyver ayant été extrêmement
doux, & la terre fort humectée, ils montrèrent dès feuilles
de neuf à dix lignes de diametre dès le mois de Février dans
les terreins avancés. On crut devoir en profiter, & l'on fit
éclorre des vers ; mais une gelée qui furvint dans le mois
d'Avril, détruifit toutes ces feuilles : les arbres en repoufferent
de nouvelles, qui furent encore perdues par une autre gelée qui
furvint au commencement de Mai, laquelle fut affez vive pour
endommager pareillement les pouffes des Chênes & des Ormes. On ne put alors nourrir les vers éclos qu'avec des feuilles
racornies qui fe trouverent à l'abri du nord ; ces vers fouffrirent
beaucoup, & la plus grande partie mourut.

Cette obfervation prouve 1°. qu'il eft toujours dangereux de
faire éclorre trop tôt les vers, & qu'on fera bien de ne compter que fur les feuilles du commencement de Mai. 2°. Que
les Mûriers font capables de grandes productions, puifqu'il y
en a qui, après avoir perdu deux feuilles par la gelée, ont
été dépouillés une troifieme fois pour nourrir les vers, fans
qu'ils aient paru en fouffrir fenfiblement. On croit communément qu'il eft avantageux de donner une année de repos aux
arbres foibles.

J'ajouterai ici une obfervation que m'a communiquée M. l'Abbé Nollet dont on connoit l'exactitude dans l'examen des faits phyſiques. En voyageant en Italie, il a remarqué qu'en Toſcane, & ſur-tout aux environs de Florence, les habitants, avec moitié moins de Mûriers que n'en cultivent les Piémontois, trouvoient le moyen, toutes proportions gardées, d'élever & de nourrir le double de la quantité de vers à ſoie. Ils obſervent pour cela, de ne faire éclorre leurs vers qu'en deux temps différents. Les premiers vers étant éclos, ſe nourriſſent de la première dépouille des Mûriers; & lorſqu'ils ont produit leur ſoie, les habitants font éclorre d'autres vers, qu'ils nourriſſent de la ſeconde récolte des mêmes arbres. Il arrive quelquefois que la premiere famille de ces vers manque & qu'il faut avoir recours à une troiſieme opération; mais il faut pour cela obtenir la permiſſion expreſſe du Miniſtre de l'Empereur. Cette police ne s'exerce ſans doute que dans la vue de maintenir le commerce de la ſoie, & non pour ménager les Mûriers; car ces habitans ſont obligés, faute de fourage, de nourrir leurs beſtiaux de feuilles de toutes ſortes d'arbres & d'arbuſtes qu'ils mêlent avec quantité de feuilles de Mûriers dont ces animaux ſont très-friands, & on leur donne de celles-ci tant que les arbres peuvent en fournir, ſans craindre que les Mûriers ainſi dépouillés & expoſés au ſoleil très-ardent de ce pays en reçoivent le moindre dommage.

Si l'on ſe propoſe de multiplier les Mûriers par marcottes, on choiſit de jeunes & vigoureux Mûriers de la plus belle feuille, plantés dans le meilleur terrein, & dont la tige ait près de terre quatre ou cinq pouces de diametre; on coupe ces arbres, qu'on nomme *Meres*, à quatre pouces de terre. Ces ſouches pouſſent au printemps ſuivant quantité de branches qu'on ménage ſoigneuſement. Quand elles ont acquis un bon pied de hauteur, on tranſporte auprès de ces ſouches une quantité ſuffiſante de bonne terre franche, dont on couvre la naiſſance de toutes les jeunes branches, qu'on étend de tous côtés en les retenant avec des piquets & des crochets de bois; & après avoir bien foulé la terre, on laiſſe ainſi ces *Meres* pendant deux ans. Dans la troiſieme année on déchauſſe la ſouche, & ordinairement les jeunes branches ont aſſez pouſſé de racines pour être miſes en pépiniere; on eſt ſûr par ce moyen d'avoir des arbres de bonne feuille, fans être obligé de les greffer.

On peut encore multiplier les Mûriers blancs par boutures.
Pour cet effet on coupe quantité de jeunes branches vigoureuses
tout près du tronc ou des groffes branches, & on les plante
dans des rigoles à fix pouces les unes des autres. On les dé-
fend du foleil, & on les cultive comme nous l'expliquons
dans l'article où nous traitons particulierement des boutures.

Quand, par le moyen des marcottes, des boutures ou des graines, on s'eft pourvu d'une grande quantité de Mûriers, on peut
en former des quinconces, qu'on étêtera tous les trois ans comme des fouches d'Ozier ; & dans cette troifieme année on
donnera aux jeunes vers les branches chargées de feuilles.

Dans les autres années les feuilles feront belles & faciles à
cueillir. Il eft vrai que ces arbres ne dureront pas long-temps :
mais on aura foin d'en élever en pépiniere, pour remplacer
ceux qui périront.

Quand les automnes font douces & humides, les Mûriers
confervent, comme nous l'avons dit, leurs feuilles très-tard.
Alors l'extrêmité des jeunes branches, qui n'ont pas acquis une
parfaite maturité, font endommagées par les gelées; mais le
refte de l'arbre n'en fouffre pas, & je ne connois que l'hyver
de 1709 qui les ait fait périr; encore la plupart repoufferent
du pied, du moins en Languedoc & en Provence.

U S A G E S.

On cultive les Mûriers à gros fruit noir, n°. 1, à caufe de
leur fruit qui eft bon à manger, & qu'on eftime être très-fain.
C'eft en cela que confifte le mérite de cet arbre; car on fait
peu de cas de fes feuilles pour les vers à foie; & elles perdent ordinairement leur éclat de bonne heure: ainfi les Mûriers
de cette efpece ne peuvent fervir pour la décoration des bofquets d'automne. D'ailleurs ils croiffent bien plus lentement
que les Mûriers blancs.

Les autres efpeces ne font d'aucune utilité relativement à leur
fruit; mais leurs feuilles font infiniment utiles, puifqu'elles fervent à la nourriture des vers à foie. Les efpeces n°. 2, 3 & 4,
font préférables à toutes les autres pour élever les jeunes vers,
parce

parce que leurs feuilles font tendres & délicates.

Les Mûriers qu'on trouve à la Louyſiane dans l'étendue de deux cens lieues, en remontant le fleuve depuis la mer juſques vers les Arkanſas, de même que ceux d'Eſpagne qui donnent de très-grandes feuilles, fourniſſent beaucoup de nourriture aux vers : mais les uns diſent qu'il ne faut s'en ſervir que quand les vers ſont devenus gros, parce que ces feuilles ſont trop dures pour les jeunes vers ; d'autres au contraire prétendent que ces feuilles, qui ſont tendres quand les vers ſont petits, conviennent à ces jeunes inſectes qui, étant bien nourris, en deviennent plus robuſtes, & qu'elles cauſent des maladies aux gros vers.

Dans toutes les eſpeces de Mûriers, on rejette ceux qui ont les feuilles fort échancrées. Il eſt certain que celles qui les ont entieres ſont préférables, parce qu'elles fourniſſent plus de nourriture aux vers ; mais il n'eſt pas ſûr que celles qui ſont échancrées leur ſoient pernicieuſes, comme quelques-uns le prétendent : car ſouvent on trouve ſur le même arbre des feuilles entieres, & d'autres échancrées ; quelquefois un jeune arbre qui portoit des feuilles entieres, n'en donne que d'échancrées lorſqu'il eſt devenu grand ; & un arbre dont les feuilles étoient échancrées, en donne d'entieres quand on l'a étêté : mais ces obſervations ne doivent pas diſpenſer d'écuſſonner les Mûriers à petites feuilles avec des Mûriers de belles feuilles.

Les fleurs des Mûriers n'ont aucun éclat, & ces arbres pouſſent fort tard ; ainſi il ne convient point d'en mettre dans les boſquets printaniers. Mais comme pluſieurs eſpeces ont de belles & grandes feuilles qui conſervent leur verdeur juſ-qu'aux gelées, on peut les employer pour la décoration des boſquets d'été & d'automne ; ils ont ſeulement le défaut de tacher les habits, quand leurs fruits mûrs viennent à tomber : ſans cet inconvénient les Mûriers, qui branchent beaucoup, ſeroient très-propres à former des tonnelles, des berceaux & des paliſſades ; car on peut les tailler ſans riſque avec le ciſeau ou avec le croiſſant.

Tous les Mûriers blancs, dont il y a beaucoup de variétés, parce qu'on les éleve de ſemence, portent des fruits dont les oiſeaux ſont tellement friands, que l'on remarque que ceux qui ſont engraiſſés avec ces fruits, ſont un excellent manger. On

Tome II. F

doit, pour cette raison, mettre cette efpece de Mûriers dans les remifes, fi la terre eft affez bonne pour qu'ils puiffent y fubfifter.

On fait encore un autre ufage des Mûriers ; on fait rouir leur bois dans l'eau ; & l'écorce filamenteufe qui fe détache, fert à faire des cordes.

Comme le bois des Mûriers eft affez dur, il eft bon à faire différents ouvrages, outre des caiffes & des barrils pour renfermer des marchandifes. Il réfifte à l'eau, & l'on en fait, dans le Comtat d'Avignon & dans la Provence, des feaux pour les puits & des futailles pour le vin. En Languedoc les Charrons en font des jantes de roues. On m'a affuré qu'on pouvoit en faire d'affez belle menuiferie & différents ouvrages de Tour: fa couleur jaune eft affez agréable à la vue. Les Conftructeurs de bateaux emploient les branches pour faire des courbes & des chevilles ou gournables. Ces arbres cependant ne fourniffent guere que des pieces de douze à quinze pouces de diametre : quand ils font plus gros le cœur eft ordinairement altéré. Les gros Mûriers qui font fains dans le cœur, fervent encore à faire des pieces de charpente.

Les Mûres noires mangées à jeun dans leur pleine maturité, paffent pour être laxatives & adouciffantes ; leur firop, quand elles font un peu vertes, facilite l'expectoration, & il arrête les diarrhées. On en fait auffi des gargarifmes pour calmer les inflammations de la gorge, & pour déterger les ulceres de la bouche.

L'écorce des racines eft âcre & fort amere ; néanmoins elle lâche le ventre, & leve les obftructions.

Le fuc des Mûres noires fert à colorer plufieurs liqueurs & quelques confitures : quoique ce fuc foit inutile pour la teinture, il imprime au linge & aux doigts une couleur rouge qui s'enleve difficilement. Le Verjus, le fuc de Citron, l'Ofeille & les Mûres vertes emportent ces taches de deffus les mains ; mais pour le linge, le plus court eft de mouiller l'endroit taché, & de le fécher à la vapeur du foufre ; l'acide du Vitriol, qui s'échappe du foufre, emporte fur le champ la tache.

MYRTUS, TOURNEF. & LINN. MYRTE.

DESCRIPTION.

LA fleur (*ab*) des Myrtes est composée d'un calyce (*c*) d'une seule piece divisée en cinq, qui subsiste jusqu'à la maturité du fruit. Ce calyce porte cinq pétales ovales, entiers, un peu creusés en cuilleron ; & il donne naissance à beaucoup d'étamines assez longues, terminées par des sommets fort petits. Entre les étamines on apperçoit un pistil (*d*) composé d'un embryon qui fait partie du calyce, & d'un style plus court que les étamines : ce style se termine par un stigmate obtus.

L'embryon devient une baie ovale (*e*) terminée par un umbilic qui est recouvert par les bords du calyce. Cette baie contient (*f*) plusieurs semences (*g*) qui ont la forme d'un rein.

Les feuilles sont toujours posées alternativement sur les branches ; elles ont une odeur agréable, & ne tombent point pendant l'hyver. Ces feuilles sont quelquefois petites & ovales, quelquefois plus allongées, d'autres fois plus grandes & pointues, suivant les différentes especes. Elles sont unies & luisantes comme celles du Buis.

ESPECES.

1. *MYRTUS latifolia Romana.* C. B. P.
MYRTE Romain à grandes feuilles.

2. *MYRTUS latifolia Bœtica, vel foliis Laurinis.* C. B. P.
MYRTE à grandes feuilles d'Espagne ou à feuilles de Laurier.

3. *MYRTUS silvestris foliis acutissimis.* C. B. P.
MYRTE des bois à feuille très-étroite.

4. *MYRTUS foliis minimis & mucronatis.* C. B. P.
MYRTE à petite feuille pointue.

F ij

5. *MYRTUS minor vulgaris.* C. B. P.
Petit Myrte ordinaire.

6. *MYRTUS Hispanica latifolia, fructu albo.* Inst.
Myrte d'Espagne à grande feuille & à fruit blanc.

7. *MYRTUS minor vulgaris, foliis ex luteo variegatis.* H. L. Bat.
Petit Myrte à feuille panachée de jaune.

8. *MYRTUS latifolia flore multiplici.*
Grand Myrte à fleur double.

Nous ne parlerons point de plusieurs autres especes ou variétés de Myrte, qui sont encore plus délicates que celles dont nous venons de donner les noms.

CULTURE.

Les Myrtes se multiplient de semences, de marcottes & de boutures. Dans nos climats ils ont peine à supporter les gelées; & l'on y est obligé de les tenir dans les orangeries, où même ils se dépouillent, si l'on n'a pas l'attention de les tenir à portée des portes & des fenêtres, afin qu'ils jouissent de l'air dans les temps doux & humides. Nous ne les aurions pas compris dans cet ouvrage, si nous n'en avions pas vû en pleine terre dans les Provinces maritimes, savoir, dans la Provence, le Languedoc, la Normandie, l'Aunis, la Bretagne, &c.

On peut greffer les Myrtes les uns sur les autres.

USAGES.

Dans les pays où l'on pourra élever les Myrtes en pleine terre, ils feront un très-bel effet dans les bosquets d'hyver & dans ceux d'été; car ces arbrisseaux sont fort agréables dans le temps de leur fleur qui paroît ordinairement dans le mois d'Août.

Les Myrtes à fleur double & ceux dont les feuilles sont panachées, méritent sur-tout d'être cultivés.

Les feuilles & les baies des Myrtes sont astringentes & recommandées pour affermir les dents qui ont été ébranlées par le scorbut. Les baies qu'on nomme Myrtilles entrent dans plusieurs emplâtres & onguents: on les emploie en Allemagne pour faire une teinture ardoisée qui a cependant peu d'éclat.

Les feuilles de Myrte entrent dans les sachets d'odeurs & dans les pots-pourris. Au Royaume de Naples & dans la Calabre, on se sert des mêmes feuilles pour tanner les cuirs.

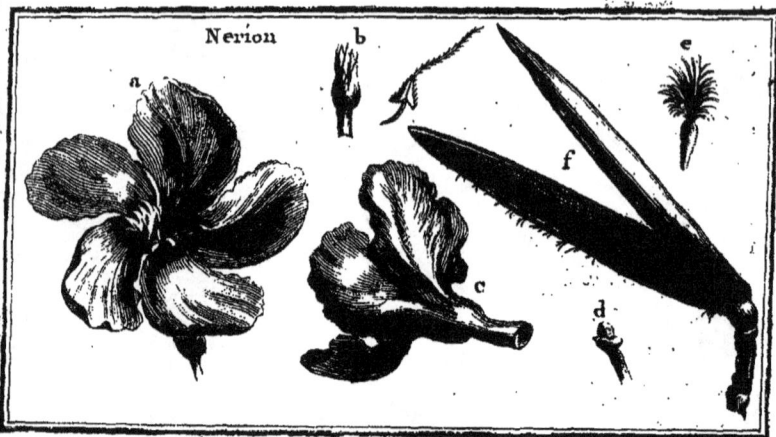

Nérion

NÉRION, Tournef. NERIUM, Linn. NÉRION, ou LAURIER-ROSE.

DESCRIPTION.

LES fleurs (*a*) du Nérion ont un petit calyce (*b*) d'une seule piece, divisé en cinq parties qui se terminent en pointe. Ce calyce subsiste jusqu'à la maturité du fruit, & porte un pétale (*c*) qui a la forme d'un tuyau assez long, fort évasé à son extrêmité, où il est divisé en cinq grandes parties arrondies, évasées, & qui forment comme une espece de petite rose, à la hauteur des échancrures; chacune est garnie d'un appendice frangé (*Nectarium*).

On trouve dans l'intérieur cinq étamines assez courtes, qui se réunissent par leurs sommets ; elles ont la forme d'un fer de lance, & sont surmontées d'un long filet.

Le pistil est composé d'un embryon (*d*) arrondi, sur lequel repose presque immédiatement le stigmate.

Cet embryon, qui est divisé intérieurement en deux loges, devient une espece de silique (*f*) longue, presque cylindrique, qui fe fépare en deux fuivant fa longueur ; elle renferme des femences (*e*) oblongues, couronnées d'une aigrette, & rangées comme des écailles dans la filique.

Cet arbriffeau pouffe de longues baguettes qui fe divifent en plufieurs branches, lefquelles font garnies dans toute leur longueur de feuilles oppofées deux à deux, longues, étroites, terminées en pointe, unies & fans dentelure, relevées en deffous d'une feule nervure ; le verd de ces feuilles eft terne & foncé. Les fleurs viennent à l'extrêmité des branches ; elles y font raffemblées par bouquets.

E S P E C E S.

1. *NERION floribus rubefcentibus.* C. B. P.
   Nérion à fleur rouge.

2. *NERION floribus albis.* C. B. P.
   Nérion à fleur blanche.

3. *NERION Indicum angufti-folium, floribus odoratis fimplicibus.* H. L. B.
   Nérion des Indes à feuille étroite, dont les fleurs d'un rouge pâle font odorantes.

C U L T U R E.

Les Nérions craignent le froid ; & dans notre climat, il eft prefque indifpenfable de les renfermer pendant l'hyver dans les orangeries. Nous ne nous fommes déterminés à en parler dans ce Traité, que parce que nous fommes informés que M. le Chevalier de Genfein les a confervés en pleine terre cinq à fix ans : on pourra certainement les élever facilement en pleine terre dans quelques Provinces du Royaume. Nous n'avons point compris dans notre lifte les Nérions à fleur double, parce qu'ils font beaucoup plus délicats que les autres. Si l'on veut jouir de leurs belles fleurs, il faut néceffairement les placer dans des ferres chaudes.

L'efpece, n°. 3, eft prefque auffi fenfible aux gelées.

Au furplus les Nérions, dont nous rapportons ici les efpeces, ne font délicats que relativement au froid de notre climat.

USAGES.

Dans les Provinces où l'on pourra élever en pleine terre les Nérions, ils fourniront une très-belle décoration aux bosquets d'été.

Leurs feuilles pilées font un bon fternutatoire. On dit que la décoction de ces feuilles eft un poifon pour les hommes & pour la plupart des animaux.

Nous ne parlerons point du *Chamænerion*, Tournef. ou *Epilobium*, Linn. ou *Lyfimachia*, C. B. P. qu'on nomme *Ofier fleuri*, parce que leurs tiges périffent l'hyver. Nous nous contenterons de dire que ces plantes, qui portent des fleurs charmantes dans le mois de Juillet, & qui, à la premiere vue, femblent avoir du rapport avec les Nérions, en different beaucoup : leurs fleurs font compofées de quatre pétales difpofés en rofe ; le calyce eft compofé de plufieurs folioles. Cette fleur a huit étamines, & le fruit eft une filique divifée en quatre. Quoique pendant l'été les Chamænérions reffemblent à des fouches d'Ofier, ils ne font cependant pas même des arbuftes, puifque leurs tiges périffent tous les ans, & qu'il n'y a que leurs racines qui foient vivaces.

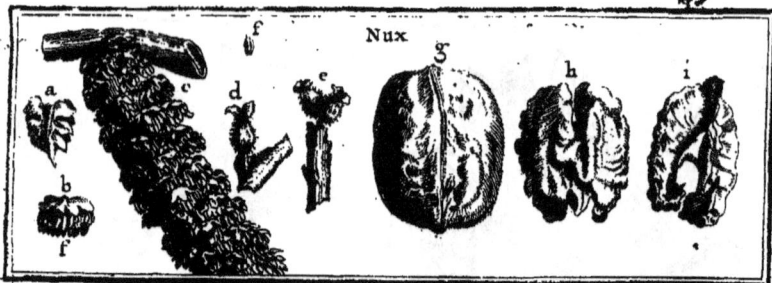

Nux

NUX, Tournef. *JUGLANS*, Linn. NOYER.

DESCRIPTION.

LES Noyers portent fur les mêmes pieds des fleurs mâles & des fleurs femelles.

Les fleurs mâles (*a b*) font raffemblées fur un filet commun, & forment des chatons (*c*) fort gros, affez longs & écailleux; ces écailles font formées par les échancrures du calyce.

On découvre fous les écailles un pétale divifé en fix; il eft attaché au filet qui forme le chaton.

On apperçoit auffi douze étamines, ou environ, fort courtes, chargées de fommets (*f*) longs & pointus.

Les fleurs femelles (*d e*) font raffemblées deux ou trois en-femble.

Le calyce qui tombe avant la maturité du fruit, eft petit & divifé en quatre; il renferme un pétale qui n'eft guere plus grand que le calyce, & qui eft de même divifé en quatre.

Le piftil eft formé d'un embryon ovale qui fait partie du calyce, de deux ftyles fort courts & de deux ftigmates qui ont la forme de clous; ils forment la partie la plus apparente de la fleur.

L'embryon devient un fruit charnu, peu fucculent, qui renferme un noyau (*g*), dans lequel on trouve une amande (*h*) divifée en quatre lobes (*i*) par des cloifons plus ou moins ligneufes, fuivant les efpeces.

Tome II.   G

La coquille des Noix blanches de Virginie, n°. 11 & 12, eſt fort unie : celle de la plupart de nos Noix de France n'eſt point raboteuſe, mais ſillonnée ; aux Noix noires, n°. 13 & 14, elle eſt ruſtiquée ou ſtriée irrégulierement, à peu près comme le noyau des Pêches.

Preſque tous les Noyers ont des feuilles conjuguées ou compoſées de grandes folioles qui ſont rangées par paires ſur un filet commun terminé par une foliole unique.

La plupart des Noyers de France ont leurs feuilles compoſées de cinq folioles, de même que la Noix blanche de Canada. La Noix Pacane de la Louyſiane a ſes feuilles compoſées de trois & de cinq folioles, & celle qui eſt au bout du filet ou de la nervure qui les porte, eſt plus grande que les autres. Les Noix noires ont treize & quelquefois dix-ſept folioles rangées ſur une nervure.

Mais dans toutes les eſpeces, les feuilles ſont poſées alternativement ſur les branches.

ESPECES.

1. *NUX JUGLANS, ſive Regia vulgaris.* C. B. P.
NOYER ordinaire, dit NOYER-ROYAL.

2. *NUX JUGLANS fruƈtu maximo.* C. B. P.
NOYER à gros fruit, dit NOIX DE JAUGE.

3. *NUX JUGLANS fruƈtu tenero & fragili putamine.* C. B. P.
NOYER à fruit tendre, dit NOIX MESANGE.

4. *NUX JUGLANS fruƈtu perduro.* Inſt.
NOYER à fruit fort dur, dit NOIX ANGLEUSE.

5. *NUX JUGLANS foliis laciniatis, D. Rénéal.* Inſt.
NOYER à feuilles découpées.

6. *NUX JUGLANS fruƈtu ſerotino.* C. B. P.
NOYER à fruit tardif, ou NOYER DE LA SAINT-JEAN, parce qu'il ne commence à pouſſer que dans ce temps.

7. *NUX JUGLANS fruƈtu minimo, D. Breman.* H. R. Monſp.
NOYER à petit fruit.

8. *NUX JUGLANS, sive Regia, fructu racemoso erecto (fructu tenero aut perduro.)*
NOYER qui porte ses fruits en grappe. Il y en a dont l'écorce ligneuse du fruit est dure, & d'autres dont cette écorce est fragile.

9. *NUX JUGLANS bifera.* C. B. P.
NOYER qui donne ses fruits deux fois l'année.

10. *NUX JUGLANS folio serrato.* C. B. P.
NOYER à feuilles dentelées.

11. *NUX JUGLANS Virginiana, foliis vulgari similis, fructu subrotundo, cortice duriore lævi.* Pluk.
NOYER de Virginie à fruit rond, dur, uni & blanc, & dont les feuilles sont semblables à celles du Noyer ordinaire; ou NOYER BLANC de Canada; il y en a à gros & à petit fruit.

12. *NUX JUGLANS Virginiana alba minor, fructu Nucis muschatæ simili; cortice glabro, summo fastigio veluti in aculeum producto.* Pluk.
NOYER de la Louysiane, dont le fruit a la figure d'une Noix muscade; ou PACANE.

13. *NUX JUGLANS Virginiana nigra.* H. L.
NOYER de Canada à fruit noir & rond, dont la coquille est sillonnée.

14. *NUX JUGLANS Virginiana nigra, fructu oblongo, profundissimè insculto.* Rand.
NOYER de Canada à fruit noir & long, profondément sillonné.

Nous avons encore quelques Noyers que nous ne comprenons point dans cette liste; par exemple, celui de Canada qui porte des Noix ameres, &c. Nous pourrions aussi beaucoup augmenter la liste des Noyers de France; parce que ces arbres se multipliant de semences, il se forme beaucoup de variétés.

C U L T U R E.

Les Noyers ne fe multiplient que par les femences : néan-moins un homme digne d'être cru, m'a affuré qu'il en avoit greffé avec fuccès ; j'ai fait fur cela peu d'expériences. M. le Marquis de la Galiffoniere a fait tenter ces greffes en fente, en couronne & en écuffon, mais fans fuccès : d'autres Cultiva-teurs, qui ont effayé cette greffe, n'y ont pas mieux réuffi.

Les Noyers de France ne viennent point en maffifs de bois. Nous en avons eu des quinconces, qui périffoient lorfque l'on ne les cultivoit pas, & qui fe font rétablis quand on a labouré la terre au pied.

Les Noyers fe plaifent fingulierement dans les Vignes & le long des terres labourées ; leurs racines pénetrent dans des terres très-mauvaifes, telles que le tuf blanc & la craie : en fouillant dans ce tuf, nous avons trouvé des racines qui y avoient pénétré à fix ou fept pieds de profondeur ; & la Vigne ex-ceptée, aucun arbre n'y avoit jetté de racines.

En automne, on met les Noix germer dans du fable : au printemps, on coupe les germes ou les radicules pour empê-cher qu'il ne fe forme un pivot ; & on les feme enfuite à deux pieds & demi de diftance les unes des autres pour les élever en pépiniere. Ces jeunes arbres pouffent un bel empatement de racines ; & ils font en état d'être tranfplantés avec fuccès, lorfqu'ils font parvenus à une fuffifante groffeur.

U S A G E S.

Les Noyers ne conviennent guere dans les bofquets ; mais on en fait de belles avenues. Les Noix font très-bonnes à manger avant leur maturité ; on les nomme alors *Cerneaux* : elles font auffi fort bonnes quand elles font mûres & encore vertes. On les fait fécher pour les manger en hyver ; mais alors elles ont contracté une âcreté qui diminue beaucoup de leur agrément. En les mettant tremper quelques jours dans de l'eau, l'amande fe gonfle ; on peut la dépouiller de fa peau, & alors elle eft affez douce.

On fait dans les offices, avec les Noix feches & pelées,

une espece de conserve brûlée, qui est assez agréable; c'est ce qu'on appelle *Nouga*.

On confit aussi les Noix avant leur maturité, quelquefois sans leur enveloppe ou brou, & d'autres fois avec leur brou; les premieres sont plus agréables au goût; on dit que les autres sont propres à fortifier l'estomac.

On fait aussi, vers le milieu de Juin, un ratafia de Noix vertes, qui passe pour très-stomachal, sur-tout quand il est bien vieux. Pour faire cette liqueur, on met dans une pinte de bonne eau-de-vie douze Noix avec leur brou, un peu concassées; trois semaines après on décante la liqueur, & l'on y ajoute plus ou moins de sucre, suivant le goût; l'on conserve cette liqueur dans des bouteilles bien bouchées; elle devient rouge en vieillissant.

L'usage le plus général qu'on fait des Noix seches, est d'en retirer l'huile. Pour cela on ôte la coquille & les cloisons qui séparent les amandes: on les fait un peu sécher dans un four qui doit avoir peu de chaleur; on les broie ensuite sous une meule verticale, semblable à celle que l'on emploie pour les Olives (V. *Olea*); & la pâte que cette opération produit, se renferme dans des sacs de toile forte, que l'on porte sous la presse pour en retirer l'huile. Celle qui coule de cette expression s'appelle *Huile tirée sans feu*, & il y en a qui la préferent au beurre & à l'huile d'Olives pour faire les fritures. On retire ensuite cette pâte des sacs pour la mettre dans de grandes chaudieres sur un feu lent avec un peu d'eau bouillante; puis on la remet dans les sacs sous la presse pour retirer une seconde huile qui a une odeur desagréable, mais qui est bonne pour les lampes, pour faire du savon, & excellente pour les Peintres, sur-tout quand on a soin de l'engraisser en la faisant cuire avec de la litarge ou quelque autre préparation de plomb.

Pour avoir l'huile grasse plus belle, on met l'huile dans des vases de plomb de forme applatie, comme une soucoupe, exposés au grand soleil, où, quand elle a pris la consistance de sirop épais, on la dissout avec de l'essence de térébenthine: on peut alors en faire un vernis gras qui est assez beau, appliqué sur les ouvrages de menuiserie; on peut encore la broyer avec différentes couleurs, qui alors fechent très-vîte & deviennent fort brillantes.

L'huile de Noix tirée fans feu acquiert de la vertu en vieilliffant; elle entre dans plufieurs onguents, dans les cataplafmes contre l'efquinancie, dans les lavements adouciffants.

M. Boyle affure que cette huile eft fpécifique étant mêlée avec celle d'amande douce, & prife à la dofe de deux ou trois onces, contre les coliques néphrétiques, pour en calmer les douleurs & faire couler les graviers.

La poudre·des chatons de la Noix eft bonne dans la dyffenterie.

La décoction des feuilles du Noyer dans de l'eau fimple, déterge les ulceres, fur-tout en y ajoutant un peu de fucre.

Il feroit trop long de rapporter tous les ufages que l'on fait en Médecine, de toutes les parties du Noyer. Les Maréchaux prétendent que la décoction des feuilles fait pouffer les crins & prévient la gale. On prétend encore qu'un cheval qui a été épongé avec cette décoction, n'eft point tourmenté des mouches pendant la journée.

Le Noyer eft auffi très-précieux pour les Arts. Les Teinturiers en emploient les racines & le brou pour faire des teintures brunes, très-folides; les Menuifiers font avec ce brou pourri dans l'eau une teinture qui donne aux bois blancs une belle couleur de Noyer.

Le bois de Noyer eft liant, affez plein, facile à travailler; il eft recherché par les Sculpteurs; & c'eft un des meilleurs bois de l'Europe pour faire toutes fortes de meubles.

Les Noyers de Virginie ou de la Louyfiane, nᵒ 13 & 14, ont leur bois plus coloré que le nôtre; il eft quelquefois prefque noir, mais fes pores font fort larges : il fait un fort bel arbre; fes feuilles font très-longues, & quelquefois chargées d'onze folioles; mais le fruit des Noix noires n'eft bon qu'en cerneaux, parce que les cloifons intérieures font trop dures; néanmoins les Naturels du pays en font une efpece de pain: voici leur méthode. Ils écrafent les Noix avec des maillets, & ils lavent cette pâte dans quantité d'eau : le bois furnage avec une portion de l'huile à mefure qu'ils remuent la pâte avec les mains, & il fe précipite au fond une efpece de farine:

c'eſt celle dont ils font uſage. Il n'y a que la Noix Pacane,
n°. 12, qui ſoit fort bonne, non-ſeulement parce que ſon
écorce n'eſt pas fort dure, mais encore parce que ſon amande
participe un peu du goût de la Noiſette.

M. Saraſin dit qu'il y a en Canada une eſpece de Noyer
qui fournit, mais en petite quantité, une liqueur auſſi épaiſſe
& auſſi ſucrée qu'un ſirop : Les Canadiens conviennent que le
ſucre que fournit cette liqueur, eſt moins agréable que celui
d'Erable.

Le Noyer à fruit blanc, n°. 11, a les feuilles ſemblables à
notre Noyer; ſon fruit eſt uni & preſque rond : il y en a de
deux eſpéces, une dont l'amande eſt douce, mais qui ne vaut
pas mieux que la Noix noire; l'autre dont l'amande eſt amere,
& que je crois inutile. Le bois de ce Noyer eſt blanc & fort
liant.

Une propriété ſinguliere de la Noix noire, eſt que l'amande
conſerve tellement ſon humidité, qu'elle eſt auſſi fraîche à
Pâques, que les nôtres le ſont au mois de Septembre.

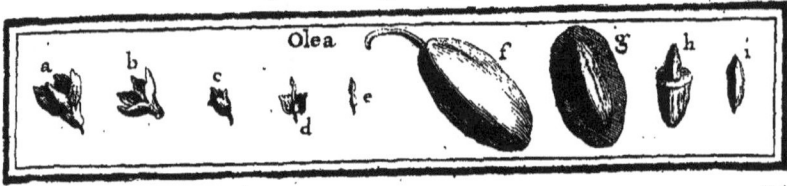

OLEA, TOURNEF. & LINN. OLIVIER.

DESCRIPTION.

LA fleur (*a*) de l'Olivier est formée d'un petit calyce (*c*) qui est d'une seule piece divisée en quatre par les bords; & qui tombe avant la maturité du fruit.

Ce calyce porte un pétale (*b*) qui a la forme d'un tuyau fort court, & qui est divisé par le bord en quatre parties ovales. On trouve dans l'intérieur deux petites étamines surmontées de sommets, & un pistil (*de*) formé d'un embryon arrondi & d'un style fort court qui est chargé d'un stigmate assez gros & partagé en deux.

Cet embryon devient un fruit (*f*) charnu, ovale, plus ou moins allongé, suivant les especes, dans lequel se trouve un noyau ovale (*g*), fort allongé, très-dur, & dont la superficie est raboteuse: ce noyau est divisé intérieurement en deux loges, & devroit contenir deux semences (*hi*); mais il y en a toujours une qui avorte.

Les feuilles des Oliviers sont entieres, non dentelées, unies, épaisses, dures, & opposées deux à deux sur les branches; elles ne tombent point l'hiver: il y en a de fort longues, & d'autres qui sont très-courtes, suivant les différentes especes.

ESPECES.

1. *OLEA maximo fructu.* Inst.
   OLIVIER à gros fruit, ou OLIVIER D'ESPAGNE.

2. *OLEA fructu oblongo minori.* Inst.
   OLIVIER à petit fruit long. A Toulon, OLIVE PICHOLINE.

3. OLEA fructu oblongo atro virente. Inst.
OLIVIER à fruit long d'un verd foncé.

4. OLEA fructu albo. Inst.
OLIVIER à fruit blanc.

5. OLEA fructu minore & rotundiore. Inst.
OLIVIER à petit fruit rond : à Aix, AGLANDAU; à Marseille,
CAÏANNE.

6. OLEA fructu majusculo & oblongo. Inst.
OLIVIER à gros fruit long : en Provence LAURINNE.

7. OLEA fructu majori, carne crassâ. Inst.
OLIVIER à gros fruit très-charnu, dit OLIVIER ROYAL.

8. OLEA sativa major, oblonga, angulosa, Amygdali formâ. H. R. Monsp.
OLIVIER dont les fruits ont la forme d'Amande, qu'on nomme
en Languedoc AMELOU.

9. OLEA media, oblonga, fructu Corni. H. R. Monsp.
OLIVIER dont le fruit ressemble à celui du Cormier, qu'on
nomme en Languedoc CORMEAU.

10. OLEA maxima, subrotunda. H. R. Monsp.
OLIVIER à gros fruit arrondi, qu'on nomme en Languedoc
AMPOULAN.

11. OLEA media, rotunda, præcox. H. R. Monsp.
OLIVIER précoce à fruit rond, qu'on nomme en Languedoc
MOUREAU.

12. OLEA media, rotunda, viridior. H. R. Monsp.
OLIVIER à fruit rond & très-verd, qu'on nomme en Languedoc VERDALLE.

13. OLEA minor, rotunda, racemosa. H. R. Monsp.
OLIVIER qui porte de petits fruits en grappe, dit en Languedoc BOUTEILLEAU.

14. OLEA minor, rotunda, ex rubro & nigro variegato. H. R. Monsp.
OLIVIER à petit fruit rond panaché de rouge & de noir, dit
PIGAU.

15. OLEA minor, rotunda, rubro-nigricans. H. R. Monsp.
OLIVIER dont le fruit est petit, rond & tirant sur le noir,
dit en Languedoc SALIERNE.

16. *O L E A minor Lucenfis, fructu odorato.* Inft.
OLIVIER de Luques à fruit odorant.

17. *O L E A filveftris, folio duro fubtùs incano.* C. B. P.
OLIVIER fauvage dont les feuilles font coriaces & velues par
deffous.

18. *O L E A filveftris Hifpanica, folio duro fubtùs incano, fructu obtufo mu-
cronato.* Inft.
OLIVIER d'Efpagne, dont la pointe du fruit eft tronquée.

La plus grande partie de ces Oliviers ne font que des variétés qu'on cultive néanmoins : les unes, parce qu'elles font
propres à être confites ; les autres, parce qu'elles donnent l'huile
la plus fine ; d'autres enfin, parce qu'elles fourniffent une
plus grande quantité de fruits : c'eft ce qui nous a engagés à en
faire l'énumération.

CULTURE.

Je m'étendrai un peu plus fur la culture des Oliviers que
fur celle des autres arbres fruitiers, non-feulement parce qu'elle
exige quelques foins particuliers, mais auffi parce qu'elle eft
moins connue. Il n'y a point de Livre de Jardinage où l'on ne
parle de la culture des Pêchers, des Poiriers, &c. & dans ces
Livres on dit à peine un mot des Oliviers, qui font cependant
des arbres fort utiles, & une fource de la richeffe de quel-
qu'une de nos Provinces.

L'Olivier eft un arbre des Provinces tempérées ; il croît
abondamment en Provence, en Languedoc, en Italie & en
Efpagne. On peut auffi, moyennant quelques précautions, en
élever dans nos Jardins, mais fimplement pour la curiofité.
Nous en avons depuis long-temps en efpalier; ils y fupportent les hyvers ordinaires fans être couverts; & l'on peut en
élever en buiffon, pourvu qu'on mette un peu de litiere fur
les racines; alors fi des gelées très-fortes font périr les branches, les fouches repoufferont de nouveaux jets.

Nos Oliviers nous donnent quelques fruits dans les années
chaudes & feches; mais encore une fois on ne peut, dans

H ij

notre climat; regarder cette culture que comme une curiofité.

Les Anciens confidéroient les Oliviers comme des arbres
maritimes, & ils prétendoient qu'on ne pouvoit plus en élever à une certaine diftance de la mer. Il eft vrai qu'ils fubfiftent fans geler dans quelques Jardins des Provinces maritimes occidentales du Royaume, favoir, en Normandie & en
Bretagne, parce que les gelées font moins fortes au bord de
la mer; mais auffi ils y donnent très-peu de fruit, & ce fruit
ne mûrit jamais affez parfaitement pour qu'on puiffe en retirer
de l'huile. D'ailleurs on fait qu'en Languedoc on cultive des
Oliviers dans des lieux affez éloignés de la mer; ainfi il me
paroît qu'on ne peut pas regarder l'Olivier comme un arbre
effentiellement maritime : tout ce qu'on peut dire , c'eft que
l'Olivier vient très-bien au voifinage de la mer, dans les lieux
où la plupart des autres arbres réuffiffent mal.

L'Olivier croît dans toutes fortes de terreins; néanmoins
les terres légeres & chaudes lui conviennent mieux que les
terres fortes & froides.

Quand les terres font fubftantieufes, les arbres font plus
beaux & plus gros; quand elles font maigres, le fruit en eft
de meilleure qualité. Il faut convenir cependant que les Oliviers
aiment fort le fecours des fumiers; ce qui eft tout naturel,
puifque les fumiers rendent les terres légeres.

On convient généralement en Provence, qu'un terrein mêlé
de cailloux eft le plus favorable aux plants d'Oliviers: l'huile
en eft beaucoup plus fine, & elle fe conferve plus long-temps
lorfqu'elle provient des terreins de cette qualité, que lorfqu'elle vient des Oliviers élevés dans des terres graffes, fu-
mées & arrofées, ainfi que dans les environs de Salon, où
l'huile eft graffe, & s'altere promptement, quelques précautions que l'on prenne pour la conferver.

On pourroit multiplier les Oliviers en femant des noyaux
d'Olive, en marcottant, ou même en faifant des boutures;
mais on n'emploie guere ces moyens qui feroient trop longs:
on a coutume de lever des drageons enracinés, qui doivent
être au moins gros comme le bras, au pied des vieux Oliviers. Souvent les Payfans éclatent avec la pioche, de vieilles

fouches qui fe trouvent dans des lieux abandonnés ; & ordinairement ce plant réuffit bien, quoiqu'il n'ait prefque pas de racines.

De quelque façon qu'on fe foit pourvu de ce plant, on le met tout de fuite en place dans des trous qui doivent avoir près de trois pieds de profondeur ; quand les racines font recouvertes de terre, on met une couche de fumier ; enfuite on acheve d'emplir le trou en formant une butte au pied de l'arbre, & on l'entoure quelquefois de fumier pour le préferver de la gelée.

Comme ces drageons enracinés, pris fur des arbres greffés, pouffent toujours au deffous de la greffe, les arbres ainfi plantés, ont un befoin abfolu d'être greffés ; & quand ils font dans un bon terrein, ils commencent à donner du fruit au bout de huit ou dix ans.

Toutes les efpeces d'Oliviers ne méritent pas également d'être cultivées ; il y en a qui donnent plus de fruit les unes que les autres : & toutes les efpeces ne donnent pas une huile auffi parfaite. Enfin il s'en trouve qui font préférables aux autres pour confire leurs fruits : c'eft ce qui engage à greffer les meilleures efpeces fur les médiocres ou fur les mauvaifes : celles, par exemple, qui font numérotées, 9, 10 & 11, font fingulierement eftimées pour l'huile fine.

On a coutume d'écuffonner les Oliviers à la pouffe, quand ils font en fleur ; c'eft-à-dire, que des écuffons, qu'on a cueillis l'hyver & confervés à l'ombre, s'appliquent fur des fujets qui font dans la grande force de la feve du printemps.

Si l'on fait cette opération fur de jeunes arbres, fi-tôt qu'on a appliqué les écuffons, on coupe la tête de l'arbre deux travers de doigts au deffus de celui qui eft le plus élevé. Mais fi l'on greffoit des arbres qui font déja à fruit, l'on fe contenteroit d'enlever au deffus de l'écuffon le plus élevé, un anneau d'écorce de deux doigts de largeur. Dans ce cas, les branches ne périffent point cette premiere année ; elles mûriffent leur fruit, & on ne les retranche qu'au printemps fuivant.

Il y en a qui plantent leurs Oliviers dans les mois de Janvier & de Février ; mais d'autres prétendent que cette opé-

ration réuſſit mieux quand on la fait au printemps ; ce qui eſt
commun à tous les arbres qui conſervent leurs feuilles en hyver, & à ceux qui craignent les fortes gelées ; car, comme
nous l'avons dit ailleurs, une gelée qui fait périr un arbre nouvellement planté, n'endommage point celui qui eſt bien repris.

On voit des Oliviers qui ſubſiſtent depuis long-temps ſans
aucune culture dans des lieux abandonnés ; mais ils n'y donnent que peu de fruit, & de fort petit : ainſi pour retirer de
l'utilité des Oliviers, il faut les cultiver. On a coutume de les
planter comme en quinconce, ou par rangées fort éloignées
les unes des autres. On peut planter de la Vigne entre ces rangées, ou y ſemer du Grain : car les cultures qu'on donne à
ces plantes ſont infiniment utiles aux Oliviers. Comme la charrue ne peut pas approcher tout près du pied des Oliviers, on
laboure à bras deux fois l'année cette partie du terrein.

Outre ces labours généraux, on a encore coutume d'enlever
tous les deux ans quatre pouces ou un demi-pied d'épaiſſeur
de terre, ſuivant la force des arbres, autour de chaque Olivier ; on coupe les petites racines chevelues qui ſe rencontrent,
& l'on remplit la foſſe avec la même terre qu'on a tirée, &
dans laquelle on mêle du fumier. Cette opération augmente
beaucoup la vigueur des arbres. Cependant comme le fumier altere la qualité de l'huile, les Cultivateurs attentifs préferent le
terreau ou bien les terres brûlées, qui, dit-on, donnent beaucoup
de vigueur aux arbres, ſans altérer la qualité de leur fruit.

On obſerve que les Oliviers, ainſi que quantité d'autres arbres fruitiers, ne donnent abondamment de fruit que tous les
deux ans ; & de plus, on a remarqué que l'année de fertilité
eſt preſque toujours celle où la terre qui eſt ſous les Oliviers,
reſte en jachere. Pour entendre ceci, il faut ſavoir que quand
on ſeme du Froment ſous les Oliviers, la terre eſt alternativement une année en gueret, en repos ou en jachere, & que
l'année ſuivante elle produit du Froment. Il eſt aſſez vraiſem-
blable que le Froment dérobe la nourriture aux Oliviers ; &
s'il étoit bien prouvé que cette raiſon influât ſur l'abondance
de leur fruit, un Propriétaire pourroit ſe procurer tous les ans
une récolte d'Olives à peu près égale ; puiſqu'il n'auroit qu'à
enſaiſonner ſes terres de façon que tous les ans la moitié fût

en rapport de Froment, & l'autre en jachere. La plupart des Cultivateurs suivent cet usage, quoiqu'il y ait lieu de douter que l'alternative des récoltes d'Olives dépende principalement de la circonstance que nous venons de rapporter, puisqu'elle subsiste dans les terres cultivées en vigne, à peu près comme dans celles qu'on ensemence en froment.

La taille qu'on fait aux Oliviers n'est pas fort savante; on retranche les branches trop basses & pendantes, qui empêcheroient de faire passer la charrue sous les arbres; on coupe les branches languissantes, & enfin on supprime une partie des branches, quand l'arbre devient trop touffu. Car on remarque qu'un arbre trop chargé de bois ne donne ni autant de fruit, ni de si bien conditionné, que celui qui n'a que la quantité de branches qu'il peut bien nourrir.

Et comme les Oliviers nouvellement taillés ne donnent que peu de fruit, on a soin de faire cette opération dans l'année où ils se reposent.

U S A G E S.

Nous avons déja dit que les Oliviers ne peuvent pas fournir dans ces pays-ci assez de fruit pour qu'on doive se proposer d'en faire de l'huile, ni même pour en confire au sel. Ainsi leur utilité, à notre égard, se borne à en mettre quelques pieds dans les bosquets d'hyver; ou, par simple curiosité, en espalier.

Dans les climats plus tempérés on cueille les Olives qui sont parvenues à leur grosseur quoiqu'elles soient encore vertes avant leur maturité, pour les confire comme nous allons en détailler le procédé.

L'art de confire les Olives se réduit à leur faire perdre une partie de leur amertume, & à les impregner d'une saumure de sel marin aromatisé, qui leur donne un goût agréable: on emploie pour cela différents moyens.

Le plus expéditif est de mettre dans des jares, qui sont de grands vases de terre vernissée, un lit de plantes aromatiques, savoir, du Fenouil, de l'Anis, du Thin, &c. un lit d'Olives fraîchement cueillies, auxquelles on a donné deux coups de couteau

en croix jufqu'au noyau, pour faciliter l'introduction de la
faumure. On met fur ce lit d'Olives une couche de fel, puis
un autre lit de plantes aromatiques, un lit d'Olives ; & ainfi
jufqu'à ce que le vafe foit prefque rempli. Alors on verfe affez
d'eau bouillante fur les Olives pour qu'elles furnagent : le len-
demain on les met dans de l'eau fraîche qu'on a foin de changer tous les deux ou trois jours, jufqu'à ce que les Olives
foient fuffifamment adoucies, & l'on finit par verfer deffus une
faumure chargée de quelques épices. Selon cette méthode
elles font en très-peu de temps en état d'être mangées ; quelques perfonnes même les trouvent fort agréables, parce qu'elles
ont alors plus de goût : mais la plupart ne les trouvent pas
affez adoucies ; en ce cas, on aura recours aux moyens que
nous allons rapporter.

Les Olives font meilleures quand elles n'ont point été
échaudées ; mais auffi la préparation en eft plus longue.

Vers la fin de Septembre, ou dans les premiers jours d'Octobre, on choifit de belles Olives, les plus groffes & les plus
charnues ; on les met dans des jares, & l'on verfe de l'eau
par-deffus pour leur faire perdre leur amertume. On change
cette eau tous les deux jours, & l'on goûte les Olives de temps
en temps pour s'affurer fi elles font affez adoucies ; car quand
elles le font trop, elles deviennent infipides. Lorfqu'elles font
fuffifamment adoucies, on les met dans une forte faumure, où
elles reftent jufqu'à Pâques : alors on prépare une feconde faumure moins forte ; on fépare les Olives qui peuvent avoir
changé de couleur ; car cet accident arrive ordinairement à
celles qui fe trouvent au deffus du vafe ; & l'on jette les autres dans la nouvelle faumure. Quelques jours après, elles fe
trouvent bonnes à manger.

D'autres enfin, pour les préparer à la picholine, mettent
leurs Olives dans une leffive faite avec une livre de chaux vive
& fix livres de cendre de bois neuf, tamifée. Au bout de fix,
huit, dix ou douze heures, & fuivant la force de la leffive, fi
en coupant l'Olive avec un couteau ; le noyau fe fépare de
la chair, alors on les retire de la leffive, on les lave bien
dans de l'eau fraîche, qu'on renouvelle toutes les vingt-quatre
heures pendant neuf jours, & on les met dans une nouvelle
faumure que nous allons décrire.   Il

Il est bon d'avertir que depuis quelque temps on n'emploie plus de cendres, mais une simple lessive de bois neuf; & l'on prétend que les Olives en sont plus agréables au goût & moins mal-faisantes.

Ce qui suit convient à toutes les différentes préparations qu'on peut donner aux Olives.

Quand les Olives ont été adoucies, n'importe par quel moyen, il faut les pénétrer de saumure pour les rendre plus agréables au goût. Afin que la saumure pénetre plus promptement, les uns écachent un peu les Olives avec un petit maillet de bois, d'autres leur font des incisions avec un couteau; & enfin d'autres ne voulant rien précipiter, les laissent entieres: en cet état elles ont moins de goût, mais elles sont plus belles.

On arrange dans les jarres, lit par lit, les Olives entieres ou entaillées, avec du sel, des herbes aromatiques & des épices: on verse de l'eau par dessus; & si l'on a soin de placer les vases dans un lieu frais & sec, & d'entretenir toujours les Olives couvertes de saumure & les jarres exactement fermées, les Olives se conservent en bon état deux ou trois années: il se forme seulement par dessus une croûte qui sert à leur conservation, mais qu'il faut jetter quand on entame les jarres. Quelques-uns, pour éviter que cette croûte ne se forme, mettent un lit d'étouppes qui baigne dans la liqueur au dessus des Olives.

Nous avons dit que la véritable saison pour confire les Olives, est à la fin de Septembre ou au commencement d'Octobre, & qu'on choisit les plus grosses Olives, les plus belles & les plus saines. Mais nous devons ajouter qu'une précaution absolument nécessaire pour que les Olives conservent leur verdeur, est de les mettre dans l'eau aussi-tôt qu'elles sont cueillies; & que toutes les fois qu'on les change de liqueur, il faut, en les tirant de l'ancienne, les plonger sur le champ dans la nouvelle, sans quoi elles noirciroient, & perdroient beaucoup de leur mérite.

Je crois qu'en Espagne on mêle un peu de vinaigre avec la saumure.

Quelques Provençaux retirent au bout d'un temps leurs Olives de la saumure; ils ôtent proprement le noyau, comme

Tome II. I

quand on veut les employer dans les ragoûts; ils mettent à
fa place une capre, & ils confervent ces Olives dans d'excellente huile.

On prépare auffi quelquefois des Olives affez mûres pour
être noires; en ce cas, on les met fécher dans un bâtiment
les fenêtres ouvertes, afin qu'elles foient expofées au vent.
Pendant qu'elles perdent une partie de leur humidité, on fait
un mêlange de miel, d'huile d'Olive, de fel marin, de jus de
Citron, qu'on affaifonne avec du Poivre, du Geroffle, de la
Coriandre, de l'Anis, &c. & l'on verfe cette liqueur fur les
Olives, après les avoir mifes dans des vafes de verre, en forte
néanmoins que la liqueur furnage le fruit.

Les Provençaux fe fervent encore de la méthode fuivante
pour préparer des Olives deftinées à leur ufage particulier.
Ils écrafent les Olives, & les jettent dans de l'eau fraîche qu'ils
renouvellent au bout de vingt-quatre heures & encore au bout
de quarante-huit heures; & le troifieme jour ils les mettent dans
une forte faumure aromatifée. Ces Olives ne fe confervent
qu'un mois; mais elles font excellentes.

Enfin, dans l'hyver, quand les Olives font parfaitement
mûres & molles, on les mange fans aucune préparation en
les affaifonnant feulement avec du poivre, du fel & de l'huile.

L'huile eft fans contredit le revenu le plus certain qu'on
puiffe fe promettre des Oliviers; fa perfection dépend de la
nature du terrein, de l'efpece d'Olives qu'on exprime, & des
précautions qu'on prend pour la récolte & pour l'expreffion
des Olives.

On fe propofe deux objets quand on s'attache à la culture
des Oliviers: ou bien on veut faire de l'huile fine pour les fa-
lades & pour les autres ufages de la cuifine; ou bien on fe
contente de faire des huiles communes pour les favonneries,
ou de l'huile à brûler dans les lampes.

A l'égard du premier cas, il faut être dans une pofition favorable; car, comme nous l'avons dit, tous les terreins ne
font pas également propres à donner des huiles fines, & il
faut prendre avec attention toutes les précautions que nous
indiquerons. Quand, au contraire, on ne fe propofe que de
faire de l'huile pour les favonneries ou pour les lampes, il faut

alors tâcher d'obtenir une grande quantité d'huile, fans trop
s'embarraffer de fa qualité : prévenus de ces différentes inten-
tions, nous nous difpenferons de répéter à chaque moment que
telle pratique convient pour les huiles deftinées à l'apprêt des
alimens; & telle autre, pour celles qui font deftinées à brûler
ou à entrer dans les fabriques de favon.

Nous avons déja dit que les Oliviers qu'on cultivoit dans
un terrein graveleux, maigre & fec, donnoient moins de fruit
que ceux qui étoient plantés dans une terre graffe & bien fumée : ceux-ci donnent beaucoup d'huile, mais d'une qualité
inférieure.

La nature du terrein, où font plantés les Oliviers, n'eft pas
la feule chofe qui influe fur la qualité de l'huile ; l'efpece des
Olives y contribue beaucoup.

Il eft d'expérience que les petites Olives que l'on trouve
fur les Oliviers fauvages, qui croiffent naturellement fur les
montagnes, fourniffent de l'huile très-fine; mais ces Olives
font rares, & elles rendent fi peu d'huile qu'elles ne méritent
aucune attention.

On cultive en Provence fept à huit efpeces d'Oliviers;
les uns, parce qu'ils donnent de très-gros fruit qu'on emploie
pour confire, quoique leur chair foit moins délicate, & qu'elle
ait moins de goût que la petite *Aglandou*, n°. 5 ; d'autres efpeces font cultivées, parce que les arbres fourniffent une prodigieufe quantité de fruits qui donnent beaucoup d'huile commune : mais les deux efpeces qui font généralement eftimées
pour fournir l'huile fine aux environs d'Aix & de Marfeille,
font l'*Aglandou* ou *Caïane* & la *Laurine*.

L'Aglandou, qui eft la plus eftimée pour l'huile fine, a le
fruit fort petit & le noyau fort menu; elle eft prefque ronde ;
la fuperficie du fruit eft unie : enfin elle a un goût plus amer
que toutes les autres ; ainfi elle tient de l'Olive fauvage : l'huile
qu'elle rend a l'odeur & le goût du fruit, & fe conferve bien,
pourvu qu'on ait eu foin d'apporter les précautions dont nous
parlerons.

La Laurine eft un peu plus groffe que l'Aglandou; fon noyau
eft affez gros par proportion au fruit; la furface du fruit eft
inégale & comme relevée de boffes; ce fruit eft moins amer

I ij

que l'Aglandou; il fournit de bonne huile, & est singuliere-
ment estimé pour confire.

Il est encore fort important à la qualité de l'huile, de cueillir
les Olives dans leur parfaite maturité. Elles pourroient cependant achever de mûrir après avoir été cueillies; mais l'huile
en est d'autant plus mauvaise, qu'elles restent plus long-temps
en cet état. Le degré de maturité qu'il faut qu'elles aient acquis, varie suivant la qualité des Olives, & l'on connoît principalement leur parfaite maturité à la couleur de leur peau;
car les unes doivent être noires, d'autres d'un rouge foncé,
d'autres enfin doivent être jaunes; celles-ci font trop mûres
quand elles noircissent. L'usage seul peut apprendre ces détails;
mais en général les Olives ne parviennent point à cet état de
maturité avant la fin d'Octobre, & elles font toutes trop mûres à la mi-Décembre.

Dans cet intervalle on doit veiller soigneusement à saisir la
parfaite maturité des Olives; car, pour faire d'excellente huile,
il faudroit, aussi-tôt que les Olives font bonnes à cueillir, pouvoir les mettre sous la meule & au pressoir, ou, comme disent
les Provençaux, les *détritter*. Les Olives qui ne font pas mûres
laissent à l'huile une amertume insupportable, & ces huiles se
dépurent très-difficilement. Une partie de cette amertume se
passe cependant avec le temps, & contribue à la conservation de l'huile: mais les Olives trop mûres fournissent une
huile d'un goût piquant, quelquefois même de moisi, & elles
s'engraissent promptement.

Les Olives doivent être cueillies à la main: les femmes &
les enfans qui font occupés à cette cueillette, ont de petits
paniers avec des anses assez élevées pour pouvoir les passer dans
le bras, afin d'avoir les mains libres pour monter dans les arbres en cas de besoin. Quand les paniers font pleins, on les
vuide avec précaution dans des corbeilles, quand ce font des
Olives pour confire; & dans des sacs, si elles font destinées à
faire de l'huile: sur-tout on évite de les meurtrir, parce qu'on
n'est pas toujours maître de les porter au pressoir aussi-tôt
qu'on le desireroit.

Quand les arbres font très-hauts, on est quelquefois obligé
de laisser tomber les Olives sur des draps qu'on étend au-dessous;

mais la qualité de l'huile en est altérée, si l'on ne peut pas les exprimer promptement.

Enfin je crois qu'on les abat quelquefois avec des perches ; quand on ne se propose que de faire des huiles communes ; ou bien on les laisse tomber d'elles-mêmes, ce qui n'arrive cependant que quand elles sont trop mûres pour faire de bonne huile.

Pour faire de l'huile fine, il seroit à desirer qu'on pût piler & exprimer les Olives aussi-tôt qu'elles sont cueillies ; mais comme chaque Particulier n'a pas un moulin, & que souvent dans un Village il n'y en a qu'un qui est commun à tous les habitans, moyennant un droit que le Propriétaire leve, on est alors obligé d'attendre son tour : en ce cas, on dépose les Olives dans les greniers ; si ces greniers sont assez vastes on n'entasse les Olives qu'à quatre pouces d'épaisseur ; mais souvent, par la nécessité du lieu, on est obligé de les mettre jusqu'à neuf pouces, & l'on a grand soin de les remuer tous les deux ou trois jours.

Quand les pluies & les gelées blanches obligent d'interrompre la cueillette des Olives, on peut employer les Ouvrieres à trier celles qui sont dans le grenier ; car il faut ôter les feuilles, les branches & toutes les immondices qui boiroient l'huile & la saliroient. On met aussi à part les Olives pourries, de crainte d'altérer la qualité de l'huile. Il n'est pas douteux que quand on n'a en vue que la bonne qualité de l'huile, on doit l'exprimer aussi-tôt que les fruits sont cueillis, & prendre toutes sortes de précautions pour que les Olives ne fermentent pas. Mais comme plusieurs personnes préferent d'avoir une grande quantité d'huile plutôt que de l'avoir très-fine, ils laissent les Olives parvenir à une plus grande maturité, ils les conservent quelque temps dans les greniers ; & deux ou trois jours avant de les porter au pressoir, ils les rassemblent en tas dans la vue d'exciter encore la fermentation : c'est cette cupidité d'avoir une plus grande quantité d'huile, qui fait que la fine est toujours très-rare.

Ceux qui ne font de l'huile que pour les fabriques de savon, s'embarrassent peu du mauvais goût qu'elle peut contracter, & ils ne prennent pas grandes précautions pour conserver leurs

Olives: ils les entaſſent alors à une grande épaiſſeur, ils étendent par deſſus une natte ſur laquelle ils marchent pour les preſſer les unes contre les autres ; enfin ils les remuent de temps en temps avec une pelle de bois, & ils les gardent ſouvent en cet état juſqu'à Pâques, remettant à les détritter après qu'ils ont ſatisfait à des travaux qui leur paroiſſent plus preſſés.

Comme les Olives ainſi conſervées rendent beaucoup d'eau, on a ſoin de bâtir les planchers des greniers en pente, afin qu'elle s'égoutte : il eſt d'expérience que la privation de cette eau ne diminue point la quantité de l'huile.

La pente du plancher aboutit à une gouttiere ſur laquelle on met du ſarment, afin que l'humidité s'égoutte plus facilement.

Ceux qui ſe propoſent de retirer beaucoup d'huile de leurs Olives, ne doivent point ignorer que les Olives qui ont perdu une partie de leur eau, & celles qui ont fermenté, donnent beaucoup d'huile ; mais auſſi celles qui ſont trop deſſéchées, de même que celles qui ſont pourries, en donnent conſidérablement moins.

Quand on veut retirer l'huile des Olives, on les porte ſous une meule poſée de champ, & qui tourne dans une auge autour d'un axe, de même que celle que l'on emploie pour faire le cidre. Voyez la Planche du Preſſoir à la fin de cet article.

La Figure 1 repréſente le plan à vue d'oiſeau, des meules avec leſquelles on écraſe les Olives ; la Fig. 2 en eſt le profil, & la Fig. 3 l'élévation en perſpective.

Ainſi *A* eſt une meule horizontale, arrêtée dans une auge ou maſſif de maçonnerie, élevé de deux pieds au deſſus du terrein : ce maſſif eſt circulaire, & il a neuf pieds ſix pouces de diametre. Il eſt couvert autour de la meule *A* avec des madriers *B B*, ſur leſquels on jette les Olives qu'on fait enſuite gliſſer avec une pelle ſur la meule *A*, afin qu'elles ſoient écraſées par la meule verticale *C*, à meſure qu'elle tourne, au moyen de l'axe *D E* & de l'arbre vertical *F*; car le pivot *G* de l'arbre vertical, qui eſt de fer, tourne ſur une crapaudine de fonte *H*, ſcellée dans la meule horizontale *A*.

Le maſſif de maçonnerie qui reçoit la meule horizontale *A*, eſt en pente depuis le bord *I* juſqu'au centre de la meule; de forte qu'il a la figure d'un entonnoir extrêmement plat.

A force de faire tourner la meule verticale, les Olives & les noyaux étant écrafés, forment une pâte dont on tire l'huile comme nous allons l'expliquer.

La Figure 4 eft le plan d'une niche de fix pieds de largeur fur quatre de profondeur, adoffée au mur du moulin. Le bas de cette niche, qui eft en pierre de taille très-dure, forme une cuvette qui a une petite pente de *A* en *B*, afin que l'huile coule dans les feaux *CC* par les tuyaux *DD*, lorfque l'on fait agir les vis de la preffe.

A cinq pieds au deffus du bord de la cuvette, eft fcellée dans les pieds droits une forte poutre *FF*, percée de deux écrous pour recevoir les vis *EE*, & fortifiée par des liens de fer *FF*: cette poutre eft encore affujettie dans fon milieu par le montant *G*, & aux deux bouts par les montants *HH*, qui font placés fur les parois intérieures des pieds droits de la niche, le long defquels gliffe le plateau *II*, quand on fait agir les vis pour preffer la pâte, qui eft renfermée dans des fcourtins *KK*.

Lorfque, par le moyen des meules *AC* (Fig. 1, 2, 3), on a écrafé les Olives, & qu'elles font réduites en pâte, on remplit de cette pâte les fcourtins, qui font des efpeces de facs ou bourfes faites de joncs qu'on nomme *Aufe*. Ces fcourtins font ronds; ils ont deux pieds de diametre, & font formés de deux plateaux coufus l'un à l'autre par les bords, en forte que les deux enfemble font comme deux panneaux de foufflets d'Orfevre. Le plateau fupérieur eft ouvert d'un trou rond qui a neuf pouces de diametre: ces fcourtins font tiffus avec un fil de jonc de la groffeur d'un fil de carret, ou de fix à fept lignes de circonférence.

On met dans la cuvette, aux places convenables, une douzaine de ces fcourtins, remplis de pâte d'Olive; on les pofe les uns fur les autres, comme on voit à la Figure 5: alors, en preffant un peu avec les vis *EE*, on en fait fortir la premiere huile; c'eft celle que l'on nomme *huile-vierge*; elle eft beaucoup plus fine que celle qu'on extrait enfuite, & elle fe conferve plus long-temps.

Quand on a exprimé l'huile-vierge, on continue de preffer

beaucoup plus fort les fcourtins, en faifant mouvoir les vis avec des léviers de huit à neuf pieds de longueur, jufqu'à ce que la pâte ne rende plus rien : cette feconde huile eft encore fort bonne, & peut auffi être appellée *huile-vierge*.

Lorfque les fcourtins ne rendent plus rien, on les tire du preffoir : on remue le marc avec la main ; & quand la pâte contenue dans un fcourtin eft bien maniée, on le remet fur la cuvette du preffoir, & l'on arrofe le marc avec un feau d'eau bouillante : la pâte d'un autre fcourtin étant auffi maniée, on pofe le fecond fcourtin fur le premier ; & on l'arrofe auffi d'une pareille quantité d'eau bouillante. Quand tous les fcourtins font remis en place, on les preffe de nouveau, & il en découle beaucoup d'eau chargée d'huile. On verfe cette eau dans un baquet ou dans une cuve : on répete cette opération deux fois ; après quoi on jette le marc qu'on nomme alors *Grignon*, & qui ne peut plus fervir qu'à faire des mottes à brûler.

Quelques-uns cependant repaffent encore tout de fuite le marc fous les meules, où après l'avoir laiffé fermenter, & à force d'eau bouillante, ils en retirent une huile qui ne peut fervir qu'à brûler, ou à faire du favon : on appelle cette huile *Gorgon*.

L'huile qu'on a extraite avec l'eau bouillante, fe porte peu à peu à la fuperficie ; & quand, après quelque temps, elle eft féparée de l'eau, on la tranfvafe dans des jarres en la ramaffant avec une cuilliere de cuivre ou de fer blanc, peu creufe, & large comme un moyen plat.

Cette huile dépofe dans les jarres un peu d'eau & beaucoup de lie qui provient de quelques petites parties de la chair des Olives qui ont paffé avec l'eau au travers des mailles des fcourtins : vingt-quatre heures après, on tranfvafe cette même huile dans d'autres jarres, & on répete cette même opération plufieurs fois, en obfervant de laiffer, entre chacune, trois jours en premier lieu ; enfuite quatre ou cinq jours d'intervalle pour que l'huile foit bien dépurée de cette lie qui la gâteroit infailliblement.

Plufieurs perfonnes mêlent cette huile bien dépurée avec l'huile-vierge, & ce mélange fe nomme encore bonne huile ; elle eft cependant bien inférieure à l'huile vierge, qu'on pourroit nommer

hommer excellente. Mais l'huile extraite avec l'eau bouillante toute feule, ne pourroit fervir qu'à faire du favon.

L'huile-vierge a befoin d'être foutirée trois jours après qu'elle eft fortie de deffous la preffe, & encore huit ou dix jours après : on répete cette même opération dans le mois de Mai ; & même dans le mois de Septembre, fi l'on eft obligé de la conferver plus d'une année.

On doit prendre garde que l'huile ne gele jufqu'à ce qu'elle foit bien dépurée : car la lie qui refte mêlée avec l'huile con-gelée, lui caufe de l'altération ; & un froid qui fait defcendre la liqueur du thermometre deux degrés au deffous du terme de la glace du thermometre de M. de Reaumur fuffit pour pro-duire cette congélation dangereufe.

Nous avons dit qu'il falloit paffer plufieurs fois l'huile d'une jarre dans l'autre pour qu'elle foit bien dépurée ; cependant comme les fréquents tranfvafements épaiffiffent & engraiffent l'huile, il ne faut pas les répéter fans néceffité.

Quand on eft affuré que l'huile eft bien dépurée, on n'a plus d'autres précautions à prendre pour la conferver, que celle de tenir les jarres dans un lieu frais & point trop humide : on ferme l'ouverture des jarres avec un couvercle de plan-ches bien jointes, que l'on recouvre d'un linge en plufieurs doubles : on ne fe propofe pas en faifant cela d'empêcher le paffage de l'air ; car on ne connoît pas de liquide qui perde moins par l'évaporation, que l'huile d'Olives.

Quelques perfonnes jettent dans chaque jarre une Pomme de Reinette piquée de clous de Gérofle ; d'autres frottent l'intérieur des jarres avec un linge imbibé de fort vinaigre ; mais des gens ex-périmentés regardent ces précautions comme abfolument inutiles.

L'huile fine eft uniquement deftinée pour les alimens ou pour les préparations médicinales.

L'huile d'Olives entre dans quantité de baumes, d'onguents, d'emplâtres & de liniments adouciffants & relâchants. On la fubftitue à celle d'Amandes douces, & on l'emploie avec quelque firop pour calmer la toux & les douleurs de colique : dans les grandes conftipations, on la fait prendre en lavements. Cette huile ne vaut rien pour la Peinture, parce qu'elle ne feche jamais parfaitement.

K

Fig. 2.

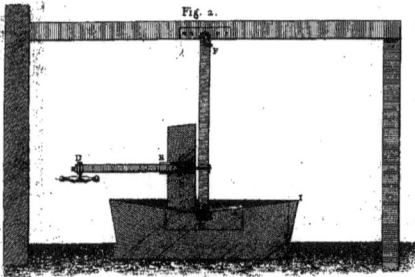

Fig. 3.

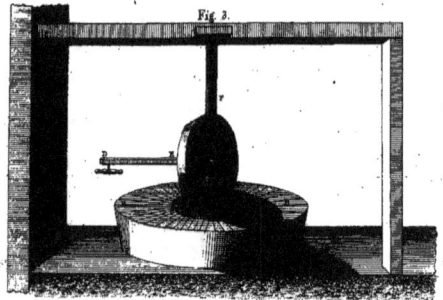

Fig. 1.

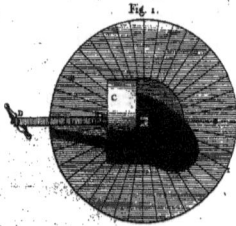

Fig. 4.

Fig. 5.

Les huiles communes fervent, comme nous l'avons dit ;
pour brûler, & pour faire le favon : nous allons détailler le
procédé de cette fabrique à la fuite de cet article.

Le bois des gros Oliviers eft d'une dureté fort inégale : mais
il eft très-bien veiné, & il prend un beau poli ; c'eft ce qui le
fait rechercher par les Ebéniftes & les Tablettiers. On pourroit auffi en faire des ouvrages de Menuiferie ; mais comme les
couches ligneufes font fi peu adhérentes les unes aux autres,
qu'elles femblent n'être que collées par une fubftance réfineufe,
ou que du moins elles fe féparent quelquefois comme fi elles
l'étoient, on ne peut faire de bons affemblages avec ce bois.

De ce que le bois d'Olivier eft très-chargé de réfine, il s'en-
fuit qu'il eft fort bon à brûler. Après les defordres du grand
hyver de 1709, on s'eft long-temps chauffé en Provence du
bois de ces arbres, que la gelée avoit fait périr. Ce malheur
a donné occafion de remarquer que cet arbre pouffe quantité
de racines ; & qu'elles fubfiftent en terre pendant des fiecles
entiers : en 1709 on a tiré plus de bois de ces racines que des
tiges & des branches des arbres ; & plufieurs Particuliers en
vendirent alors pour plus que ne valoit leur fond.

DU SAVON.

Comme les fels alkalis font abfolument néceffaires pour faire
le favon, nous eftimons qu'il eft à propos, avant que d'entrer
dans aucun détail fur cette fabrique, de commencer par dire
quelque chofe de la façon d'extraire ces fels.

On ne doit diftinguer en général que deux efpeces de fels
alkalis : 1°. Celui qui eft de la nature du fel de tartre ; & dans
cette claffe font compris le fel de Tartre, la Cendre gravelée,
la Potaffe & prefque tous les fels lixiviels qu'on retire des plantes. 2°. Celui qui eft de la nature de la bafe du fel marin ; &
dans cette claffe font compris le *Natrum*, le Borax, le fel
de Soude.

Ces deux efpeces de fels alkalis different l'un de l'autre en
ce que ceux qui font de la nature du fel de Tartre, attirent
l'humidité de l'air, & tombent en *deliquium* ; ils ne fe cryftallifent qu'imparfaitement ; ils font avec l'acide du Nitre, un

vrai Salpêtre qui fe cryftallife en aiguilles ; avec l'acide du
Vitriol, un Tartre vitriolé ; avec l'acide du fel marin, un fel
que l'on appelle le *digeftif de Sylvius*, un peu différent du
fel marin par la forme de fes cryftaux ; enfin ces fels alkalis font
très-fouvent alliés de Tartre vitriolé. Les fels alkalis qui font
de la nature de la bafe du fel marin, fe cryftallifent en gros
cryftaux affez femblables au fel de Glauber ; ils ne tombent
point en *deliquium* expofés à l'air ; au contraire, quand l'air
eft fec, ils fe réduifent en farine : ils font avec l'acide nitreux,
un falpêtre qui fe cryftallife en cubes ; avec l'acide vitriolique,
du fel de Glauber ; avec l'acide du fel marin, un vrai fel marin : ces fels font ordinairement alliés de fel marin.

Voilà des indices fuffifants pour diftinguer ces deux efpeces
de fels, & il eft bon de ne pas les confondre : car avec les
fels alkalis qui font de la nature de la bafe du fel marin, on
peut faire du favon fort fec ; mais avec ceux qui font de la
nature du fel de Tartre, on ne peut faire que du favon liquide,
ou peu folide.

Les plantes qui fourniffent le fel alkali qu'on nomme *Soude*,
& qui eft de la nature de la bafe du fel marin, font le Kali
& quelques autres plantes maritimes. Les plantes marines connues fous le nom de *Varech*, fourniffent auffi une efpece de
Soude d'une qualité médiocre, & qui eft fort alliée de fel
marin. Les plantes éloignées de la mer, & tous les bois,
fourniffent plus ou moins de fel de la nature du fel de Tartre ;
& ces fels font connus fous le nom général de *Potaffe*. Le
fel de Tartre fe retire du Tartre brûlé ; & la Cendre gravelée,
des lies de vin defféchées, brûlées & calcinées : c'eft ce que
nous allons encore expliquer plus en détail.

Du Sel de Tartre.

On trouve fur les parois intérieures des cuves, des tonnes ou
des tonneaux, une croûte faline qui s'y forme, quelquefois de l'é-
paiffeur d'un demi-pouce : on la ramaffe, & l'on met ce fel, que
l'on appelle *Tartre crud*, dans de grands facs de papier gris, qu'on
a foin de lier avec une ficelle. On arrange ces facs dans un fourneau *AB* (*Fig. 1. de la Planche des Fourneaux à la fin de cet article,*)

K ij

pêle-mêle avec du charbon , & fur un lit de farment qu'on a
auparavant préparé fur la grille ; on met le feu au farment , qui
allume le charbon ; le Tartre brûle & fe calcine. Quand le feu eft
éteint, on trouve fur la grille des maffes falines qu'on fait fondre
dans l'eau ; on filtre la leffive par le papier gris ; on l'évapore à
grand feu & jufqu'à ficcité , dans des marmites de fer ; & l'on
trouve au fond le fel de Tartre, qu'il faut conferver dans des bouteilles bien bouchées, fi on ne veut pas qu'il tombe en liqueur.

Des Cendres gravelées.

Les Vinaigriers achetent les lies de vin ; ils les mettent dans
des facs de toile, où une partie de ce qui y refte de vin s'é-
goutte ; ils mettent enfuite ces facs fous des preffes pour achever de retirer tout le vin qui eft contenu dans les lies : ce vin
eft meilleur que tout autre pour faire de bon vinaigre. Le marc
qui refte dans les facs après ces opérations, n'eft plus qu'une
lie feche & affez dure pour fe tenir en mottes comme des gazons. On laiffe fécher ces mottes pendant quelque temps , &
enfuite on les brûle dans un fourneau, comme nous venons
de dire que l'on brûloit le Tartre ; alors ce qui refte dans le fourneau fe nomme *Cendres gravelées* : ces Cendres contiennent
une affez grande quantité de fel de Tartre, mêlé de beaucoup
de parties terreufes, dont la lie du vin fe trouve plus chargée
que le Tartre crud.

Si on leffive enfuite ces cendres, on en retirera, par l'évaporation, un fel femblable à celui qu'on retire du Tartre crud.

De la Potasse.

Voici comme on fait la Potaffe aux environs de Sar-Louis,
dans les grandes forêts qui s'étendent depuis la Mofelle jufqu'au Rhin. (*V. Hift. de l'Académie, page* 34 *, année* 1727.)

On choifit de gros & de vieux arbres ; le Hêtre eft le meilleur. On les coupe en tronçons de dix ou douze pieces de
long ; on les arrange l'un fur l'autre, & l'on y met le feu. On
en ramaffe les cendres ; dont on fait une leffive très-forte. On
prend enfuite des morceaux pourris & fpongieux du même

bois, que l'on fait tremper dans la leſſive, & on ne les en retire que lorſqu'ils ſont bien imbibés de cette leſſive; enſuite on y en remet d'autres juſqu'à ce que toute la leſſive ſoit épuiſée & enlevée.

On pratique en terre une foſſe de trois pieds en quarré, ſur l'ouverture de laquelle on poſe quelques barres de fer en forme de gril, pour ſoutenir des morceaux de bois bien ſec, par deſſus leſquels on arrange les pieces de Hêtre qui ont été imbibées de leſſive. On met le feu au bois ſec; & lorſque le tout eſt bien allumé, on voit tomber dans le trou une pluie de Potaſſe fondue : on a ſoin de remettre de nouveau bois imbibé de leſſive, à meſure que les premiers ſe conſument, & juſqu'à ce que la foſſe ſoit remplie de Potaſſe. Lorſqu'elle eſt pleine, & avant que la Potaſſe ſoit refroidie, on en nettoie la ſuperficie le mieux qu'il eſt poſſible, en l'écumant avec un rateau de fer. Il y reſte cependant encore beaucoup de charbon & d'autres impuretés; ce qui fait qu'on ne ſe ſert de cette Potaſſe que pour le ſavon gras. Dès que cette matiere eſt refroidie, elle forme un ſeul pain que l'on briſe pour l'enfermer, ſans perte de temps, dans des tonneaux, de peur que l'air ne l'humecte; car elle eſt fort avide d'humidité. On appelle cette potaſſe *Potaſſe en terre.*

On fait une autre ſorte de Potaſſe plus pure & qui eſt meilleure. On en commence le procédé comme l'autre; enſuite la forte leſſive de cendres étant faite, on repaſſe de l'eau deux ou trois fois, juſqu'à ce qu'on ne ſente plus l'eau graſſe ſous les doigts. On met alors ces leſſives dans une chaudiere de fer de la capacité d'un demi-muid, & montée ſur un fourneau : on les fait bouillir; & à meſure que l'évaporation ſe fait, on y remet de nouvelle leſſive, juſqu'à ce qu'on la voie s'épaiſſir conſidérablement, & monter en forme de mouſſe. Alors on diminue le feu par degrés; après quoi on trouve au fond de la chaudiere un ſel très-dur que l'on caſſe en morceaux à l'aide d'un ciſeau ou d'un maillet. On porte enſuite ce ſel dans un fourneau diſpoſé de maniere que la flamme du feu qu'on fait des deux côtés, ſe répande dans une eſpece d'arche qui eſt au milieu, & aille calciner la Potaſſe. On juge qu'elle eſt ſuffiſamment calcinée, quand elle paroît bien blanche. Elle

conferve cependant toujours un peu de la couleur qu'elle avoit
avant la calcination; cela vient, à ce que difent les Ouvriers,
des bois qu'on y emploie. Ils ont remarqué que les arbres,
qui font au haut des montagnes, font la Potaffe d'un bleu pâle;
que ceux qui font dans les endroits marécageux, la font rouge
& en donnent une moindre quantité; & que les autres la font
blanche, mais qu'ils n'en donnent pas tant que ceux du haut
des montagnes. Après le Hêtre, il n'y a guere que le Charme
qui foit propre à cette opération; les autres efpeces d'arbres
récompenferoient à peine le travail. La Potaffe calcinée s'appelle *Potaffe en chauderon*, ou *Salin.*

Toutes fortes de bois fourniffent du fel alkali; ainfi il n'y
en a aucun qui ne foit propre à faire de la Potaffe. Tout l'art
confifte à brûler le bois, à calciner & leffiver les cendres,
& à évaporer le fel d'une façon peu embarraffante & expéditive.
Le fourneau dont nous allons donner la defcription paroît propre à remplir toutes ces vues.

La feconde Figure de la Planche des Fourneaux repréfente le
devant du fourneau fur les proportions à peu près de fix lignes
pour pied. *A* eft la porte d'un grand cendrier: *B* eft la porte de la
fournaife, qui répond fous une premiere voûte, où l'on met le
bois qu'on veut brûler: *C* eft la porte de la voûte à calciner: *D* eft
une ouverture pratiquée au plus haut du fourneau, par laquelle
la fumée doit s'échapper: *E* eft une chaudiere pour l'évaporation des leffives.

La troifieme Figure repréfente la coupe tranfverfale de ce même fourneau: *F* eft le grand cendrier: *G*, barreaux de fer qui
fupportent le bois qu'on veut brûler: *H*, premiere voûte fous laquelle on brûle le bois: *I*, feconde voûte fous laquelle on met
les cendres ou le fel qu'on veut calciner: *K*, partie de la cuve à
évaporer la leffive qui eft dans le fourneau: *L*, partie qui excede le fourneau.

La Figure 4 repréfente la coupe longitudinale du même fourneau: *A*, porte du cendrier: *F*, capacité du cendrier: *G*, grille
de fer qui porte le bois: *B*, porte de la fournaife: *H*, fournaife
où l'on brûle le bois: *M*, épaiffeur de la premiere voûte qui
ne doit pas s'étendre jufqu'au fond du fourneau; mais qui doit
laiffer en *N* un pied ou environ de diftance, afin que la flamme

& la fumée paffent dans le réverbere qui eft au-deffus : *C*, porte
du réverbere : *I*, capacité du réverbere, où l'on met les cendres ou le fel qu'on veut calciner : *D*, ouverture par où doit
s'échapper la fumée : on peut y pratiquer un tuyau de che-
minée, tel que celui qui eft repréfenté dans la même Figure
par des lignes ponctuées *D Q* : *L K*, chaudieres qui doivent
fervir à évaporer la leffive. *P* ouverture que l'on ferme exactement quand on veut chauffer les chaudieres ou calciner les
matieres qui font dans le réverbere ; mais auffi que l'on peut
ouvrir quand on veut diminuer en cet endroit l'action du feu.

Quand le feu eft bien allumé dans la fournaife *H*, on ferme
exactement les ouvertures *P C B* ; alors l'air qui entre par l'ouverture *A*, animant le feu de la fournaife, eft contraint
de paffer avec la flamme & la fumée par l'ouverture *N*, &
de fuivre toute la longueur du réverbere *I* pour s'échapper par
l'ouverture *D*, ce qui produit une très-grande chaleur dans le
réverbere.

Quand il s'eft amaffé une fuffifante quantité de cendres dans
la capacité *F*, on en met par l'ouverture *C* dans le réverbere *I*,
où l'on a foin de les remuer de temps en temps avec un rouable
de fer ; ces cendres y reçoivent le degré de calcination néceffaire pour donner tout leur fel ; on retire enfuite ces cendres pour en mettre de nouvelles.

On tranfporte les cendres calcinées dans un cuvier, & l'on
y met, d'efpace en efpace, des lits de fafcines, afin que l'eau
les penetre mieux : on verfe de l'eau bouillante fur ces cendres, que l'on coule dans une chaudiere, fous laquelle on
entretient du feu, comme on fait pour les leffives ordinaires.

Quand la leffive eft bien chargée de fel, on peut la mettre
évaporer dans les chaudieres. Pour calciner le fel qui fort des
chaudieres, il faut avoir un petit four femblable à celui que
nous venons de décrire dans l'article du fel de Tartre ; & l'on
prendra garde de ne point pouffer trop fort la calcination, de
peur de vitrifier le fel, qui deviendroit alors inutile pour la fabrique du favon.

Si les cendres qui fortent du réverbere *I* ne paroiffent pas
affez chargées de fel, on peut les mettre avec de l'eau dans
un baffin de ciment, & jetter fur cette boue des buches de

bois pourri : après les y avoir laiſſées tremper pendant quelque temps, on les brûle dans la fournaiſe *H*, & elles fourniſſent des cendres plus chargées de ſel que les premieres.

Il eſt bon de remarquer que quand l'eau qu'on paſſe ſur le cuvier chargé de cendres, n'eſt plus aſſez ſalée pour être évaporée dans les cuves *L*, on peut cependant conſerver ces foibles leſſives pour les paſſer enſuite ſur de nouvelles cendres.

Il eſt encore bon d'obſerver que ſi une fabrique de Savon étoit dans le même lieu que celle de la Potaſſe, il ſeroit inutile d'évaporer les ſels juſqu'à ſiccité, parce qu'on pourroit tout de ſuite mettre les leſſives dans les chaudieres de la ſavonnerie.

DE LA SOUDE DE VARECH.

Le fourneau propre à faire cette Soude, eſt ſimplement une foſſe pratiquée dans la terre en forme de pyramide ou de cône tronqué & renverſé. On pave le fond de cette foſſe avec de la pierre ou de la brique, & l'on en maçonne les parois, afin d'empêcher l'éboulement des terres. La forme pyramidale ou cônoïde, que l'on donne à cette foſſe, eſt néceſſaire pour pouvoir remuer facilement la Soude, & la retirer plus aiſément. Ces foſſes ſont de grandeur à pouvoir contenir depuis deux cens juſqu'à cinq cens peſant de Soude ; & elles ſont plus ou moins larges & profondes, ſuivant les dimenſions qu'on veut donner à la maſſe de Soude, qu'on retire toute entiere avec des léviers, lorſqu'elle eſt refroidie, pour la mettre en magaſin.

On conſtruit pluſieurs de ces fourneaux les uns auprès des autres pour épargner le trop grand nombre d'Ouvriers, & auſſi afin que ceux que l'on employe à ce travail, puiſſent vaquer en même temps à pluſieurs fourneaux.

On fait encore quelquefois de pareils fourneaux dans le roc, lorſqu'il ſe trouve être de pierre tendre & facile à tailler. On en voit de cette eſpece aux Iſles de Chanſey, à trois lieues de Granville. Toute la maſſe de ces Iſles eſt formée de différentes eſpeces de granit, dans pluſieurs deſquels on peut tailler de pareils baſſins.

Pour préparer le Varech, on le coupe avec des faueilles ;

& pour

Fourneaux pour les sels que l'on employe à la fabrique du Savon.

Fig. 1.

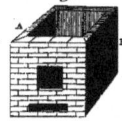

Fig. 3.   Fig. 2.

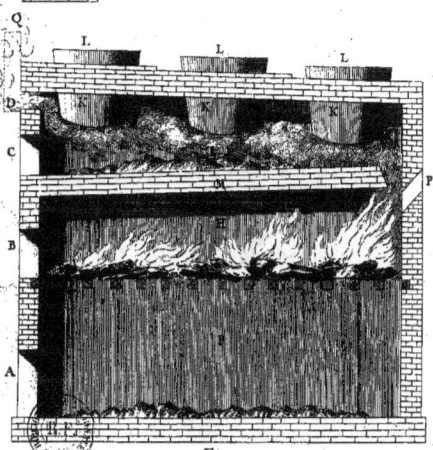

Fig. 4.

& pour le faire fécher, on l'étend fur des rochers que la mer ne couvre point, ou dans des places nettes. On le travaille comme le foin, en le mettant tous les foirs en petit tas; & lorfqu'il eft fec, on le met en mulons pour le laiffer échauffer, ou, comme difent les Ouvriers, pour le faire reffuer, jufqu'à ce qu'une efpece d'humidité mucilagineufe paroiffe fur la fuperficie de cette herbe, & que de très-caffante qu'elle étoit, elle foit devenue flexible, mais cependant feche au point de pouvoir brûler aifément.

Toutes les efpeces de *Fucus* font bonnes, mais les *Fucus* veficulaires donnent plus de Soude, & par cette raifon ils font préférés.

On brûle le Varech en mettant une couche de paille ou d'autre matiere très-combuftible au fond du fourneau, & par deffus une couche de Varech bien fec; on y met le feu; & lorfqu'il commence à pénétrer cette premiere couche, on y jette peu à peu, avec une fourche, d'autre Varech préparé: l'on continue ainfi jufqu'à la fin de l'opération, en obfervant de ne jamais laiffer percer la flamme au dehors, afin que la réverbération ne foit pas interrompue: on empêche la flamme de pénétrer en couvrant promptement avec du Varech les endroits où elle commence à paroître.

Lorfque la foffe eft remplie de Soude fondue & bien cuite, on ôte promptement avec un rateau le charbon & la cendre qui nagent fur la matiere; & auffi-tôt que cette écume eft enlevée, plufieurs Ouvriers armés de perches de fix à fept pieds de longueur, remuent fortement cette Soude, & l'agitent avec vivacité, afin de lui faire prendre corps, & de la bien affimiler; autrement cette Soude, dépouillée de cette écume & expofée à l'action de l'air, éprouveroit une forte ébullition, qui la rendroit grumeleufe, & l'on rifqueroit encore d'en perdre une grande partie.

On reconnoît que la Soude eft bien cuite, lorfqu'elle eft fondue également, & que cette matiere reffemble au verre fondu des Verreries.

Lorfque cette Soude eft bien faite, elle doit être d'un brun clair, tranfparent, & caffante à peu près comme du gros verre.

On ne fait point de Soude fur la côte de Granville; tout le Varech y eft employé à engraiffer les terres.

Le temps propre à faire les Soudes, eft depuis le premier

Tome II. L

d'Avril jufqu'au premier d'Octobre. Comme les pluies font contraires à cette opération, il faut choifir un temps fec pour y travailler.

On fait une grande quantité de Soude de Varech du côté de Cherbourg; elle ne peut être que de très-mauvaife qualité, puifqu'on y emploie pêle-mêle le Varech détaché & roulé au plein de la mer, avec toutes les matieres qui s'y attachent, fange, fable, &c. elles ne s'en peuvent détacher à caufe de la vifcofité glutineufe dont cette plante eft enduite; & encore ne fe donne-t-on pas la peine de préparer ce Varech comme il conviendroit : c'eft probablement cela qui a donné lieu à Pomet de décrier cette Soude dans fon Hiftoire des Drogues.

Les dimenfions du fourneau ne font point fixes; on en fait de plus ou moins grands, fuivant la quantité de Varech qu'on veut brûler. Dans un fourneau qui pourroit contenir deux cens livres de Soude, on entretient le feu douze heures au moins, & à proportion dans les plus grands ; car on doit continuer le feu jufqu'à ce que le fourneau foit rempli de cendres.

DE LA SOUDE D'ALICANTE.

La meilleure Soude vient d'Alicante : elle fe fait avec différentes efpeces de plantes, la plupart du genre des Kali, qui croiffent naturellement au bord de la mer, ou que les habitants cultivent pour en avoir plus abondamment. On fait fécher ce Kali, & on le fait brûler dans des fourneaux à peu près femblables à ceux qui fervent pour le Varech. Les cendres fe calcinent de la même façon, & elles entrent dans une forte de fufion, de maniere que la Soude étant refroidie, devient fort dure, & que l'on eft obligé de la rompre à coups de maffe pour la mettre en balle. On ne craint point que cette Soude fe fonde, parce que ce fel n'attire point l'humidité de l'air.

La meilleure Soude eft celle qui fe met en pierre dure & fonnante, de couleur grife, tirant fur le bleu, parfemée de petits trous : celle de Carthagene eft plus noire & moins eftimée.

Quand on mouille avec de la falive un morceau de bonne Soude, on doit fentir une odeur de violette mêlée de volatil urineux.

On peut faire du Savon avec toutes fortes d'huiles, même avec des graisses; car le Savon n'est autre chose qu'une union d'un sel alkali avec un corps huileux ou graisseux, tel qu'il puisse être. Mais de même que les différents sels alkalis font différentes especes de savon, les huiles & les graisses fournissent aussi des Savons de différente qualité.

L'huile d'Olive est sans contredit préférable à toutes les autres pour faire de bon Savon; & c'est avec l'huile de cette espece & la Soude d'Alicante qu'on fait à Marseille le Savon blanc & le Savon marbré.

On fabrique en Flandre des Savons assez passablement bons, avec les huiles de Chenevis, de Navette, de *Colza*, &c.

Enfin on peut faire aussi du Savon avec des graisses & de l'huile de poisson : celui qu'on fait avec cette huile, blanchit bien le linge; mais il lui donne une mauvaise odeur, qu'on ne peut dissiper qu'en étendant le linge blanchi sur le pré, comme on fait la toile écrue; moyennant cette précaution, le linge est parfaitement blanc, & perd presque toute sa mauvaise odeur.

Comme la fabrique du Savon est la même, quelque huile qu'on y emploie, il suffira de détailler la maniere de le faire avec de bonne huile d'Olive.

La Soude d'Alicante, la chaux vive & l'huile d'Olive font les ingrédients qui servent à faire le meilleur Savon.

On fait piler la Soude, non en poudre fine, mais grossierement, comme de très-gros sable : on la pile dans les savonneries avec des maillets de bois armés de fer, sur une espece de pierre de grès, de la même maniere que l'on bat le ciment.

D'une autre part, sur une plate-forme bien nette, on éteint, ou, comme on dit, on *fraise* la chaux vive : pour cela on arrose cette chaux en la remuant continuéllement avec une pelle, à mesure qu'une autre personne jette de l'eau dessus; il faut bien prendre garde de noyer cette chaux & d'en faire du mortier : il faut, quand elle est bien fraisée, qu'on en puisse faire une pelotte dans la main, sans qu'elle s'y attache. Quand la chaux est dans cet état, on en prend trois mesures, & deux

mesures de Soude pilée; on mêle bien le tout sur la plate-
forme avec des pelles. Il faut avoir un ou plusieurs bons cuviers ou baquets posés sur des chantiers, à une telle hauteur
qu'on puisse mettre dessous d'autres cuviers ou *tines* pour recevoir la lessive qui s'écoulera; on fait au bas des cuviers en
chantier, des trous pour y mettre des *verrots* ou robinets de
bois fermans avec leur bouchon, pour pouvoir les fermer ou
les ouvrir au besoin: on a soin de garnir le tour de ce trou
de tuiles & de quelques poignées de paille; il est bon encore
de mettre un peu de tuileaux au fond pour donner lieu à la
lessive de s'écouler par dessous. Cela fait, on charge ces cuves de
la matiere jusqu'au haut; on l'enfonce legérement pardessus avec
une truelle, en pressant également pour former une espece de
terrasse ferme, & l'on observe de laisser trois pouces environ de
rebord à vuide aux cuves: on met ensuite quelques tuileaux
sur cette terrasse pour empêcher que l'eau qu'on doit verser
par dessus ne fasse des trous à cette superficie, ce qui nuiroit
à l'opération : puis on verse doucement de l'eau froide par
dessus cette cuve; & quand on voit que cette eau est imbi-
bée dans la matiere, on en verse d'autre successivement,
mais peu à peu, & à diverses reprises, en observant toujours
de ne la répandre que sur les tuiles. Au bout de cinq ou six
heures, on ouvre le bouchon du vertot pour laisser écouler la
lessive; après quoi l'on répand de nouveau de l'eau froide par
dessus, comme auparavant; & au bout de quelques heures,
on laisse encore écouler la lessive : tant que cette lessive peut
soutenir un œuf au quart de la hauteur de sa coquille, on la
conserve à part; car c'est alors une lessive forte qui est la plus
précieuse : en place d'un œuf, on peut employer pour cette
épreuve une petite boule d'ambre. Il n'est pas aisé de déterminer la quantité qu'on peut tirer de cette premiere lessive; il
n'y a que l'usage & la pratique qui puissent l'apprendre. Il y
a des Fabriquants qui mettent à part la seconde lessive qui a
pu soutenir l'œuf ou la boule dans son milieu. On peut se
contenter de faire deux sortes de lessives, une forte & une autre foible. De cette foible lessive on en tire tant qu'on veut;
car il faut, pendant plus d'une semaine au moins, verser de
l'eau sur les cuviers, ayant que toute la salure soit entraînée,

On a grand foin de ne point laiffer éventer les leffives; & pour
les bien conferver, on a, dans chaque fabrique de Savon, des
cîternes enduites de ciment, exactement fermées avec de bonnes
trappes: ces leffives, mais fur-tout la premiere, font auffi pré-
cieufes pour le Fabriquant que le Savon même. Quand on a
une fuffifante quantité de leffives prêtes, on procede à la cuite.

Dans les grandes fabriques on voit de très-grandes chaudieres, dans lefquelles on peut cuire jufqu'à deux milliers de
Savon: on peut proportionner la capacité de ces chaudieres à
la quantité de Savon qu'on veut faire à la fois.

Les meilleures chaudieres font celles dont le fond eft de tôle
de Suéde. Ces feuilles de tôle font clouées & travaillées de maniere qu'elles forment une portion de fphere, qui n'a cependant qu'un demi-pied, ou tout au plus dix pouces de profondeur depuis fon centre jufqu'à fes bords, fur un fond de quatre
ou cinq pieds de diametre. Les bords des chaudieres font un
peu rabattus en bourrelet: on enchaffe ce fond de tôle fur
un bon foyer de tuileau, bien lié avec un ciment de tuiles
pilées & de chaux, en forte que le fond porte d'un bon
demi-pied par fon bord, qui eft tout plat, fur les murs du foyer,
où il eft *à bouin* de bon ciment, pour me fervir d'un terme de
maçonnerie. On éleve fur ce rebord les côtés de la cuve, qui
ont environ un bon demi-pied d'épaiffeur; ainfi les côtés de
la cuve font élevés fur la fondation du foyer, & faits avec du
ciment & de la brique. On conçoit qu'une pareille chaudiere
ne peut chauffer que par fon fond, & que les côtés ne font
qu'une muraille de tuile & de ciment; il faut néanmoins que
cette muraille, & que le fond de tôle, qui y eft attaché,
foient exactement bien travaillés, afin que la leffive & l'huile
qu'on mettra dedans, ne puiffe tranfpirer & fe perdre: on
donne quatre ou cinq pieds de hauteur à cette chaudiere de
ciment; on la fait même quelquefois un peu plus large vers fon
milieu que dans le haut: les chaudieres des favonneries de
Rouen font toutes conftruites de cette façon; & l'on y
peut faire, dans l'efpace de deux jours, environ deux milliers
de Savon, fuivant qu'elles font plus ou moins grandes. Je ne
me reffouviens pas fi, à Marfeille, les chaudieres à cuire le
Savon font bâties de cette façon, ou fi elles font de cuivre

comme celles des Brasseurs ou des Teinturiers: elles coûte-roient plus cher à la vérité; mais aussi on y consumeroit moins de bois.

Lors donc qu'un Fabriquant est équipé de chaudieres convenables, & proportionnées au travail qu'il veut faire, on y verse de l'huile; celle qui est grasse est préférable. Sur deux cens livres d'huile, on jette quatre ou cinq seaux de la plus foible lessive que l'on aura; par exemple, de celle qui ne pourroit pas soutenir un œuf même entre deux eaux: c'est pour cela qu'il seroit bon de faire de trois sortes de lessives, de maniere que de la troisieme sorte on en tirât tant qu'on voudroit; car c'est de cette troisieme que l'on prend pour mettre d'abord avec l'huile, afin de la nourrir peu à peu, & ne la pas surprendre. On fait ensuite un bon feu sous la chaudiere pour faire bouillir la matiere qui y est contenue: il est bon que la chaudiere reste vuide d'un bon tiers, parce que la matiere s'éleve lorsqu'elle commence à s'échauffer; & à mesure que l'huile se cuit avec la lessive, elle exhale une fumée épaisse qui est l'humidité de la lessive, pendant que son sel se lie & s'unit avec l'huile; c'est pourquoi il faut de temps en temps y jetter quelques seaux de lessive. Quand cette matiere a bouilli quelques heures, elle devient liée, blanche, & semblable au diapalme dissous, ou à la pâte de Guimauve: pendant tout le temps de cette cuisson, on a bien soin d'entretenir sous les chaudieres, un feu qui la fasse bouillir sans cesse; & pendant cinq ou six heures, on verse de temps à autre de cette petite lessive dans les chaudieres, & ensuite, durant quatre ou cinq heures, quelques seaux de la seconde qui est plus forte: en un mot on fait entrer le plus qu'on peut de lessives, de celles cependant qui sont plus foibles que la premiere, parce que l'on réserve celle-ci pour la fin de l'opération. Quand le Savon est bien lié, & qu'il se trouve cuit jusqu'à la consistance d'une forte bouillie, on y jette promptement deux ou trois seaux de la premiere lessive, c'est-à-dire la plus forte; on continue d'entretenir un bon feu: l'on prend de temps en temps avec une espatule un peu de la matiere; on la pose sur un morceau de verre pour voir si elle se caille, & si elle laisse partager sa lessive: si la matiere ne se coagule pas vîte, & que l'espatule qu'on plonge dans la matiere ne se dépouille pas net, ou que cette matiere étant mise sur le verre, elle ne s'en sépare pas comme du lait caillé, on y jette encore quelques seaux de forte lessive; au bout de quelque temps, on voit le Savon se détacher net de dessus le verre; on cesse alors le feu, & le Savon se sépare de la lessive qui se précipite au fond de la chaudiere. On laisse refroidir un peu cette matiere; on la tire ensuite des chaudieres avec une cuilliere de fer percée; on la met dans des seaux, & on la porte dans de grandes & fortes caisses faites de planches ajustées dans des membrures affermies par des clefs de bois: ces caisses sont ensuite portées sur de fortes plate-formes, de maniere que la lessive qui s'en écoule encore, puisse être recueillie dans un réservoir : les Savonniers nomment ces grandes caisses des *mises*; ils y placent souvent une cuite entiere de Savon, qui est ordinairement de deux milliers pesant : on peut cependant, si l'on veut, mettre cette matiere dans de plus petits quarrés de bois. Au bout de deux ou trois jours, quand le savon est durci & la lessive écoulée, on défait les clefs qui tiennent les planches de la *mise*, & l'on coupe le Savon par tables de trois à quatre pouces d'épaisseur, avec un fil de laiton, de même que l'on coupe le beurre dans les marchés; enfin on acheve d'en faire des tables telles qu'on les voit dans les caisses de Savon chez les Epiciers. Avant d'encaisser ces tables, on les pose sur un plancher par la tranche pour les y laisser essuyer pendant quelques jours, & les affermir au point de pouvoir être encaissées. L'hyver est le temps le plus propre pour travailler au Savon.

Nota. A l'égard des lessives; il est bon d'avoir toujours en réserve plusieurs cuves chargées du mélange de soude & de chaux, qui filtre continuellement, & qui puisse fournir des lessives sans interruption. Les cuves qui ne donnent plus de bonnes lessives, peuvent alors servir à recevoir celles qui restent au fond de la chaudiere quand le Savon est cuit, ou celles qui s'écoulent des lessives grasses: ces lessives mises & purifiées sur l'écouloir ou cuve inutile, peuvent encore servir à faire du Savon, sinon on peut les vendre aux Blanchisseuses & aux Lavandieres.

Une autre observation à faire sur le Savon; c'est que les bons

Fabriquants font pratiquer au bas de leur chaudiere un gros tuyau de fer, dans lequel paſſe une broche de fer, à un bout de laquelle eſt ajuſtée une autre piece de fer, preſque en forme de cône, que l'on garnit d'étoupes : lorſque l'on pouſſe cette broche vers l'intérieur de la chaudiere , elle ouvre le tuyau ; quand on la tire à ſoi, elle le ferme exactement : ce tuyau ſert à retirer la leſſive qui reſte ſous le Savon après ſa cuiſſon, & lorſqu'il eſt un peu refroidi. D'autres Fabriquants emploient pour retirer cette leſſive, un gros ſiphon de cuivre qu'ils plongent dans le milieu de la chaudiere où eſt le Savon (ils appellent cela *épiner*) ; puis ils ferment leur tuyau, & jettent quelques ſeaux de nouvelle leſſive forte ſur leur Savon, à qui ils donnent de nouveau un peu de cuite : cette derniere opération rend le Savon plus beau & plus ferme.

Tout l'art du Savonnier conſiſte à bien conduire & à ménager les leſſives à propos : un peu d'exercice & de pratique rend l'Ouvrier habile à conduire ce travail.

Quelques Manufacturiers de Savon, au lieu de cuves pour leurs leſſives, font conſtruire une douzaine de grandes auges de pierre quarrées, liées avec du ciment, côte à côte l'une de l'autre, dans leſquelles ils mettent leur mêlange de ſoude & de chaux. Ces leſſives s'égouttent dans d'autres cuves placées au deſſous des premieres. Les leſſives deviennent plus belles dans ces auges de pierre que dans les cuves de bois ; & ces auges durent long-temps. Quand une auge ou couloir eſt épuiſée, ou qu'elle ne donne plus de bonnes leſſives, ils en retirent la matiere & la rechargent ſucceſſivement ainſi de nouvelles. Deux cens livres peſant d'huile rapportent preſque le double de Savon. On comprend bien que l'on eſt plus long-temps à cuire une grande quantité de Savon qu'une petite : il faut un jour entier pour cuire une cuve de ſept cens peſant.

Pour ce qui eſt de la couleur marbrée que l'on donne au Savon, tout le myſtere de ce procédé conſiſte à diſſoudre une ſuffiſante quantité d'orpiment dans la leſſive, & la jetter enſuite dans le Savon.

J'ajoute encore que lorſque le Savon eſt cuit, il faut le remuer continuellement avec un rouable , avant de le tirer pour le mettre dans les *miſes.*

O P U L U S,

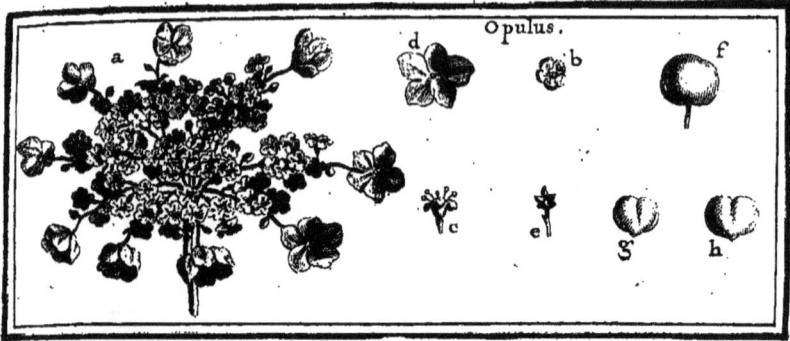

O pulus.

OPULUS, Tournef. & Linn. OBIER.

DESCRIPTION.

LES fleurs (*a*) de l'Obier font difpofées en ombelles fauffes, c'eft-à-dire, que les rayons font irrégulierement fourchus, & ne partent pas d'un même point. Ces ombelles font plates, & même concaves, excepté dans les efpeces n°. 4 & 5, où elles font de forme fphérique. Toutes les fleurs de ces efpeces font ftériles; mais aux efpeces ordinaires on trouve dans la même ombelle des fleurs hermaphrodites & des fleurs ftériles (*d*).

Les ombelles de toutes les efpeces fortent d'une enveloppe qui eft compofée de plufieurs feuilles; chaque fleur a un calyce particulier, petit, d'une feule piece divifée en cinq; il fubfifte jufqu'à la maturité du fruit.

Ce calyce fupporte un pétale (*b*) en rofette, divifé en cinq, & cinq étamines (*c*) chargées de fommets arrondis.

Le piftil (*e*) fort du milieu de la fleur; il eft compofé d'un embryon ovale, obtus, & qui fait partie du calyce: au lieu de ftyle on apperçoit un corps glanduleux chargé de trois ftigmates obtus.

L'embryon devient une baie fucculente (*f*), prefque ronde,

Tome II.

M

dans laquelle on trouve une femence (*g h*) dure, applatie & figurée en cœur.

Les fleurs qui forment la circonférence de l'ombelle font ftériles & beaucoup plus grandes que les autres; il y a, comme nous l'avons dit, une efpece, c'eft celle du n°. 3, dont toutes les fleurs font de ce genre.

Quand les fruits font en maturité, ils forment des grappes de baies rouges, affez grandes, fur-tout dans l'efpece n°. 5, qui nous vient de Canada.

Les feuilles des Obiers font fimples, découpées comme celles du Grofeillier à grappes, relevées de nervures en deffous, creufées en deffus de fillons affez profonds, & oppofées fur les branches.

E S P E C E S.

1. *OPULUS.* Ruellii.
   OBIER des bois.

2. *OPULUS folio variegato.* M. C.
   OBIER des bois à feuilles panachées.

3. *OPULUS flore globofo.* Inft.
   OBIER dont les fleurs font difpofées en boule; ou ROSE-GUELDRE, ou PELOTE DE NEIGE, ou OBIER STÉRILE, ou PAIN BLANC, ou CAILLEBOTTE.

4. *OPULUS flore globofo, folio variegato.*
   OBIER dont les fleurs font difpofées en boule, & dont les feuilles font panachées. Cette efpece eft à Trianon.

5. *OPULUS Canadenfis præcox, magno flore.*
   OBIER précoce de Canada, à grandes fleurs; ou PIMINA des Canadiens.

C U L T U R E.

Les Obiers, n°. 1, 2 & 4, peuvent s'élever de femences; mais on a coutume de les multiplier, ainfi que le n°. 3, par des marcottes ou des drageons enracinés qui fe trouvent auprès des gros pieds. C'eft en général un arbriffeau peu délicat; il s'accommode de toutes fortes de terreins : néanmoins quand il eſt planté dans une terre ſeche & trop expoſée au ſoleil, il perd ſes feuilles de bonne heure.

USAGES.

Tous les Obiers portent de belles fleurs, ſur-tout le ſtérile, n°. 3 ; ainſi ces arbriſſeaux, qui fleuriſſent dans le mois de Mai, doivent ſervir à la décoration des boſquets du printemps. Le *Pimina* fleurit avant les autres, & ſes fleurs ſtériles ſont plus grandes.

Les baies des Obiers ſont d'un fort beau rouge lorſqu'elles ſont mûres, & les oiſeaux en ſont friands ; ainſi l'on fera bien d'en placer dans les remiſes.

Othonna

OTHONNA, Linn. *JACOBÆASTRUM*, Vail. Act. Ac. *ou* CALTHOIDES.

DESCRIPTION.

LA fleur (*a*) de cet arbuste est radiée, c'est-à-dire, composée d'une couronne de demi-fleurons (*e*); le disque est occupé par des fleurons (*fg*) rassemblés en forme de tête.

Les fleurons entiers & les demi-fleurons sont contenus dans un calyce charnu (*b*) d'une seule piece, point écailleux, mais découpé en sept, huit ou neuf parties.

Les demi-fleurons (*e*) qui sont femelles, sont formés par un pétale en forme de tuyau qui se termine par une langue assez large, échancrée par le bout. Le tuyau s'évase par le bas pour envelopper la semence (*c*) dont nous allons parler. De la partie supérieure de ce renflement, partent quantité de poils. Dans l'intérieur de ce tuyau on trouve le pistil qui est formé d'un embryon renfermé dans l'évasement du calyce, & d'un style fourchu qui excede le pétale & qui s'éleve perpendiculairement.

Les fleurons (*f*) sont aussi en forme de tuyaux assez menus, découpés en cinq par les bords. De l'intérieur de chaque tuyau s'éleve un second tuyau divisé en cinq dents qui se tiennent droites; c'est ce second tuyau qui renferme les cinq étamines (*i*). On peut se représenter un cornet, à l'intérieur duquel sont immédiatement attachés les sommets des étamines (*l*) qui sont longues.

Entre ces étamines est caché le pistil (*h*) qui est formé d'un style court, terminé par un stigmate obtus & un embryon allongé : ces fleurs font hermaphrodites ; & l'embryon (*g*) ; qui fupporte l'extrêmité du pétale, eſt chargé de poils. Ces fortes de fleurons ne donnent jamais de femences ; elles viennent des fleurons femelles : ces femences font longues, menues, pointues, aigretées (*d*) ; elles font contenues dans le renflement du pétale.

Les feuilles de cet arbuſte font oblongues, ovales, unies ; épaiſſes, fucculentes, d'un verd blanchâtre, point velues ni dentelées ; elles font poſées alternativement fur leurs branches.

L'eſpeçe dont nous parlons forme un arbuſte de deux pieds de haut ; les tiges en font vertes, & quelquefois un peu teintes de violet : cet arbriſſeau ne perd point ſes feuilles pendant l'hyver.

ESPECE.

OTHONNA foliis lanceolatis, integerrimis. Hort. Cliff. *vel* ASTER *fruticofus Africanus, luteus, foliis Thymeleæ.* Raii. Suppl. *vel* JACOBÆA *Africana frutefcens, craſſis & fucculentis foliis.* Comm. Hort. *vel* CALTHOIDES *Africana procumbens, folio integro, glauco, perenni.* Catal. Plant. Hor. R. P.

CULTURE.

Cette plante fupporte fort bien les gelées ; elle n'eſt point délicate fur la nature du terrein : on peut la multiplier par les femences & les marcottes.

USAGES.

Comme l'Othonna ne quitte point ſes feuilles, on peut le mettre dans les boſquets d'hyver : il peut encore fervir à la décoration des boſquets du printemps, car il porte à la fin de Mai de fort belles fleurs.

Cet arbuſte que M. Vaillant a nommé JACOBÆASTRUM, ne differe preſque du JACOBÆA que par le calyce. On le démontre au Jardin Royal fous le nom de CALTHOIDES.

Paliurus

PALIURUS, Tournef. RHAMNUS, Linn.
PORTE-CHAPEAU.

DESCRIPTION.

LA fleur (a) du Porte-chapeau eft compofée d'un calyce (d) en forme de poire, divifé par les bords en cinq parties fort évafées. Dans les échancrures on apperçoit cinq petits pétales (b) en forme d'écailles, au deffous defquels fortent cinq étamines chargées de fommets affez gros.

Le piftil (d e) eft compofé d'un embryon applati, de la forme d'un dôme orné de godrons, du milieu du quel s'élevent trois ftyles couronnés de ftigmates obtus.

L'embryon devient un fruit applati (g), qui contient trois femences (i) renfermées dans autant de loges (h) ; il eft bordé d'une membrane (f) affez étendue, qui donne à ce fruit la forme d'un chapeau déganfé ou abattu.

Les feuilles de cet arbufte font d'un verd brillant ; elles font entieres, ovales, un peu élargies vers la queue, relevées en deffous de trois nervures qui partent de la queue, & pofées alternativement fur les branches ; à chaque infertion il y a deux épines, dont l'une eft crochue & l'autre droite.

La forme du fruit du Porte-chapeau, qui eft très-différente des baies du Nerprun, nous a déterminés à conferver la diftinction qu'en a faite M. de Tournefort.

ESPECE.

PALIURUS. Dod. Pempt.
PORTE-CHAPEAU; en Provence D'ARNAVEOU.

Le *Paliurus Athenæi*, *&c.* ne vient point en pleine terre.

CULTURE.

Le Porte-chapeau s'éleve de femences qu'on tire de Provence, de Languedoc, d'Italie & d'Efpagne. En Provence il trace beaucoup ; mais ceux que nous avons élevés de femences n'ont point ce défaut.

Quoique cet arbriffeau nous vienne des Provinces plus tempérées que la nôtre, il fupporte très-bien nos hyvers, & nous en avons qui font parvenus à quinze pieds de hauteur. Il eft vrai qu'ils font plantés dans une bonne terre, mais qui eft cependant affez feche : ils n'ont pas réuffi dans une vallée où nous en avions planté plufieurs pieds.

USAGES.

Le Porte-chapeau fait un joli arbriffeau : fon feuillage eft gai ; il eft fur-tout affez agréable à la fin de Juin, temps où il eft chargé de quantité de petites fleurs jaunes.

Si cet arbriffeau devenoit plus commun, on pourroit en faire de très-bonnes haies ; car fes épines incommodent beaucoup ceux qui en approchent de trop près. Son fruit paffe pour être très-diurétique ; les oifeaux s'en nourriffent. Son bois paroît dur ; mais cet arbufte ne devient jamais affez gros pour qu'on puiffe efpérer d'en tirer de grands avantages.

PAVIA;

Pavia.

PAVIA, Boerh. & Linn. Gen. Plant. ÆSCULUS, Linn. Spec. Plant.

MARONNIER d'Inde à fleurs rouges.

DESCRIPTION.

LE calyce (*a*) de la fleur du Pavia est d'une seule piece ; divisé en quatre : il est d'un beau rouge.

Ce calyce porte cinq longs pétales (*c*) ovales par le haut, & attachés au calyce par un long appendice. La fleur est un peu inclinée ; & le pétale supéreur étant plus long que les autres, fait prendre à la fleur une figure irréguliere qui approche des fleurs en gueules.

On apperçoit dans l'intérieur des fleurs huit longues étamines (*d*) chargées de sommets arrondis (*e*).

Du milieu des étamines sort un pistil (*f*) composé d'un embryon ovale, d'un style assez long, & d'un stigmate pointu.

Cet embryon devient un fruit (*g*) en forme de Poire, quelquefois relevé de quatre côtes, & divisé intérieurement en quatre loges (*h*), dans chacune desquelles est une semence qui ressemble à une très-petite Châtaigne. Quelquefois, comme dans le Maronnier d'Inde ordinaire, quelques semences avortent, & l'on n'en trouve qu'une dans le fruit.

Ce fruit (*i*) est formé d'une chair seche ou brou, & d'une

peau aſſez forte qui recouvre l'amande.

Les feuilles du Pavia reſſemblent entierement à celles du Maronnier d'Inde ; elles ſont plus étroites & ne deviennent jamais ſi grandes ; elles ſont oppoſées ſur les branches, compoſées de cinq grandes folioles qui partent d'une même queue, & ſont diſpoſées en main ouverte.

E S P E C E.

PAVIA. Boerh.
MARONNIER D'INDE à fleurs rouges.

C U L T U R E.

Cet arbriſſeau ſe multiplie par ſemences & par marcottes ; on le greffe auſſi ſur les Maronniers d'Inde ordinaires : il réuſſit fort bien dans les terres un peu ſeches.

U S A G E S.

Le Pavia eſt un grand arbriſſeau fort joli, ſur-tout à la fin de Mai, lorſqu'il eſt chargé de ſes fleurs, qui ſont d'un beau rouge, & raſſemblées par bouquets.

Comme le Pavia ne fait qu'un arbriſſeau, ſon bois qui d'ailleurs eſt fort tendre, ne peut être d'une grande utilité.

Cet arbriſſeau reſſemble ſi fort au Maronnier d'Inde, que M. Linneus n'en a fait qu'un même genre, dans ſon Livre des *Species*, &c. La forme de ſes pétales qui approche de celle des fleurs en gueule, & ſon fruit qui eſt allongé & ſans épines, nous a déterminés à conſerver le genre de *Pavia.*

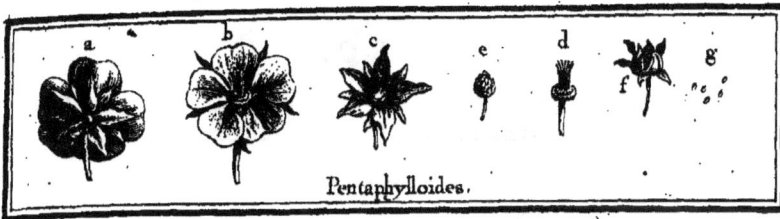

Pentaphylloides.

PENTAPHYLLOIDES, TOURNEF.
POTENTILLA, LINN.

DESCRIPTION.

LE calyce (*a*) de la fleur du Pentaphylloides eſt d'une ſeule piece, fort évaſé, diviſé en dix parties, dont cinq ſont plus grandes que les cinq autres : lorſque la fleur eſt paſſée, les cinq grandes échancrures ſe rabattent en dedans ſur les ſemences, & les cinq échancrures étroites ſe renverſent en dehors.

Ce calyce porte cinq pétales diſpoſés en roſe (*b*).

On apperçoit dans l'intérieur (*c d*) environ vingt étamines aſſez courtes, attachées au calyce, & terminées par des ſommets coniques.

Le piſtil (*e*) eſt formé d'un nombre d'embryons diſpoſés en forme de tête; du côté de chaque embryon part un ſtyle aſſez court, terminé par un ſtigmate obtus : tous ces ſtyles forment enſemble une eſpece de houppe.

Chaque embryon devient une ſemence pointue; & toutes ces ſemences (*f*) ſont renfermées dans le calyce.

Les feuilles du Pentaphylloides ſont formées par cinq digitations, ou cinq eſpeces de folioles longues & étroites, qui partent deux à deux d'une même nervure terminée par une ſeule : ces feuilles ſont poſées alternativement ſur les branches.

N ij

ESPECE.

PENTAPHYLLOIDES rectum, fruticofum Eboracenfe. Mor. Hift.
PENTAPHYLLOIDES d'Angleterre, en arbufte.

CULTURE.

Cet arbufte peut fe multiplier par les femences ; mais ordinairement on y emploie les drageons enracinés, dont on trouve
quantité autour des gros pieds.

USAGES.

Ce petit arbufte ne s'élève qu'à deux ou trois pieds de hauteur : il eft fort joli dans le mois de Mai, quand il eft chargé
de fes fleurs qui font d'un beau jaune: on doit l'employer à la
décoration des bofquets du printemps.

En Médecine on lui attribue une vertu aftringente.

M. Bernard de Juffieu m'a fait remarquer une fingularité de
cet arbufte, qui mérite attention; c'eft qu'il quitte tous les ans
fon écorce.

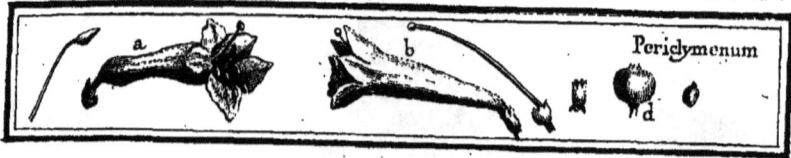

PERICLYMENUM, TOURNEF. *LONICERA*, LINN.

DESCRIPTION.

LE *Periclymenum* reſſemble beaucoup au Chevre-feuille perfolié : il n'en differe qu'en ce que le pétale (*a b*) eſt diviſé en cinq parties égales ; au lieu que celui du Chevre-feuille
eſt diviſé inégalement, la découpure d'en bas étant beaucoup
plus grande que les autres. On le diſtingue encore du *Xyloſteon*,
en ce que les baies (*d*) viennent ſeules comme au Chevre-
feuille, au lieu d'être deux à deux.

ESPECE.

PERICLYMENUM *perfoliatum Virginianum, ſemper virens & florens.* H. L. B.
PERICLYMENUM de Virginie, perfolié, qui fleurit toute l'année.

Pour la deſcription, la culture & les uſages de cet arbriſſeau,
voyez au *CAPRIFOLIUM*. Nous nous contenterons ſeulement
ici d'avertir que le *Periclymenum* frappe les yeux par la belle
couleur de ſes fleurs.

Periploca

PERIPLOCA, TOURNEF. & LINN.

DESCRIPTION.

LE calyce (c) des fleurs (a) du *Periploca* est fort petit, divisé en cinq parties ovales : il subsiste jusqu'à la maturité du fruit.

Ce calyce porte un pétale (b) divisé presque jusqu'à sa base en cinq parties longues, étroites, tronquées & échancrées par le bout ; le bord est garni de duvet ; & il part de la base de ce pétale (*nectarium*) des filets qui se recourbent les uns vers les autres, & qui forment une espece de tête, comme on peut le voir en (a).

On apperçoit dans le disque cinq étamines velues (f), fort courtes, terminées par des sommets assez gros ; on y voit encore le pistil (d) formé par un embryon qui est divisé en deux, & deux très-petits styles terminés par des stigmates.

L'embryon se change en deux gaînes (e) assez longues, renflées, & qui se terminent en pointe.

On trouve dans l'intérieur de ces gaînes un nombre de semences applaties, posées les unes sur les autres comme des écailles, & couronnées chacune d'une aigrette : elles sont attachées à un placenta ou filet commun, qui est dans l'axe de la gaîne.

Le *Periploca* est une plante sarmenteuse, qui s'attache, quoique sans mains, à ce qu'elle rencontre : il est chargé de feuilles plus ou moins longues, qui approchent quelquefois de la figure d'un fer de lance ; ces feuilles sont opposées sur les branches. Cet arbrisseau fleurit dans le mois de Juin.

ESPECES.

1. *PERIPLOCA foliis oblongis.* Inst.
   PERIPLOCA à feuilles longues.

2. *PERIPLOCA Monspeliaca, foliis rotundioribus.* Inst. CYNANCHUM, Linn.
   PERIPLOCA de Montpellier à feuilles rondes.

3. *PERIPLOCA Monspeliaca, foliis acutioribus.* Inst. CYNANCHUM, Linn.
   PERIPLOCA de Montpellier à feuilles étroites.

4. *PERIPLOCA scandens, folio Citrei, fructu maximo.* Plum. CYNANCHUM, Linn.
   PERIPLOCA de Virginie à feuilles d'Oranger & à gros fruit.

CULTURE.

Le *Periploca* n'est point délicat; il vient bien dans toutes sortes de terreins, & il se multiplie aisément par des drageons enracinés qui poussent auprès des gros pieds.

La plupart des *Periploca* perdent l'hyver presque toutes leurs branches; mais l'espece n°. 1 pousse avec tant de vigueur, qu'elle fait dans le mois de Juin plus d'effet qu'un Chevre-feuille.

USAGES.

Le *Periploca*, n°. 1, pousse de longues branches fort chargées de grandes feuilles & de quantité de fleurs assez jolies. Il peut servir à couvrir les murailles & à former des tonnelles. Les especes, n° 2. & 3, ne parviennent pas, à beaucoup près, à la même hauteur.

Cette plante, qui est laiteuse, n'entre en Médecine dans aucune potion; on la regarde même comme un poison pour les chiens, les loups, &c. mais on dit qu'étant appliquée extérieurement, elle est résolutive.

PERSICA.

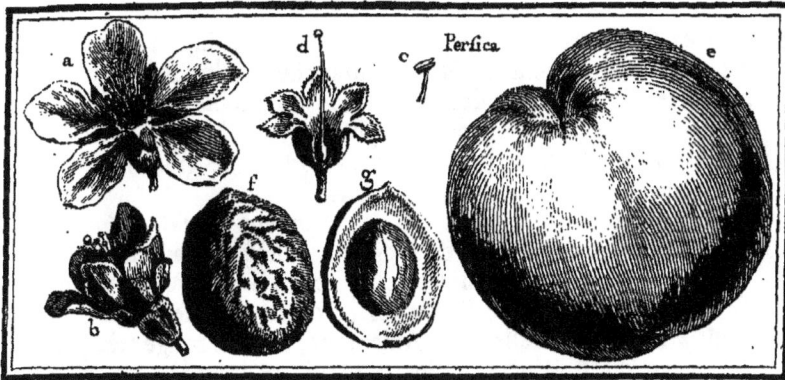

Perſica

PERSICA, TOURNEF. AMYGDALUS, LINN.
PESCHER.

DESCRIPTION.

LES fleurs (*a*) des Pêchers ſont compoſées d'un calyce (*b*) qui eſt d'une ſeule piece, formé en godet, diviſé par les bords en cinq parties arrondies. Ce calyce tombe avant la maturité du fruit ; il porte cinq pétales ovales, un peu creuſés en cuilleron, & diſpoſés en roſe.

On apperçoit au milieu de la fleur une trentaine d'étamines (*c*) aſſez longues, qui partent du calyce, & qui ſont chargées de ſommets en Olive.

Au milieu de ces étamines, on voit un piſtil (*d*) compoſé d'un embryon arrondi, & d'un ſtyle aſſez long, terminé par un ſtigmate en forme de trompe.

L'embryon devient un fruit charnu (*e*), ſucculent, diviſé ſuivant ſa longueur par une gouttiere.

On trouve dans l'intérieur de ce fruit un noyau (*f*) ruſtiqué ou gravé de profonds ſillons ; ce noyau contient une amande (*g*) qui eſt compoſée de deux lobes,

Tome II.   O

Les feuilles du Pêcher se terminent en pointe ; elles sont placées alternativement sur les branches ; elles sont simples, entieres, longues & dentelées plus ou moins profondément par les bords ; la plupart sont plissées vers l'arrête du milieu.

Il y a des Pêchers dont les fleurs portent de grands pétales, & d'autres qui en ont d'assez petits.

Il ne faut pas être surpris si M. Linneus ne fait qu'un seul genre du Pêcher & de l'Amandier ; car nous en avons une espece qui a les feuilles unies, d'un verd blanchâtre & presque semblables à celles de l'Amandier ; outre cela ses fleurs sont aussi grandes que celles de l'Amandier, & d'un rouge très-pâle ; le noyau du fruit n'est point sillonné, mais uni & percé de plusieurs trous ; enfin les amandes en sont douces, au contraire de celles des Pêchers qui sont ameres : les fruits sont quelquefois presque secs, peu charnus ; & d'autres fois ils deviennent gros, succulents, d'un goût amer & desagréable, mais bons à faire des compotes ; en un mot ces fruits qu'on nomme *Pêches-amandes*, sont un composé des qualités des fruits de ces deux genres. Il y a toute apparence que ce genre vient originairement d'une Amande fécondée par un Pêcher, d'autant plus que nous en avons cultivé un qui provenoit d'un noyau qui étoit levé de lui-même dans un petit jardin où il n'y avoit que des Pêchers & des Amandiers. Nonobstant cette observation, nous avons cru devoir conserver la distinction qu'on fait de ces deux genres : il suffit d'être prévenu qu'ils confinent beaucoup.

La plupart des Pêches ont leur peau velue ; mais plusieurs especes, qu'on nomme *Pêches violettes*, l'ont très-lisse. Il y a des Pêches velues qui quittent le noyau, & d'autres dont le noyau est adhérent à la chair : celles-ci se nomment *Pavies*. Il y a aussi des Pêches violettes ou lisses, qui quittent le noyau, & d'autres qu'on nomme *Brugnons*, dont la chair est adhérente au noyau.

E S P E C E S.

1. *PERSICA molli carne & vulgaris, viridis & alba.* C. B. P.
 PESCHER ordinaire dont le fruit & la chair sont d'un verd blanchâtre ; ou PESCHE DE VIGNE, ou, comme on les nomme à Paris, PESCHE DE CORBEIL.

2. *PERSICA vulgaris flore pleno*. Inft.
Pescher ordinaire à fleurs doubles.

3. *PERSICA flore, cortice & carne albis*.
Pescher dont les fleurs, le fruit & la chair font blanches.

4. *PERSICA Africana, nana, flore incarnato simplici*. Inft.
Pescher nain d'Afrique à fleurs fimples & incarnates.

5. *PERSICA Africana, nana, flore incarnato pleno*. H. L.
Pescher nain d'Afrique, à fleurs incarnates & doubles.

Nota. Il femble que cette efpece devroit être mife avec les Pruniers; ce qui pourroit le faire croire, c'eft que les feuilles fortent du bouton, pliées l'une dans l'autre, au lieu d'être pliées à côté l'une de l'autre, ainfi que celles du Pêcher.

6. *PERSICA præcoci fructu, præcoqua dicta*. Inft.
Avant-Pesche blanche.

7. *PERSICA fructu duro*. Inft.
Pescher dont le fruit ne quitte point le noyau; ou Pavie, ou Presse.

8. *PERSICA fructu globofo, compreffo, rubro, carne rubente*. Inft.
Pesche sanguinolle; ou betterave; ou cardinale.

9. *PERSICA fructu odoro, lævi cortice tecto*. Inft.
Pesche, ou Brugnon mufqué, qui n'eft point velu.

10. *PERSICA fructu magno, globofo, flavefcente, ferotino*. Inft.
Pesche jaune tardive; ou Admirable jaune.

Nous ne croyons pas devoir rapporter ici toutes les excellentes Pêches qu'on cultive dans les Jardins fruitiers: la plupart de celles que nous venons de nommer font des variétés.

CULTURE.

On peut élever de noyau les Pêchers, comme les Amandiers: voyez ce que nous avons dit à ce fujet à l'article Amygdalus: mais on n'eft pas fûr d'avoir par ce moyen l'efpece qu'on a femée; & comme il y a quinze ou vingt efpeces ou variétés de Pêches, qui font les meilleurs fruits qu'on puiſſe manger, on eſt dans l'uſage de les greffer ſur des Pêchers levés de noyau, ou ſur des Amandiers, ou ſur des Pruniers.

Il eſt certain que les Pêches qui viennent ſur les arbres en plein vent, font d'un goût exquis; mais ce moyen n'eſt pratiquable que dans les pays tempérés, comme en Provence, en Dauphiné & dans le Languedoc : aux environs de Paris les gelées du printemps font preſque toujours périr les fleurs; c'eſt ce qui oblige de mettre les Pêchers en eſpalier.

Les Pêchers pouſſent quantité de gourmands; & ſi on ne les tailloit pas, les branches qui devroient donner du fruit ſe trouvant épuiſées par ces branches gourmandes, périroient immanquablement : c'eſt pour cela que les Pêchers ont un plus grand beſoin d'être attentivement taillés, que tous les autres arbres: mais comme ce n'eſt point ici le lieu d'entrer ſur cela dans aucun détail, nous nous contenterons de dire que les Pêchers ſe plaiſent ſingulierement dans les terres douces, & que leur fruit eſt bien plus agréable dans les terreins un peu ſecs, que dans les terres argilleuſes, fortes & humides.

Le Pêcher peut reprendre de marcottes; mais comme il croît très-vîte étant écuſſonné ſur Prunier ou ſur Amandier, on fera bien de s'en tenir à ces méthodes qui font pratiquées dans toutes les pépinieres.

USAGES.

La plupart des eſpeces de Pêchers ſe cultivent en eſpalier à cauſe que leurs fruits font exquis.

Le Pêcher de l'eſpece n°. 2 ſe charge, vers la fin d'Avril, de fleurs doubles qui font auſſi belles que de petites roſes.

L'eſpece, n°. 5, porte des fleurs ſi conſidérablement doubles, qu'elle ne donne jamais de fruit; c'eſt cependant un arbuſte charmant qu'on doit mettre dans les boſquets du printemps. Comme cet arbre ne produit point de fruit, on doute encore s'il eſt du genre des Pêchers, ou de celui des Pruniers. Ses fleurs rouges & garnies de grands pétales, nous ont déterminés à le mettre au rang des Pêchers; néanmoins quoique fes feuilles foient longues comme celles des Pêchers, elles font fillonnées en deffus, & relevées d'arêtes en deffous, comme les feuilles des Pruniers: d'ailleurs, dans le développement de fes boutons, on remárque que les feuilles font pliées l'une dans l'autre comme celles des Pruniers, au lieu qu'aux Pêchers & aux Amandiers, elles font placées à côté l'une de l'autre : ces raifons font foupçonner à M. Bernard de Juffieu, que cet arbre eft un véritable Prunier. La queftion fera décidée par la fuite; car la même efpece à fleurs fimples eft au Jardin du Roi, & l'on efpere qu'elle donnera inceffamment des fruits.

Le Pêcher, n°. 6, ne devient pas plus gros qu'un chou ; & dans le temps de fa fleur, il fait un très-joli bouquet : il fe charge enfuite de quantité de fruits qui font malheureufement d'un goût médiocre.

Le n°. 3 eft fingulier, en ce que fon bois, fes feuilles, fes fleurs & fon fruit, tant extérieurement qu'intérieurement, font tout-à-fait blancs.

L'efpece qui donne des Pêches-amandes eft curieufe, parce qu'elle eft, comme nous l'avons dit, un mélange de ces deux fruits.

La Sanguinolle eft encore finguliere à caufe de la couleur de fa chair qui eft rouge comme la racine de Betterave.

Les autres efpeces font eftimables par la faveur de leur fruit, que l'on mange crud, en compotes & en confitures. Les fleurs du Pêcher font très-purgatives.

On cultive les Pavies à la Louyfiane : on dit qu'elles y font très-fucculentes & de fort bon goût.

Tome II. Pl. 22.

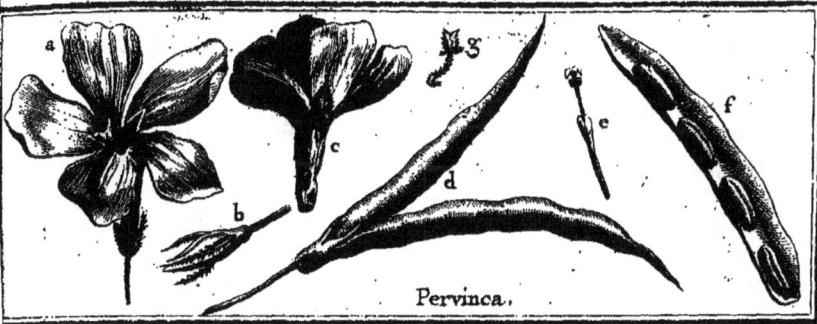

Pervinca.

PERVINCA, TOURNEF. VINCA, LINN.
PERVENCHE.

DESCRIPTION.

LE calyce (*b*) de la fleur (*a*) de la Pervenche, eſt d'une
ſeule piece, diviſé très-profondément en cinq ; les découpures en ſont étroites, preſque filamenteuſes, & elles ac-
compagnent le pétale : ce calyce ſubſiſte juſqu'à la maturité
du fruit.

Le pétale (*c*) eſt en forme d'entonnoir; le pavillon eſt fort
ouvert ; il eſt diviſé en cinq grandes parties : au milieu de chaque diviſion, il y a une profonde gouttiere qui découpe le diſque comme une étoile à cinq pointes ; ces gouttieres paroiſſent en relief ſur le deſſous de chaque échancrure, & y forment une eſpece de godron relevé en boſſe, & qui eſt aſſez
obtus.

On trouve dans l'intérieur de la fleur cinq petites étamines (*g*)
qui prennent naiſſance du pétale ; elles ſont terminées par des
ſommets obtus.

Le piſtil (*e*) eſt formé de deux embryons arrondis accom-
pagnés de deux corps glanduleux auſſi arrondis, & d'un ſtyle
aſſez long, terminé par un ſtigmate d'une figure particuliere.

pour s'en former une idée, il faut se repréfenter un anneau faillant, d'où partent deux cornes qui laiffent un vuide entre elles.

Ces embryons deviennent deux filiques (*d*) longues, un peu recourbées en fens contraire, & qui renferment des femences longues (*f*), ovales, & creufées d'un fillon fuivant leur longueur.

La Pervenche eft une plante farmenteufe : elle pouffe des branches menues, rondes, vertes, chargées de feuilles plus ou moins longues, d'un verd foncé par deffus, & plus jaune en deffous, unies, luifantes, fans dentelures; ces feuilles ont une nervure au milieu, & font fermes comme celles du Lierre : elles font oppofées deux à deux fur les branches, & ne tombent point pendant l'hyver.

ESPECES.

1. *PERVINCA vulgaris latifolia.* Inft.
Pervenche ordinaire à feuille large; ou GRANDE PERVENCHE.

2. *PERVINCA vulgaris latifolia, foliis variegatis ; vel PERVINCA variegata.* Inft.
Pervenche à larges feuilles panachées.

3. *PERVINCA vulgaris latifolia, flore albo.* Inft.
Pervenche ordinaire à grandes feuilles & à fleurs blanches.

4. *PERVINCA vulgaris anguftifolia.* Inft.
Pervenche ordinaire à petites feuilles; ou PETITE PERVENCHE.

5. *PERVINCA vulgaris anguftifolia, foliis variegatis ; vel PERVINCA variegata.* Inft.
Pervenche ordinaire à petites feuilles panachées.

6. *PERVINCA vulgaris tenuifolia, flore albo.* Inft.
Pervenche ordinaire à petites feuilles & à fleurs blanches.

7. *PERVINCA vulgaris anguftifolia, flore pleno caruleo, aut faturatè purpureo, aut variegato.* Inft.
Pervenche à fleurs doubles.

CULTURE.

CULTURE.

Les Pervenches se plaisent fort à l'ombre sous les arbres ; & le long des murs exposés au Nord ; néanmoins l'espece à feuilles panachées devient plus belle lorsqu'elle est exposée au soleil.

Toutes les Pervenches poussent aisément des racines quand on enterre quelques-unes de leurs branches ; & celles mêmes qui posent à terre se garnissent si promptement de racines, qu'il arrive que lorsqu'un pied de cet arbuste se plaît dans un bois, il s'étend au point de le garnir en entier, & qu'il fournit tout le plant dont on peut avoir besoin.

USAGES.

Les Pervenches sont propres à faire un tapis verd dans les bosquets d'hyver ; & dans le mois d'Avril, lorsque tous les arbres sont encore dépouillés, leurs fleurs, dont les unes sont bleues & les autres blanches, présentent à l'œil un très-bel émail.

On peut encore, avec la grande Pervenche, former des palissades basses, très-jolies ; mais il faut les attacher à des espaliers ; car sans cela elles ramperoient contre terre.

Les especes à feuilles panachées sont belles.

On ne trouve presque jamais de fruit sur les pieds de Pervenche qu'on tient en pleine terre : si l'on veut avoir le fruit de cette plante, il faut la tenir en pot avec peu de terre.

Les Pervenches sont astringentes & vulnéraires.

Phaseoloides

PHASEOLOIDES, M. C. GLYCINE. LINN.

DESCRIPTION.

LE calyce de la fleur (*a*) du Phaseoloïdes eft d'une feule piece; il eft applati fur les côtés, & divifé en deux levres principales; la fupérieure eft obtufe, l'inférieure porte trois dentelures, dont celle du milieu eft plus grande que celles des côtés.

Cette fleur eft légumineufe: le pavillon (*c*) (*vexillum*) eft plus large par le bas que par fon extrêmité; les côtés en font pliés, & l'on y voit une boffe vers le milieu; les aîles (*e*) (*ala*) font oblongues & fe terminent en ovale.

La nacelle (*d*) (*carina*) eft d'une feule piece; étroite; courbée comme une faucille; elle s'élargit un peu par le bout: on trouve dans l'intérieur de cette nacelle dix étamines placées à l'extrêmité d'une gaîne dans laquelle le piftil (*b*) eft contenu. Ce piftil eft formé d'un embryon oblong, & d'un ftyle roulé en fpirale.

L'embryon devient une filique oblongue, divifée en deux loges: elle contient des femences de la forme d'une feve ou d'un rein.

Les fleurs font raffemblées par gros bouquets de couleur purpurine.

Les feuilles font compofées de folioles pointues & finement dentelées, rangées par paires fur une nervure, & terminées par une feule.

ESPECE.

*PHASEOLOIDES frutescens Caroliniana, foliis pinnatis, floribus
ceruleis conglomeratis.* M. C.

PHASEOLOIDES de Caroline en arbrisseau, qui a les feuilles
conjuguées, & les fleurs bleues, rassemblées en bouquets ; ou
HARICOT en arbrisseau.

CULTURE.

Cet arbrisseau ; ou plutôt cette plante sarmenteuse ; peut
s'élever de semences & de marcottes.

USAGES.

Le Phaseoloïdes porte en Juin de très-beaux bouquets de
fleurs : il peut servir à garnir des terrasses basses, qu'il ornera
pendant l'été.

Phyllirea.

PHYLLIREA, TOURNEF. & LINN. FILARIA.

DESCRIPTION.

LES fleurs (*a*) du Filaria font compofées d'un fort petit calyce (*d*) divifé en quatre, & qui fubfifte jufqu'à la maturité du fruit; il porte un pétale (*c*) divifé en quatre par les bords. On apperçoit dans l'intérieur deux étamines fort courtes (*b*), & un piftil compofé d'un embryon arrondi, & d'un ftyle terminé par un affez gros ftigmate.

L'embryon devient une baie ronde (*ef*), un peu charnue, dans laquelle on trouve un gros noyau rond (*g*).

Les feuilles des Filarias font de figure très-différente, felon les efpeces : elles font toujours fimples, fermes, unies, lui-fantes, pofées deux à deux fur les branches : elles ne tombent point en hyver.

ESPECES.

1. *PHYLLIREA latifolia lævis.* C. B. P.
FILARIA à feuilles larges, non dentelées.

2. *PHYLLIREA latifolia lævis, foliis ex luteo-variegatis.* M. C.
FILARIA panaché, à feuilles larges & fans dentelures.

3. *PHYLLIREA latifolia fpinofa.* C. B. P.
FILARIA à feuilles larges & dentelées.

4. *PHYLLIREA folio leviter ferrato.* C. B. P.
FILARIA à feuilles légerement dentelées.

5. *PHYLLIREA folio Liguftri.* C. B. P.
FILARIA à feuilles de Troène.

6. *PHYLLIREA anguftifolia prima.* C. B. P.
FILARIA à feuilles étroites; premiere efpece de C. B.

7. *PHYLLIREA anguftifolia fecunda.* C. B. P.
FILARIA à feuilles étroites; feconde efpece de C. B.

8. *PHYLLIREA Hifpanica, Nerii folio.* Inft.
FILARIA d'Efpagne à feuilles de Laurier-Rofe.

9. *PHYLLIREA anguftifolia fpinofa.* H. R. Par.
FILARIA à feuilles étroites, dentelées.

10. *PHYLLIREA longiore folio profundè crenato.* H. R. Par.
FILARIA à feuilles longues, profondément dentelées.

11. *PHYLLIREA folio Buxi.* H. R. Par.
FILARIA à feuilles de Buis.

12. *PHYLLIREA Hifpanica, Lauri folio ferrato & aculeato.* Inft.
FILARIA d'Efpagne à feuilles de Laurier, dentelées & pointues.

On voit bien que plufieurs de ces efpeces ne font que des variétés.

CULTURE.

Le Filaria s'éleve très-bien de femences & par marcottes; il ne fe plaît point dans les terreins brûlés par le foleil; au refte il n'eft point délicat. Il eft bon d'avertir que les femences ne fortent fouvent de terre qu'au bout de deux ans.

USAGES.

Les fleurs des Filarias n'ont aucun mérite; mais comme leurs feuilles, qui ne tombent point pendant l'hyver, font d'un fort beau verd, on doit les mettre dans les bofquets de cette faifon.

Le bois du Filaria eft médiocrement dur; il reffemble affez à celui du Buis par fa couleur jaune, qui cependant fe paffe affez promptement; d'ailleurs cet arbufte ne devient jamais affez gros pour pouvoir en faire un bois de fervice.

Les feuilles & les baies du Filaria paffent pour être aftrin-gentes.

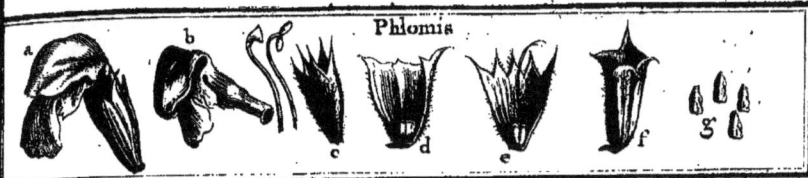

Phlomis

PHLOMIS, TOURNEF. & LINN.

DESCRIPTION.

LE calyce (c) de la fleur (a) du Phlomis eſt un grand tuyau relevé de cinq arêtes, & terminé par cinq découpures qui ſe terminent en pointe.

Le pétale (b) eſt du genre des Labiées : la levre ſupérieure n'eſt point découpée, mais elle eſt creuſée comme une gondole, & rabattue ſur la levre inférieure qui eſt diviſée en deux ou trois parties qui font dans leur contour pluſieurs ſinuoſités. La piece du milieu, quand il y a trois découpures, eſt plus grande que les autres, & bombée au milieu dans toute ſa longueur.

La levre ſupérieure renferme quatre étamines, dont deux ſont un peu plus longues que les deux autres; elles ſont terminées par des ſommets quelquefois oblongs & quelquefois arrondis : ces étamines prennent naiſſance des parois intérieures du pétale.

Le piſtil (c) eſt formé d'un embryon (d) qui eſt diviſé en quatre, d'un ſtyle de la même longueur que les étamines, & qui les accompagne dans la cavité de la levre ſupérieure du pétale : le ſtigmate eſt fourchu.

L'embryon ſe change en quatre ſemences preſque pyramidales (g) & triangulaires; elles n'ont d'autre enveloppe (f) que le calyce même.

Cette plante pouſſe pluſieurs tiges quarrées, ligneuſes, rameuſes, chargées d'un duvet blanc. Ses feuilles reſſemblent à celles de la Sauge; mais elles ſont plus grandes, veloutées comme les tiges , & oppofées deux à deux. Ses fleurs font verticillées; c'eft-à-dire, qu'elles forment de diftance en diftance des anneaux autour des branches.

ESPECES.

1. *PHLOMIS fruticofa, Salvia folio, flore luteo.* Inft.
PHLOMIS en arbufte à feuille de Sauge, & à fleurs jaunes.

2. *PHLOMIS fruticofa Lufitanica, flore purpurafcente.* Inft.
PHLOMIS de Portugal en arbufte, à fleurs purpurines.

3. *PHLOMIS Hifpanica fruticofa, candidiffima, flore fanguineo.* Inft.
PHLOMIS d'Efpagne en arbufte, couvert d'un duvet très-blanc, & qui a fes fleurs d'un rouge de fang.

Nous ne comprenons point dans cette lifte plufieurs efpeces de Phlomis qui ne font point des arbuftes, ou qui craignent le froid de nos hyvers, quoiqu'il y en ait entre celles-ci plufieurs qui forment de grandes plantes, & qui font un très-bel effet.

CULTURE.

Les Phlomis fe multiplient très-aifément par des drageons enracinés qu'on trouve auprès des gros pieds : ils réuffiffent très-bien dans toutes fortes de terres.

USAGES.

Le Phlomis, n°. 1, forme un joli arbufte dans le mois de Juin : il eft alors couvert de fleurs jaunes ; cependant le duvet qui couvre toute cette plante, diminue beaucoup de fon éclat. Il paffe en Médecine pour déterfif, defficatif & aftringent.

PINUS,

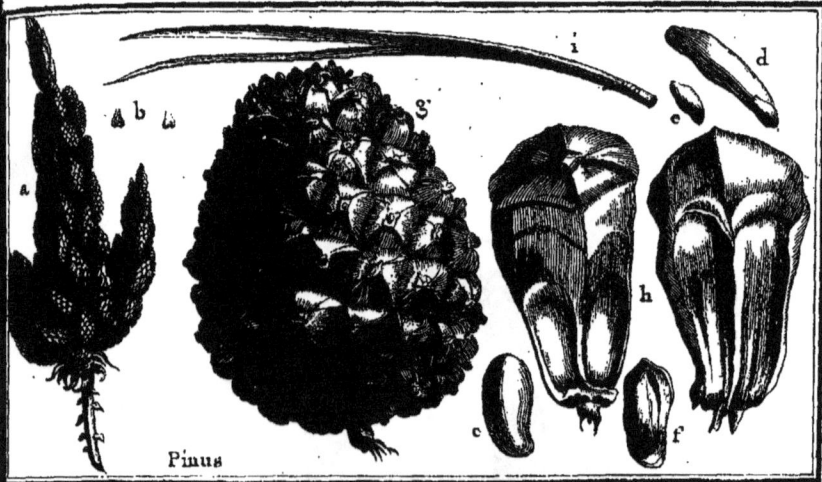

Pinus

P I N U S, Tournef. & Linn. PIN.

DESCRIPTION.

LES Pins portent des fleurs mâles & des fleurs femelles fur différentes branches du même pied ; ou, felon les efpeces, au bout des mêmes branches.

Les fleurs mâles qui paroiffent toujours aux extrêmités des branches, font attachées à des filets ligneux qui partent d'un filet commun : elles forment par leur affemblage des bouquets (*a*) de différentes formes, fuivant les efpeces.

Les fleurs mâles fortent ainfi par épis ou chatons d'un calyce compofé de plufieurs feuilles oblongues & d'inégale grandeur, qui tombent quand la fleur fe paffe : on n'y apperçoit point de pétale, mais feulement un grand nombre d'étamines dont les fommets font arrondis, & qui forment deux petites bourfes (*b*), d'où il fort quelquefois une telle quantité de pouffiere, que toute la plante & les corps voifins en font

Tome II.   Q couverts : on peut remarquer au filet qui soutient les sommets, une écaille triangulaire & colorée.

Les bouquets des fleurs mâles sont quelquefois d'un beau rouge, & quelquefois blancs ou jaunâtres. La principale nervure produit à son extrêmité une nouvelle branche qui fournit des fleurs les années suivantes ; mais quand les fleurs sont tombées, la branche reste nue & sans feuilles à la place qu'elles occupoient.

Les fleurs femelles paroissent indifféremment à côté des fleurs mâles , ou à d'autres endroits d'un même arbre, mais toujours vers l'extrémité des jeunes branches : elles ont la forme de petites têtes presque sphériques, rassemblées plusieurs à côté l'une de l'autre ; & elles sont d'une très-belle couleur dans plusieurs especes. Ces fleurs sont formées de plusieurs écailles très-exactement jointes les unes aux autres : ces écailles subsistent jusqu'à la maturité des semences.

On trouve sous chaque écaille deux pistils dont chacun est formé d'un embryon ovale, surmonté d'un style en forme d'alêne, lequel est terminé par un stigmate.

L'embryon devient un noyau, quelquefois assez dur (c) ; quelquefois tendre (e), plus ou moins gros, suivant les especes, & terminé par une aîle membraneuse (d). On trouve dans l'intérieur de ce noyau une amande (f) composée de plusieurs lobes.

A mesure que les amandes se forment, les petites têtes fleuries, dont nous avons parlé, grossissent & forment ce que l'on nomme *Cônes* ou *Pommes* (g) : ces fruits sont plus ou moins gros ; les uns sont longs & terminés en pointe, les autres presque ronds & obtus.

Presque tous sont formés par des écailles ligneuses (h), très-dures, fort épaisses à l'extérieur du fruit, & qui s'amincissent en rentrant dans l'intérieur, en sorte qu'elles vont toujours en diminuant d'épaisseur jusqu'à leur insertion sur le poinçon ligneux qui est dans l'axe du fruit, & qui leur fournit une attache commune. Lorsque les écailles ne sont point ouvertes, la superficie des cônes ou pommes paroît composée de petits cailloux rangés en spirale , & qui ressemblent à des têtes de clous de charrette ; mais quand la chaleur du soleil fait ouvrir

les écailles, ces mêmes cônes changent entierement de figure.

La forme des cônes, telle que nous venons de la décrire,
paroîtroit très - propre à diftinguer le genre des Pins d'avec
celui des Sapins , & celui des Mélefes. Mais il y a des Pins
dont les cônes font très-différents , & dont les écailles quoique
plus épaiffes que celles des Sapins , n'en different cependant
pas effentiellement : il ne faut donc pas être furpris fi M.
Linneus , dans fes *Species plantarum* , n'a fait qu'un feul &
même genre des Pins, des Sapins & des Mélefes : il les nomme
tous *PINUS*.

Il eft vrai que les feuilles des Pins font étroites, filamenteufes (*i*), & fouvent beaucoup plus longues que celles des
Sapins; mais il s'en trouve quelques efpeces qui les ont affez
courtes : ainfi pour diftinguer ces trois genres qui doivent néceffairement être très-rapprochés les uns des autres, quelque
méthode qu'on fuive , nous ne voyons rien de mieux que de
faire remarquer que dans toutes les efpeces de Sapins, les
feuilles n'ont point de gaîne à leur attache, & qu'elles font
pofées une à une fur une petite faillie ou confole qui tient à
la branche. Les feuilles de tous les Pins font garnies à leur
bafe d'une gaîne d'où il fort tantôt deux, tantôt trois, quelquefois quatre, mais jamais plus de cinq ou fix feuilles : dans
quelques efpeces cette gaîne tombe, & elle ne reparoît plus
lorfque les feuilles ont acquis leur longueur. Dans les *Larix*
ou Mélefes, on voit toujours plus de fix feuilles qui font fup-
portées par un mammelon affez gros & garni de quelques
écailles.

Ces remarques font fuffifantes, je crois, pour ne point confondre des arbres qui font déja connus fous les noms particuliers qui ont été adoptés par tous les Botaniftes; & n'eft-il pas
mieux, pour fe prêter aux idées généralement reçues, de
diftinguer ainfi ces trois genres, que de n'en faire qu'un feul;
qui, étant trop chargé d'efpeces différentes, nous mettroit
dans la néceffité de le fubdivifer en plufieurs fections qui ne produiroient pas un plus grand éclairciffement, puifqu'on feroit
encore obligé de changer les noms vulgairement connus?

Une circonftance qui peut encore aider à diftinguer les Pins

& les Sapins, des Mélefes, c'eft que les fleurs des Mélefes fe montrent le long des branches ; au lieu que celles des Pins & des Sapins font toujours placées aux extrêmités.

Prefque tous les Pins font de grands arbres : ils étendent leurs branches de part & d'autre en forme de candelabre ; ces branches font placées par étage autour d'une tige qui s'éleve perpendiculairement : chaque étage en contient trois, quatre ou cinq.

Les fruits reftent au moins deux ans fur les arbres avant d'avoir acquis leur maturité.

Nous venons de dire que les feuilles des Pins étoient longues, filamenteufes, & qu'elles fortoient toujours plufieurs à la fois d'une même gaîne ; nous ferons remarquer à cette occafion que toutes ces feuilles qui fortent d'une même gaîne, fe réuniffent, & qu'elles forment enfemble un cylindre ; en forte que dans les Pins à deux feuilles, les feuilles féparées font plates, & même quelquefois creufées en gouttiere du côté où elles fe tou-choient, & arrondies de l'autre. Quand il fe trouve trois, quatre ou cinq feuilles qui fortent d'une même gaîne, la partie intérieure de chaque feuille forme des angles plus ou moins ouverts ; les faces intérieures qui forment l'angle font creufées en gouttiere, & la face extérieure eft toujours arrondie comme une portion du cylindre.

Les bords des feuilles s'engrenent les uns dans les autres, & font dentelées comme une lime, plus ou moins profondé-ment, fuivant les efpeces.

Nous ne connoiffons aucune efpece de Pin qui perde fes feuilles pendant l'hyver.

E S P E C E S.

Pour faciliter la diftinction des différentes efpeces de Pins, nous rangerons en trois fections différentes ceux où l'on ne voit que deux feuilles dans chaque gaîne, (*bifoliis*) ; ceux qui ont trois feuilles, (*trifoliis*) ; & ceux qui en ont cinq ou fix, (*quinquefoliis*).

Il eft cependant néceffaire d'avertir que l'on trouve quelquefois fix feuilles & quelquefois quatre feulement fortant d'une

gaîne commune, fur les Pins dont la plus grande partie des
gaînes devroit contenir cinq feuilles; & auffi quelquefois deux
feuilles feulement fur ceux à trois (*trifoliis*); & réciproque-
ment trois fur ceux qui n'en devroient avoir que deux: mais
nous nous fommes fixés à ce qui fe trouve plus communément
fur chaque efpece.

BIFOLIIS.

1. *PINUS fativa.* C. B. P.
   PIN cultivé dont les cônes font gros & les amandes bonnes à
   manger; ou PIN-PIGNIER.

2. *PINUS maritima major.* Dod. *vel* PINUS *maritima prima Math.
   aut* PINUS *filveftris maritima, conis firmiter ramis adhærentibus.* J. B.
   Grand PIN maritime.

3. *PINUS foliis binis in fummitate ramorum fafciculatim collectis. Vel,*
   PINUS maritima minor. C. B. P.
   Petit PIN maritime, dont les feuilles font raffemblées en forme
   d'aigrettes au bout des branches.

4. *PINUS maritima altera Mathioli.* C. B. P.
   Autre PIN maritime de Mathiole.

5. *PINUS filveftris, foliis brevibus glaucis, conis parvis albicantibus.*
   Raii. Hift. *vel,* PINUS *filveftris Genevenfis vulgaris.* J. B.
   PIN dont les feuilles font courtes & les fruits petits & blanchâ-
   tres; ou PIN d'Ecoffe, ou PIN de Geneve.

6. *PINUS filveftris montana.* C. B. P. *vel,* MUGO. Math.
   PIN de montagne, TORCHEPIN, PIN SUFFIS du Briançonnois.

7. *PINUS filveftris montana, conis oblongis & acuminatis.*
   PIN dont les cônes font menus & terminés en pointe; ou PIN
   D'HAGUENAU.

8. *PINUS Canadenfis bifolia, conis mediis ovatis.* Gault.
   PIN de Canada à deux feuilles, dont les cônes ont la figure
   d'un œuf & font d'une moyenne groffeur; ou PIN ROUGE
   de Canada.

9. *PINUS Canadenſis bifolia, foliis brevioribus & tenuioribus.* Gault. Pin de Canada à deux feuilles qui ſont aſſez courtes & menues; ou petit Pin rouge de Canada.

10. *PINUS Canadenſis bifolia, foliis curtis & falcatis, conis mediis incurvis.* Gault. Pin de Canada, dont les feuilles ſont courtes & recourbées de même que les cônes; ou Pin gris, ou Pin cornu de Canada.

11. *PINUS humilis, iulis vireſcentibus aut palleſcentibus.* Inſt. Petit Pin ſauvage, dont les chatons ſont verdâtres.

12. *PINUS humilis, iulo purpuraſcente.* Inſt. Petit Pin ſauvage, dont les chatons ſont pourpres.

13. *PINUS conis erectis.* Inſt. Pin dont les fruits ſont placés verticalement ſur les branches.

14. *PINUS Hieroſolymitana prælongis & tenuiſſimis viridibus foliis.* Pluk. Pin de Jeruſalem, dont les feuilles ſont très-vertes, longues & menues.

TRIFOLIIS.

15. *PINUS Virginiana, prælongis foliis tenuioribus, cono echinato.* Pluk. Pin de Virginie à feuilles longues, & dont les cônes ſont hériſſés de pointes.
Comme je crois que ce Pin a trois feuilles, je ſoupçonne qu'il eſt le même que le ſuivant, n°. 16.

16. *PINUS Canadenſis trifolia conis aculeatis.* Gault. *An Pinus conis agminatim naſcentibus, foliis longis, ternis ex eâdem thecâ?* Flor. Virg. Pin de Canada à trois feuilles; ou Pin-cipre. C'eſt peut-être le ſuivant, n°. 17.

17. *PINUS Americana foliis prælongis ſubinde ternis, conis plurimis confertim naſcentibus.* Rand. Pin d'Amérique à trois feuilles, dont les cônes ſont raſſemblés par trochets; ou Pin-a-trochet.

18. *PINUS Americana paluſtris trifolia, foliis longiſſimis.* Pin de marais à trois feuilles très-longues.

19. *PINUS Canadensis quinquefolia, floribus albis, conis oblongis & pendulis, squamis Abieti ferè similis.* Gault. *vel PINUS Americana quinis ex uno folliculo setis longis, tenuibus, triquetris ad unum angulum totam longitudinem minutissimis, conis asperatis.* Pluk.

PIN de Canada à cinq feuilles dont les cônes sont longs, pendants, & dont les écailles sont molles, presque comme celles du Sapin; ou PIN BLANC de Canada; ou PIN de Lord Wimouth.

20. *PINUS foliis quinis, cono erecto, nucleo eduli.* Hall. Helv. *PINASTER Belloni;* vel, *PINUS cui osficula fragili putamine sive cembro.* J. B.

PIN à cinq feuilles dont les cônes se tiennent droits, & dont les noyaux faciles à rompre sont bons à manger; ou ALVIEZ du Briançonnois.

CULTURE.

Dans la Guienne aux environs de Bordeaux, dans la Provence, à Tortose en Espagne, & généralement par tout où il y a de grandes forêts de Pins, les semences qui tombent d'elles-mêmes lorsque, vers le mois d'Août, la chaleur du soleil fait ouvrir les cônes parvenus à leur maturité, levent naturellement sous les grands arbres, & en beaucoup plus grande quantité qu'il n'est nécessaire pour réparer la perte des vieux arbres qui périssent: on est même obligé de couper de temps en temps une partie de ces jeunes plants, parce qu'ils rendroient les forêts trop touffues.

Ce n'est pas qu'on ne puisse semer des bois de Pin, & on en seme effectivement aux environs de Bordeaux, pour avoir des futaies dont on puisse recueillir de la résine & du godron; ou, plus ordinairement, pour se procurer des taillis que l'on coupe fort jeunes pour en faire des échalas, dont on fait une grande consommation dans les vignobles du Bordelois.

Nous avons aussi semé ces arbres avec succès, quoique nous n'y ayons pas apporté beaucoup de précautions: nous nous sommes contentés de répandre la semence dans des sillons, & nous l'avons recouverte de terre, seulement de l'épaisseur d'un pouce.

La premiere & la feconde année, le champ étoit tellement rempli d'herbes, qu'on ne voyoit paroître aucun Pin, & nous craignions que la femence ne fût perdue ; mais la troifieme année, les Pins fe font montrés, & le champ s'en eft trouvé fuffifamment garni.

Aux environs de Bordeaux les Pins levent ordinairement dès la premiere année ; mais des Cultivateurs qui ont fait quantité de femis de Pins, m'ont affuré que le plant ne paroiffoit quelquefois que la troifieme. Cette femence, qui vient fi aifément lorfqu'elle eft, pour ainfi dire, abandonnée à elle-même, exige cependant de grands foins quand on fe propofe d'élever des efpeces rares dont on n'a qu'une petite quantité de femences.

Les Pignons levent affez promptement quand on les feme dans des terrines fur couche ; mais le moindre coup de foleil, ou quelque coup de vent qui agite trop les jeunes plantes, fait tout périr. Seroit-ce que, pendant que les femences reftent en tere fans paroître, ou que les tiges font fi petites qu'on les confond avec l'herbe, il fe forme des racines qui contribuent enfuite à donner de la vigueur aux plantes; au lieu que celles qui fortent trop promptement de terre font privées de ce fecours ? Seroit-ce que le pivot qui atteint trop vîte le fond des pots ou des terrines, contracteroit une gangrene qui fe communiqueroit au refte de l'arbre ? Ces queftions méritent d'être examinées.

On prétend que les Pins ne doivent point être cultivés: on remarque cependant que ceux qui fe trouvent placés fur les lifieres qui confinent à des terres labourées, font beaucoup plus beaux que les autres. On prétend auffi, avec raifon, que les Pins font des arbres de forêts qui viennent bien en maffif, & fans qu'on foit obligé de leur donner aucune culture. M. Gaultier nous a écrit qu'il avoit remarqué dans les forêts du Canada, que les Pins & les Sapins levoient par préférence dans les endroits où de vieux & gros arbres avoient pourri.

Nous avons répandu dans un femis de Chênes une affez grande quantité de femences de Pin maritime. Après avoir inutilement cherché pendant la premiere & la feconde année, fi les jeunes plants auroient levé, nous crûmes, n'en voyant point paroître, que la femence ne leveroit pas, & nous ne
tînmes

tînmes compte de les chercher encore dans la troifieme année; mais nous fûmes agréablement furpris, la quatrieme année, de trouver dans le champ une quantité confidérable de jeunes Pins qui avoient plus d'un pied de hauteur, & qui fe portoient très-bien, quoique ce terrein fe trouvât rempli d'herbe fort haute.

Il y a peu d'arbres qui foient moins délicats fur la nature du terrein; on voit de très-beaux Pins dans des fables fort arides, fur des montagnes feches, où la roche fe montre de toutes parts. Il faut avouer cependant qu'ils viennent mieux dans les terres légeres, fubftantieufes, & qui ont beaucoup de fond.

Les Pins reprennent difficilement quand on les tranfplante; nous en avons néanmoins tranfplanté avec fuccès de très-petits, & qui n'avoient que deux à trois ans.

On prétend (& cela paroît affez vrai-femblable) qu'il ne convient de retrancher au Pin, que les branches qui font près de terre, & jamais celles qui font au deffus de la portée de la main: cette pratique eft fondée principalement fur deux raifons. 1°. Les Pins profitent d'autant plus qu'ils ont plus de branches à nourrir; ainfi plus on leur retranche de ces branches, plus on retarde leur accroiffement. 2°. Les Pins ne repouf-fent jamais de nouvelles branches qui puiffent remplacer celles qu'on leur a coupées; ainfi, en retranchant les branches, on diminue la vigueur de l'arbre: on a obfervé qu'un Pin à qui l'on n'a laiffé qu'un petit nombre de branches au haut de fa tige, ne profite prefque plus. 3°. Enfin un arbre ainfi élagué, courroit rifque d'être rompu par le vent; & s'il reftoit fans branches, il n'en poufferoit plus de nouvelles; car il eft d'ex-périence que la fouche d'un Pin qu'on a abattu, ne repouffe point de nouveaux jets, comme font beaucoup d'autres arbres.

Néanmoins les Pins croîtront plus promptement fi on leur fait un petit élagage, comme nous allons l'expliquer; & cette précaution eft indifpenfable pour les Pins qui font plantés en lifiere ou en avenue.

Il faut attendre que les Pins aient fept à huit ans, pour com-mencer à leur retrancher des branches.

D'abord on coupe toutes les petites branches du bas pour

Tome II. R

leur former üne tige de trois ou quatre pieds de hauteur : tous
les ans on continue de retrancher l'étage inférieur jufqu'à
l'âge de quinze ans ; alors on ne leur fait cet élagage que tous
les quatre ou cinq ans.

Cette opération ne coûte rien. On abandonne aux élagueurs
les premiers émondages dont ils font des bourées ; par la fuite
les élagueurs rendent un tiers des bourées au Propriétaire ; &
quand on n'élague les Pins que tous les trois ou quatre ans, le
Propriétaire prend la moitié des fagots : il doit fur-tout veiller
à ce que fes élagueurs ne retranchent trop de branches ; ce
qui cauferoit un tort confidérable aux Pins, pour les raifons que
nous avons déja dites.

Je ne fache point que les différents Pins fe greffent les uns
fur les autres, & j'avoue que je n'en ai point fait l'expérience.

Les cônes des Pins reftent plufieurs années fur les arbres pour y acquérir leur maturité ; c'eft pour cela qu'il ne
faut cueillir que ceux qui font devenus de couleur canelle :
ils doivent être cueillis en Janvier, en Février & en Mars ;
car dès que le foleil a pris de la force, & qu'il les échauffe,
les écailles s'ouvrent d'elles-mêmes, & les femences fe répandent à terre.

Quand les cônes mûrs font cueillis, on les expofe au grand
foleil dans des caiffes, comme nous l'avons dit en parlant des
fruits du Sapin & des Mélefes ; & fi-tôt que la graine eft
fortie des cônes, on la met en terre, quoiqu'on pût cependant la conferver jufqu'en Automne.

Il y en a qui mettent les cônes au four pour les faire ouvrir ; mais pour peu que la chaleur foit trop forte, les femences font altérées, & elles ne peuvent plus lever.

On peut tranfplanter les jeunes Pins ; mais il faut alors qu'ils
foient très-jeunes, & avoir l'attention de leur conferver un
peu de terre en motte, fans quoi on en perdroit beaucoup.

M. Roux de Valdone, qui a fait enfemencer en Provence
d'affez grandes pieces de terre en Pins, les unes pofées en
colline, & les autres en terrein plat, eftime que fi l'on femoit
la graine dans des terres bien labourées, les jeunes Pins auxquels il faudroit donner quelque culture, viendroient plus
vite ; mais la plupart des terres qu'il a enfemencées en Pins,

n'étant pas fufceptibles de labour, tant à caufe de l'inégalité du terrein, que parce qu'elles étoient couvertes de brouffailles, il s'eft contenté de répandre la femence fous les brouffailles mêmes : les Pins s'y font élevés, & ont enfuite étouffé tous les arbuftes qui occupoient en premier lieu le terrein.

Il a fait fes femis dans les mois de Novembre & Décembre, lorfque la terre étoit bien humeétée ; &, fans autre précaution, il s'eft procuré de beaux bois de Pins.

Il eft bon de favoir que les cônes ou fruits de plufieurs efpeces de Pins, qui paroiffent au Printemps, font mûrs en hyver, & que les écailles de ces cônes s'ouvrent le printemps fuivant. Lorfque dans les mois d'Avril & de Mai ces fruits font frappés par un foleil ardent, les graines ou les pignons tombent, mais les cônes vuides reftent fur les arbres au moins trois ans ; & comme l'humidité fait refferrer les écailles, des gens peu expérimentés pourroient cueillir ces cônes vuides, croyant cueillir des cônes qui contiennent encore leurs pignons : il faut donc leur apprendre qu'on ne doit cueillir que les cônes qui font attachés aux dernieres pouffes des branches, & dont les écailles font exaétement jointes.

USAGES.

Outre les efpeces que nous avons nommées, nous en avons élevé plufieurs autres que nous n'avons pas rapportées, parce que nos arbres font encore trop jeunes pour les bien connoître : nous avouons auffi qu'il n'eft point facile de diftinguer exaétement toutes les efpeces du Pin.

Pour y parvenir, autant qu'il eft poffible, il faut examiner attentivement la forme & la groffeur des cônes, la quantité de feuilles qui font contenues dans une même gaîne, le port général de l'arbre, la groffeur & la couleur des fleurs : cependant, avec toutes ces attentions, on auroit encore bien de la peine à diftinguer toutes les différentes efpeces, fi nous négligions d'inférer ici de courtes defcriptions, qui indiqueront les marques particulierement diftinétives.

Le Pin cultivé, n°. 1, eft un arbre très-touffu ; fes feuilles font longues de cinq à fix pouces, épaiffes, d'un beau verd, raſſemblées deux à deux dans une gaîne commune, arrondies d'un côté, plates & ſans rainure du côté qu'elles ſe touchent : les pouſſes ſont groſſes, couvertes de grandes écailles arrondies par le bout ; les branches ſe ſoutiennent droites ; les fleurs mâles forment de gros bouquets rouges : on voit quelquefois à l'extrêmité d'une même branche des fleurs mâles & des fleurs femelles. Les cônes ſont fort gros, preſque ronds ; ils ont quelquefois quatre pouces & demi de longueur ſur quatre pouces de diametre ; ils ſont formés d'écailles fort dures, dont l'extrêmité, qui fait l'extérieur du cône, repréſente des eſpeces de gros mammelons arrondis, au milieu de chacun deſquels on voit comme une eſpece d'umbilic froncé.

Les pignons contenus dans le fruit ſont gros, fort durs ; ils renferment des amandes bonnes à manger, ſoit crues, ſoit en dragées ou en prâlines : on en fait auſſi des émulſions ; enfin on en retire par expreſſion une huile qui eſt auſſi douce que celle de noiſettes.

Le bois de cette eſpece de Pin eſt aſſez blanc, médiocrement réſineux : on en fait néanmoins en Suiſſe des tuyaux pour les conduites d'eau ; & à Toulon, on en conſtruit des corps de pompes ; on en fait auſſi de bonnes planches : au reſte, preſque tous les Pins ſont propres à ces mêmes uſages.

On cultive ces arbres dans pluſieurs Provinces pour la beauté de leur feuillage, & pour en recueillir les fruits.

Le grand Pin maritime, n°. 2, eſt garni de belles feuilles aſſez longues, d'un beau verd, & preſque auſſi étoffées que celles du Pin cultivé : elles ſortent deux à deux d'une gaîne commune. Les pouſſes de cet arbre ſont aſſez groſſes, & ſes branches ſe ſoutiennent bien. Les fleurs mâles forment de beaux bouquets rouges : les cônes ſont moins gros que ceux de l'eſpece précédente, mais ils ſont plus longs : les uns ont quatre pouces & demi de longueur ſur deux pouces & un quart de diametre ; & d'autres cinq pouces & demi de longueur ſur deux pouces & demi de diametre.

Les éminences que l'on remarque ſur les cônes, & qui ſont formées par l'extrêmité des écailles, au lieu d'être arrondies comme dans le Pin cultivé, ſont coniques, & leur baſe eſt ovale : quelquefois les baſes ſont en loſange, & alors les éminences forment une pyramide ; mais dans l'un & l'autre cas le grand diametre eſt toujours placé perpendiculairement à l'axe du cône. On obſerve encore quelque variété dans la forme de ces éminences : elles ſont plus ou moins ſaillantes ; & dans ce dernier cas les éminences ſont terminées par un mammelon ; lorſqu'elles ſont au contraire très-ſaillantes, alors elles ſe terminent en pointe.

Les pignons de l'eſpece nº. 2 ſont durs, mais conſidéra-blement moins gros que ceux du Pin cultivé.

Cet arbre eſt commun preſque par tout le Royaume. On emploie ſon bois aux mêmes uſages que celui du Pin cultivé, & l'on en retire pareillement de la réſine.

Le petit Pin maritime, nº. 3, ne differe du précédent que parce que ſes fruits ſont moins gros, & ſes feuilles plus cour-tes & plus menues : il fait un auſſi grand arbre, & ſon bois eſt employé aux mêmes uſages : on doit cependant le regar-der comme une eſpece particuliere ; car dans le Bourdelois, où l'on ſeme ces deux Pins maritimes, on remarque que les graines produiſent aſſez conſtamment leur même eſpece.

Le Pin maritime de Mathiole, nº. 4, tient en quelque façon le milieu, entre le petit Pin maritime, & le Pin de Geneve. Ses feuilles ſont plus fines, d'un verd blanchâtre, plus longues que celles du petit Pin maritime. Les jeunes branches ſont menues, ſouples & ſe recourbent. Les feuilles viennent par touffes comme des aigrettes au bout des jeunes branches. Les autres branches reſtent preſque nues dans toute leur longueur, en ſorte que l'on voit à découvert leur écorce qui eſt griſe & unie : les fleurs mâles ſont blanches ; les cônes ſont un peu plus gros que ceux du Pin de Geneve. Dans l'Hiver de 1754. nous avons perdu preſque tous les Pins de cette eſpece.

Le bois de cette eſpece, nº. 4, eſt très-réſineux. Nous le cultivons depuis pluſieurs années ; il ne fait pas, à beaucoup près, un auſſi bel arbre que les deux eſpeces précédentes : dans le Briançonnois, on le nomme ſimplement *Pin.*

Le Pin de Geneve ou d'Ecoſſe, nº. 5, a les feuilles très-courtes & menues, qui ſortent deux à deux d'une gaîne com-mune ; elles ſont d'un verd blanchâtre, piquantes, & diſtribuées dans toute la longueur des jeunes branches, qui, étant pliantes, se renversent de part & d'autre : les fleurs mâles sont blanchâtres ; les cônes sont petits, presque coniques & pointus ; les écailles des cônes ont à la superficie, des éminences très-saillantes, formées par des pyramides relevées de quatre arêtes très-sensibles ; leur base forme à peu près une losange, dont la grande diagonale est presque parallele à l'axe du cône qui se termine en pointe. Ces cônes viennent rassemblés par bouquets de deux, trois ou quatre, placés autour des branches ; les amandes sont petites, presque semblables à celles du Sapin, & faciles à rompre.

Ces arbres s'élevent très-haut ; leur bois est très-résineux & d'un fort bon usage. A en juger par les fruits qui me sont venus de Riga, c'est avec cette espece de Pin qu'on fait les grandes mâtures que nous tirons de ce pays. On m'a aussi envoyé de Saint Domingue des cônes qui ressemblent beaucoup à ceux de Geneve ; d'où je conclus que comme ce Pin croît dans le territoire de Geneve, en Ecosse, à Saint Domingue, & dans plusieurs Provinces du Royaume, il est probable que cette espece croît indifféremment dans la Zone glaciale, dans la Zone torride & dans la tempérée.

Les bouquets de fleurs mâles du Torchepin, n°. 6, sont arrondis comme une Pomme ; ils sont composés d'une cinquantaine de chatons de deux lignes & demie ou trois lignes de longueur, chargés de sommets qui répandent beaucoup de poussiere ; ces fleurs sont rouges.

Les fleurs femelles naissent à l'extrêmité d'autres branches, différentes de celles qui portent les fleurs mâles ; elles sont rassemblées deux, trois ou quatre autour de la branche.

Lorsque les fruits ou cônes sont mûrs, ils ont deux pouces ou environ de longueur sur dix à douze lignes de diametre. Ils sont de la figure d'un œuf très-pointu par un de ses bouts ; leur couleur est d'un rouge de canelle, vif & brillant ; l'extrêmité des écailles, qui est très-saillante, a des formes assez variables ; mais elles forment le plus souvent des pyramides quarrées assez régulieres.

Dans l'intérieur de ces cônes on trouve des amandes de la grosseur d'un pepin de poire.

L'écorce des jeunes branches, qui est presque écailleuse, est de couleur de canelle brillante.

Les feuilles de cette efpece de Pin fortent deux à deux d'une gaîne commune; elles font fortes, d'un beau verd, terminées en pointe, piquantes, & longues d'environ deux pouces.

Cet arbre s'éleve très-haut, & il foutient bien toutes fes branches, à l'exception des plus jeunes qui fe courbent un peu.

Son bois, nouvellement coupé, eft d'une couleur un peu rouffe; il eft très-réfineux: j'en ai des morceaux de l'épaiffeur de deux à trois lignes, au travers defquels on apperçoit l'ombre des doigts quand on les expofe au grand jour. Les Payfans fe fervent de ce bois pour faire des torches qui brûlent très-bien.

Nous avons reçu d'Hagueneau des branches & des cônes du Pin de l'efpece n°. 7, prefque femblables au précédent, avec cette différence que les cônes de celui-ci font longs, menus & pointus: cette efpece a cela de fingulier, qu'affez fouvent on y trouve des feuilles qui fortent trois à trois d'une gaîne commune.

M. Gaultier nous a envoyé la defcription de deux Pins des efpeces n°. 8 & 9. On les nomme en Canada *Pins rouges*: ils ont beaucoup de reffemblance avec le Torchepin, n°. 6, à la différence près que le Pin rouge du Canada, n°. 8, a fes feuilles de cinq pouces de longueur, & un peu arrondies par le bout; il paroît auffi que les fruits font un peu plus arrondis à leur extrémité: le petit Pin rouge, n°. 9, a les feuilles de trois ou quatre pouces feulement de longueur, & déliées, au lieu que le Pin-fuffis, n°. 6, les a fortes & épaiffes. Au refte ces efpeces fe rapprochent tellement qu'on peut les regarder comme des variétés d'une même efpece.

C'eft avec le Pin rouge de Canada, qu'on a fait la mâture du vaiffeau du Roi, le Saint-Laurent, qui eft de foixante canons.

On trouve peu de cette efpece de Pin dans le bas du fleuve Saint-Laurent; mais il en croît beaucoup du côté de Montréal.

Le Pin gris de Canada, n°. 10, paroît être encore une variété de l'efpece n°. 6. Les feuilles n'en different que parce qu'elles font recourbées, de forte que les deux feuilles qui fortent d'une gaîne commune, fe touchant par leurs deux extrêmités, forment une efpece d'anneau : les cônes font de la même grandeur & de la même forme que ceux du n°. 6 ; mais ils font recourbés ; & comme les pointes fe regardent, ils repréfentent deux cornes naiffantes.

Ces arbres deviennent fort hauts ; mais comme ils font très-garnis de branches dans prefque toute la longueur de leur tige, elle eft trop chargée de nœuds pour fournir de bonnes mâtures : c'eft bien dommage, car le bois du Pin gris eft fort réfineux & très-pliant. On trouve cette efpece de Pins dans les terres feches & fabloneufes.

Nous ne pouvons rien dire des efpeces ou variétés de Pins, depuis le n°. 10 jufques & compris le n°. 15, parce que nous n'avons point été à portée de les examiner : il peut cependant fe faire que nous les ayons ici ; car nous cultivons beaucoup de Pins : mais ils font encore trop jeunes pour entreprendre de les décrire ; & nous nous fommes propofés, autant qu'il nous fera poffible, de ne parler que d'après nos obfervations réitérées.

On trouve dans quelques Auteurs un *PINUS SILVESTRIS, tubulus, Plinii, quem Ananienfès in Tridentino Mugo appellant.* Il eft dit que ce Pin ne forme point de tige, mais qu'il fournit beaucoup de rameaux qui rampent fur terre, ainfi que des tuyaux, & que les Tonneliers les emploient pour des cerceaux ; on ajoute que fes cônes reffemblent affez à ceux du *Pinus filueftris* ordinaire.

Les cônes du Pin à trois feuilles, ou épineux de Canada, n°. 16, fuivant la defcription que M. le Marquis de la Galiffoniere a bien voulu nous en donner, fe diftingue des Pins que nous venons de décrire : 1°. par fes cônes qui font à peu près de la même groffeur que celui du Pin rouge, mais qui fe terminent en pointe plus aiguë ; 2°. par les écailles qui font terminées par une pointe ou épine qui eft affez piquante pour offenfer les mains quand on les touche ; 3.° par fes feuilles qui fortent trois à trois d'une gaîne commune ; 4°. par une rainure qui fe prolonge dans toute la longueur de la face extérieure des feuilles ; 5°. par fes feuilles qui font un peu moins

longues

longues & plus déliées que celles du Pin rouge : 6°. par son bois qui eſt pliant, fort réſineux, & qui a le grain très-fin ; on le croit plus peſant que celui des mâts de Riga ; il a peu d'aubour : 7°. cet arbre devient très-haut, & peut fournir des mâts de hune pour un vaiſſeau de ſoixante - dix pieces de canon. On trouve cette eſpece de Pin vers le lac Champlain, juſqu'au fort Frontenac.

Le Pin à trochet, n°. 17, a trois feuilles qui ſortent d'une même gaîne ; mais elles ſont plus longues que celles du numéro précédent. Ses fruits viennent raſſemblés par gros bouquets. On nous a donné en Angleterre une branche de cet arbre, qui portoit une vingtaine de fruits raſſemblés tout près les uns des autres.

J'ai encore reçu d'Angleterre de belles branches du Pin de marais de l'eſpece n°. 18. Ses feuilles ſont épaiſſes, toutes attachées d'un ſeul côté des branches, ce qui leur donne le port d'une branche de Palmier : elles ont huit & neuf pouces de longueur, & ſont très-groſſes, & d'un beau verd.

Les fleurs mâles du Pin blanc de Canada, n°. 19, ou *Lord-Wimouth*, ſont d'abord très-blanches, & elles deviennent enſuite marquées d'un peu de violet.

Les cônes ſont attachés aux branches par des queues de plus d'un pouce de longueur ; ces fruits paroiſſent juſqu'à leur parfaite maturité d'un fort beau verd ; ils ſont compoſés d'écailles, qui, au lieu d'être dures & épaiſſes par leur extrêmité, ſont aſſez minces en cet endroit, & preſque ſemblables à celles du fruit de l'*Abies*, quoiqu'un peu plus épaiſſes.

Ces cônes ont environ quatre pouces de longueur ſur huit lignes de diametre ; ce qui les rapproche encore de la forme de ceux du Sapin. Les pignons ou noyaux ſont aſſez gros & bons à manger. Les feuilles ſortent cinq à cinq d'une gaîne commune : cette gaîne ſe deſſeche & tombe, & alors on voit que les cinq feuilles ſont implantées ſur une tubereule atta-chée aux branches. Ces feuilles ſont longues d'environ trois pouces ; elles ſont d'un beau verd, & dans les faces intérieu-res on apperçoit, ſur-tout ſur les jeunes branches, des raies blanches : ces feuilles ſont raſſemblées par bouquets au bout des branches qui reſtent nues.

Tome II, S.

L'écorce des jeunes branches est unie, brillante, d'un verd brun; l'écorce des grosses branches, ainsi que celle du tronc, est épaisse & blanchâtre.

On peut remarquer très-aisément dans l'écorce des jeunes branches, des vaisseaux remplis de résine fort claire : ces vaisseaux forment des zigzags & communiquent à de très-petites vésicules qui font remplies de cette même liqueur: on ne peut découvrir ces vaisseaux dans les grosses écorces. Ces Pins ne font jamais aussi grands que les Pins rouges, quoique cependant ils fassent de grands arbres: ils font bien garnis de branches & très-chargés de feuilles qui font d'un très-beau verd; c'est ce qui les rend propres à décorer les bosquets d'hyver.

Le bois de cet arbre est blanc; il est chargé d'une résine fluide & transparente comme le cryftal, qui s'écoule assez abondamment des entailles qu'on fait au bois. Cette espece de Pin est trop garnie de nœuds pour pouvoir être employée à en faire des mâts; mais on en fait de très-bonnes planches : on trouve ce Pin en grande abondance dans les mauvaises terres, situées au nord du fleuve Saint-Laurent.

Quoique j'aie compris dans le même article le Pin blanc de Canada & celui de *Lord-Wimouth*, je crois néanmoins y avoir remarqué quelques différences : 1°. celui de *Lord-Wimouth* a les feuilles plus fines; & je n'ai point apperçu sur les pieds qui me font venus d'Angleterre, ces raies blanches dont parle M. Gaultier: 2°. elles fortent d'une tubercule ou d'un mamelon très-petit : 3°. les jeunes branches font fort menues : ces différences ne font cependant point assez considérables pour en faire une espece particuliere; mais on doit seulement regarder celle-ci comme une variété de la même espece.

Le *Pinaster* de Belon, n°. 20, croît fur les plus hautes montagnes du Briançonnois, où on le nomme *Alviez*; il se plaît dans les endroits les plus froids, & où la neige reste une partie de l'année. Il ressemble beaucoup au Pin blanc de Canada, n°. 19; mais ses cônes font plus gros: ils ont quelquefois près de deux pouces de diametre; ils font plus courts, & la plupart n'ont que trois pouces de longueur; ils font arrondis par le bout, & formés d'écailles posées les unes fur les autres comme celles du Sapin, mais plus épaiſſes : ces écailles renferment des noyaux ou pignons moins gros que ceux du Pin cultivé, n°. 1; ils ſont preſque triangulaires, faciles à rompre ſous la dent: l'amande en eſt douce & d'un goût agréable, blanche, mais couverte d'une écorce brune.

J'ai obſervé ſur une branche qui m'a été envoyée du Briançonnois, qu'il ſortoit plus ou moins de feuilles d'une même gaîne, ou, quand la gaîne eſt tombée, d'un même mamelon : j'en ai compté quelquefois quatre, le plus ſouvent cinq, & de temps en temps ſix.

Ces feuilles ſont d'un beau verd, plus épaiſſes & plus longues que celles du Pin blanc, n°. 19 : elles ont juſqu'à quatre pouces & demi de longueur. Les jeûnes branches, quoique très-bien garnies de feuilles, ſe ſoutiennent cependant bien ; ce qui fait que cet arbre a un port & une verdeur très-agréable.

On peut remarquer que les deux Pins que nous venons de décrire, reſſemblent beaucoup aux Méleſes, tant par la multiplicité de leurs feuilles, que par les mamelons qui leur ſervent de ſupport, & par leurs fruits qui ſont écailleux; on peut encore ajouter, par leur réſine qui eſt très-coulante.

Comme les écailles des fruits ne ſont pas fort adhérentes au filet ligneux qui les ſoutient, ſur-tout quand les cônes ſont bien mûrs ; un oiſeau de la groſſeur & de la figure d'un geai, très-commun dans le Briançonnois & que l'on y connoît ſous le nom de *Piquerole*, eſt friand de ces pignons ; il trouve le moyen de les tirer avec ſon bec de deſſous ces écailles pour s'en nourrir. On recueille les pignons pour les manger comme des noiſettes, ou pour les employer dans les ragoûts en guiſe de mouſſerons.

Il y a encore un Pin à cinq feuilles qui croît en Ruſſie & en Sibérie, dont les cônes ſont aſſez petits, durs & comme ceux des Pins à deux feuilles. Il eſt décrit & figuré par Amman, qui le confond mal-à-propos avec le *Pinaſter Belloni.* M. Butner qui a vu chez moi le *Pinaſter*, & chez M. Collinſon à Londres le Pin à cinq feuilles de Ruſſie, m'a aſſuré que ces deux eſpeces étoient très-différentes l'une de l'autre.

Indépendamment des utilités particulieres dont nous avons parlé à l'occaſion de chaque eſpece de Pin, nous croyons devoir encore faire remarquer les usages qui conviennent à presque toutes les especes de cet arbre.

1°. Comme les Pins conservent leurs feuilles toute l'année, & que celles de plusieurs especes sont d'un très-beau verd, ils doivent procurer un grand agrément aux bosquets d'hyver: plusieurs de ces Pins font aussi un effet charmant au commencement du printemps, quand ils sont chargés de leurs fleurs.

2°. Nous avons dit qu'on faisoit des flambeaux avec les copeaux du *Pin-suffis* ; nous ne devons pas oublier d'ajouter qu'en Provence, en Languedoc & dans l'Amérique méridionale, on emploie indifféremment à cet usage des copeaux de toutes les especes de Pins, mais que l'on choisit préférablement les morceaux qui contiennent les veines les plus résineuses : ils nomment cela *Pin gras*. Quelques Américains appellent les Pins, *bois de chandelle*, à cause de l'usage qu'ils en font pour s'éclairer; cette dénomination est d'autant plus impropre, qu'il croît dans ces mêmes Isles un autre bois qu'on nomme à plus juste titre *bois de chandelle*, & qui n'a nulle analogie avec le Pin.

On fait de véritables chandelles avec la résine jaune qu'on retire du Pin, en la fondant sur une meche : ces chandelles répandent une lumiere foible & rousse ; elles ont d'ailleurs une odeur très-desagréable, & elles sont très-sujettes à couler; cependant les pauvres gens en font une grande consommation dans les Ports de mer, parce qu'elles sont à bon marché.

3°. Le bois du Pin bien résineux, est en général d'un excellent usage; il dure très-long-temps employé en charpente: on en fait des bordages pour les ponts des vaisseaux, des planches pour les bâtiments civils, des tuyaux pour la conduite des eaux, des corps de pompe, de bon bois à brûler, du charbon très-recherché pour l'exploitation des mines : les Canadiens font de grandes pirogues d'une seule piece avec les troncs des gros Pins qu'ils creusent pour les rendre propres à cet usage.

Outre ces avantages, plusieurs especes de Pins fournissent de la résine seche & liquide, du goudron & du brai gras. Nous allons détailler les procédés que l'on emploie pour en tirer ces différentes substances; & comme on ne suit pas toujours les mêmes dans tous les pays où l'on en fait l'extraction, nous

parlerons de ceux qui font venus à notre connoiſſance, afin de
mettre les Propriétaires des forêts de Pins en état de faire des
épreuves qui puiſſent rendre leurs travaux plus utiles.

Quoique Théophraſte décrive très-bien la maniere d'extraire
la réſine du Pin, cependant, comme ſa narration eſt trop ſuc-
cinte, nous croyons devoir donner la préférence aux méthodes
qui ſont préſentement en uſage.

Maniere de retirer le ſuc réſineux du Pin, & d'en faire
le Brai-ſec & la Réſine jaune, ſuivant les
pratiques qu'on ſuit en Canada. *

Toutes les eſpeces de Pins, & même tous les Pins de la
même eſpece, ne donnent pas une égale quantité de ſuc réſineux.
Il eſt d'expérience que certains Pins donnent pendant un été trois
pintes de ce ſuc, tandis que d'autres n'en fourniſſent pas un
demi-ſetier. On ſait que cette différence ne dépend point
de la groſſeur ni de l'âge de ces arbres, & qu'on ne peut pas
attribuer cela à la nature du terrein, puiſque cette différence
s'obſerve également entre les Pins d'une même forêt; mais on
a remarqué que les Pins qui ont l'aubour fort épais, & ceux
qui ſont le plus échauffés par le ſoleil, en fourniſſoient davantage.

A l'égard des eſpeces, on emploie toutes celles que nous
venons de décrire; ſavoir, le Pin-cipre, le Pin gris, le Pin
blanc & le Pin rouge.

Les Sauvages emploient la réſine des Pins pour calfater leurs
canots d'écorce : la préparation qu'ils donnent à cette réſine
pour en faire ce qu'ils nomment mal-à-propos *gomme*, eſt toute
ſimple. Ils choiſiſſent dans les forêts, des Pins dont les ours
ont entamé l'écorce avec leurs griffes : ces égratignures occa-
ſionnant l'effuſion de la réſine; ils en ramaſſent autant qu'ils en
ont beſoin; mais comme elle ſe trouve chargée d'impuretés,
ils la font fondre dans de l'eau; la réſine ſurnage, ils la recueillent, ils la pêtriſſent, & ils la mâchent par morceaux pour

---

* Ceci eſt compoſé ſur les remarques qui m'ont été communiquées par M.
GAULTIER, Correſpondant de l'Académie Royale des Sciences, Conſeiller au
Conſeil ſupérieur, & Médecin du Roi à Quebec.

appliquer cette réfine graſſe ſur les coutures de leurs canots; enſuite ils l'étendent avec un tiſon allumé : cette opération, toute ſimple qu'elle eſt, ſuffit pour rendre leurs canots étanches.

Lorſque l'on veut retirer de ces Pins une grande quantité de réfine, on choiſit les arbres qui ont quatre ou cinq pieds de circonférence; on fait en terre, à leurs pieds, un trou d'environ huit à neuf pouces de profondeur, & qui puiſſe contenir à peu près deux pintes de cette liqueur : on a ſoin de bien battre la terre pour la rendre moins perméable à la réfine : les trous nouvellement faits occaſionnent néanmoins quelque déchet; mais le ſuc réfineux qui coule en premier lieu, ſe mêlant avec la terre, forme un maſtic aſſez dur pour retenir parfaitement la réfine qui s'y ramaſſe enſuite.

Quoiqu'on ait l'attention de bien nettoyer le terrein aux environs des foſſes, cependant il ſe mêle toujours avec la réfine un peu de ſable, des feuilles, de petits morceaux de bois, &c. Nous indiquerons dans la ſuite par quelle opération la réfine ſe purifie de toutes ces ordures.

Nous remarquerons ſeulement en paſſant, que dans quelques pays on fait au pied de l'arbre & dans ſa ſubſtance même, une entaille aſſez profonde pour y pratiquer une petite auge dans laquelle ſe ramaſſe une réfine beaucoup plus pure que dans les foſſes qui ſe font en terre; mais comme ces entailles endommagent trop les Pins, on doit préférer l'uſage des foſſes.

Quand ces foſſes ſont bien préparées au pied de tous les arbres, peu de temps avant la ſaiſon de faire les entailles, c'eſt-à-dire, vers la fin de Mai, on enleve la groſſe écorce juſqu'au *liber*, de la largeur d'environ ſix pouces: cette précaution eſt d'autant plus néceſſaire, qu'il faut que les inſtruments dont on ſe ſert pour faire ces entailles, ſoient bien tranchants, afin qu'ils ne laiſſent ſur les plaies ni copeaux, ni filaments, qui arrêteroient la réfine & l'empêcheroient de couler facilement dans les foſſes: or la groſſe écorce gâteroit le fil des inſtruments; d'ailleurs il n'eſt pas poſſible d'enlever cette premiere écorce ſans qu'il tombe dans les foſſes beaucoup d'ordures qui ſaliroient la réfine, s'il y en avoit déja de ramaſſée.

Comme le ſuc réfineux coule plus abondamment dans le

temps des grandes chaleurs, on commence; comme nous
l'avons déja dit, à faire les entailles à la fin du mois de Mai;
& l'on continue de les étendre jufqu'au mois de Septembre.

Pour faire ces entailles; après avoir enlevé la groffe écorce,
on commence par emporter avec une erminette bien tranchante, l'écorce intérieure & un petit copeau de bois, de façon
que la plaie n'ait que trois pouces en quarré fur un pouce de
profondeur : cette premiere entaille fe fait vers le pied de
l'arbre.

Auffi-tôt que cette entaille eft faite, le fuc réfineux commence à fuinter en gouttes très-tranfparentes qui fortent du
corps ligneux & d'entre le bois & l'écorce : il n'en fort point,
ou prefque point, de la fubftance de l'écorce. M. Gaultier
s'eft affuré par des expériences, que le fuc réfineux defcend
des branches vers les racines, & qu'il ne découle jamais du
bas de la plaie. Plus il fait chaud, plus le fuc coule avec
abondance : il ceffe entierement de couler quand, au mois de
Septembre, les fraîcheurs fe font fentir. Pour faciliter un plus
abondant écoulement, on a foin de rafraîchir les entailles
tous les quatre ou cinq jours, & même plus fouvent; pour
cet effet, on élargit un peu la plaie, & l'on emporte à chaque fois un copeau de quelques lignes d'épaiffeur; en forte
que la plaie qui, au commencement de l'été, n'avoit que
trois ou quatre pouces de diametre, fe trouve être, au commencement de Septembre, d'un pied & demi de largeur
fur deux à trois pouces de profondeur.

L'année fuivante, au mois de Juin, on ouvre une nouvelle
plaie au deffus de la premiere, & on la conduit de même;
en forte que les Pins qui ont été entaillés pendant douze ou
quinze ans, ont, les unes au deffus des autres, douze ou quinze
plaies qui ont chacune un pied & demi de largeur fur un
pouce & demi ou deux pouces de profondeur: ces différentes
plaies s'étendent jufqu'à la hauteur de douze à quinze pieds, de
maniere qu'il faut fe fervir d'échelles pour faire les dernieres
entailles. Nous avons dit que l'on n'étendoit que peu à peu les
entailles, tant en fuperficie qu'en profondeur; c'eft pour n'endommager les arbres que le moins qu'il eft poffible; d'ailleurs
quelque peu qu'on emporte de bois, cela fuffit pour faciliter
l'effufion de la réfine.

Il eſt aſſez indifférent de quel côté l'on faſſe les entailles : les Ouvriers ſe décident principalement par la forme du tronc de l'arbre, par la ſituation du terrein, & par la commodité qu'ils auront pour faire les foſſes : cependant comme c'eſt dans le temps le plus chaud de l'année que le ſuc coule en plus grande abondance, du moins en Canada, on doit en conclure que quand le ſoleil peut porter ſur les arbres, il y auroit de l'avantage à choiſir le côté du midi pour faire ces entailles.

Lorſque les foſſes ſe trouvent remplies d'une certaine quantité de ſuc réſineux, on le puiſe avec des cuilleres de fer ou de bois, & on le verſe dans des ſeaux pour le porter dans une auge creuſée dans un gros tronc de Pin, & qui peut contenir trois ou quatre barrils.

On tient cette auge élevée ſur des treteaux, afin de pouvoir placer des ſeaux au-deſſous, pour en retirer la ſubſtance réſineuſe ; & pour cela, on n'a qu'à déboucher un trou pratiqué au fond de l'auge, & fermé avec un tampon de bois.

Enfin, quand on a ſuffiſamment ramaſſé de ce ſuc réſineux, on lui donne une cuiſſon qui le convertit en brai ſec ou en réſine. Avant d'expliquer cette préparation, il eſt bon de faire remarquer que ce ſuc réſineux eſt une eſpece de térébenthine, moins fine à la vérité, moins tranſparente, moins coulante que celle qu'on retire du Sapin & de la Méleſe : elle eſt auſſi plus âcre & d'une odeur plus deſagréable : cependant on l'emploie avec ſuccès dans quelques emplâtres, & ſes vertus different peu de celles des térébenthines du Sapin & de la Méleſe. On pourroit auſſi diſtiller cette ſorte de térébenthine avec de l'eau, pour en tirer l'huile eſſentielle qu'on connoît en Provence ſous le nom d'*Eſprit-de-raze* ; mais il eſt bien inférieur à celui qu'on tire de la térébenthine du Sapin : nous en parlerons dans la ſuite.

Pour cuire le ſuc réſineux, on monte une chaudiere de cuivre rouge, capable de contenir une barrique de liqueur, ſur un fourneau qu'on bâtit ordinairement d'un mêlange de glaiſe, de ſable & de foin : on a grande attention que les bords de ce fourneau ſoient bien exactement joints avec la chaudiere, afin que la fumée du bois ne puiſſe ſe mêler avec celle de la matiere réſineuſe ; car ſans cette précaution la chaleur du

fourneau

fourneau mettroit immanquablement le feu à la réfine, & l'on courroit grand rifque de tout perdre : c'eft encore dans cette vue de prévenir le feu, que l'on pratique à la bouche du fourneau, par laquelle on met le feu, un canal voûté, ou une efpece de gallerie de quatre à cinq pieds de longueur, terminée par un mur de terre épais, qui s'éleve de cinq à fix pieds; moyennant ces précautions, on empêche que les vapeurs brûlantes & la fumée du bois ne fe mêlent avec la fumée de la chaudiere.

Quand tout eft ainfi difpofé, on ouvre le trou du fond de l'auge où l'on a dépofé le fuc réfineux; on le fait couler dans des feaux qui fervent à le tranfporter dans la chaudiere. Lorfque la chaudiere eft prefque remplie, on entretient un feu modéré dans le fourneau avec du bois bien fec; on fait bouillir le fuc réfineux environ pendant cinq à fix heures, & l'on a foin de le remuer continuellement avec une grande fpatule de bois, afin d'empêcher les ordures qui tombent au fond de la chaudiere de fe brûler: on prétend que fi l'on négligeoit cette précaution, la matiere s'enflammeroit, & il feroit alors très-difficile de l'éteindre.

Pour pouvoir connoître fi la fubftance réfineufe eft fuffifamment cuite, on en retire un peu de la chaudiere avec une fpatule, & on la verfe fur un copeau de bois: fi, lorfqu'elle eft refroidie, elle fe réduit en pouffiere en la preffant entre les doigts, alors elle eft fuffifamment cuite, & il faut la retirer de la chaudiere, & la filtrer dans une auge femblable à celle qui avoit fervi à la dépofer au fortir des foffes, & pofée pareillement fur des treteaux. On filtre cette réfine ainfi cuite, afin de la purifier de toutes les immondices dont elle fe trouve encore chargée, malgré toutes les précautions qu'on a pu prendre.

Pour faire ce filtre, on place fur les bords de l'auge des barreaux de bois qui forment un grillage, fur lequel on étend bien proprement de la paille longue à l'épaiffeur de quatre à cinq pouces.

On verfe fur cette paille le fuc réfineux qu'on tire de la chaudiere avec les cuilleres qui fervent à remplir des feaux. Cette réfine, qui eft chaude & coulante, traverfe peu à peu

la paille. Elle dépofe fur ce filtre toutes les immondices, &
elle tombe fort nette dans l'auge.

On la laiffe perdre fa grande chaleur; & avant qu'elle foit
figée, on la tire dans des feaux en débouchant le trou qui eft
au fond de l'auge, & on l'entonne dans des barrils où elle
acheve de fe refroidir & de fe figer : en cet état, cette fubftance
eft brune, dure & caffante : c'eft-là ce qu'on appelle *le Brai-fec*
dont on fait plufieurs fortes de maftics qu'on emploie pour les
carenes des vaiffeaux, & qui peut auffi fervir à faire du brai
gras : nous en parlerons dans la fuite.

Le fuc réfineux du Pin épaiffi par la cuiffon, comme nous
venons de le dire, fert à faire une matiere à peu près femble-
ble au brai-fec : dans les Ports, on l'appelle *Réfine*. Pour y
parvenir, lorfque le fuc réfineux eft cuit & filtré, & avant
qu'il foit refroidi, on verfe dans l'auge, où on l'a dépofée au
fortir de la chaudiere, une huitieme partie d'eau fraîche, ou
un feau d'eau fur huit feaux de réfine. Cette eau froide agit fi
vivement avec le brai-fec qui eft fort chaud, que le tout enfemble bout pendant une heure ou deux; & ce brai, de brun qu'il
étoit, devient d'un beau jaune.

On a foin, pendant l'ébullition, de remuer continuellement cette matiere avec une fpatule; & avant que la réfine
foit figée, on l'entonne dans des barrils où elle fe durcit
comme le brai fec. En cet état elle change de couleur & de
nom; on l'appelle *Réfine*; fondue avec de l'huile, elle fert à
faire une forte de vernis dont on enduit les mâts & les hauts
des vaiffeaux.

Il eft évident que cette couleur que la réfine contracte, eft
l'effet de la grande quantité de particules d'eau, qui reftent
interpofées entre les parties de la réfine, puifque, par cette
opération, le brai augmente de poids.

Avant de terminer ce qui fe pratique au Canada, il eft
bon d'avertir que le bois des Pins qui ont fourni de la réfine
pendant douze ou quinze ans, n'en eft pas moins eftimé pour
toutes fortes d'ouvrages, & que les Ouvriers qui travaillent
le goudron, prétendent que les racines de ces arbres en fourniffent une plus grande quantité que celles des arbres qui n'ont
point été entamés.

Maniere de retirer le Galipot, la Térébenthine, son huile, le Brai sec & la Résine, suivant la méthode qui se pratique aux environs de Bordeaux. *

Il n'y a point de Province dans le Royaume qui fourniſſe autant de différentes eſpeces de réſine de Pin que la Province de Guienne. Cet arbre y croît principalement dans les terres arides & ſabloneuſes, telles que les Landes qui s'étendent le long de la mer, d'une part, du Midi au Nord, depuis Bayonne juſques dans le pays de Médoc; & d'autre part, du Couchant au Levant, depuis le bord de la mer juſqu'au rivage de la Garonne. Dans toute cette étendue, on ne connoît communément qu'une ſeule eſpece de Pin, ſavoir, le Pin des bois de de Lobel, ou le Pin maritime de Dodonée : ce ſont ceux qui ſont marqués ici n°. 2 & n°. 3. Voici comme on retire le Galipot.

Lorſque les Pins ont acquis quatre pieds de circonférence, on fait au pied, & tout près des racines, une entaille de trois pouces de largeur & de ſept à huit pouces de hauteur; on emporte d'abord la groſſe écorce avec une coignée ordinaire; enſuite on enleve l'écorce intérieure & un copeau du bois, avec une eſpece d'erminette bien tranchante; on rafraîchit de temps en temps la plaie avec cet inſtrument, en ſorte qu'elle acquiert dans le cours d'une année un pied de hauteur.

L'année ſuivante on continue d'élever la même inciſion d'un pied; & l'on procede ainſi chaque année, juſqu'à ce qu'on ſoit parvenu à la hauteur de ſept à huit pieds.

La huitieme année, pendant que l'entaille donne du ſuc réſineux, on recommence une nouvelle entaille au pied du même arbre, & dans une ligne parallele aux premieres. Dans le temps que cette nouvelle inciſion fournit du ſuc réſineux, l'ancienne ſe cicatriſe, en ſorte qu'on peut faire ainſi pluſieurs fois le tour d'un Pin, parce qu'on forme dans la ſuite de nouvelles entailles ſur les cicatrices mêmes, ſur-tout quand celui

---

* Ceci eſt fait ſur les Mémoires qui m'ont été envoyés par M. DE CAUPOS, Conſeiller au Parlement de Guienne, & de l'Académie de Bordeaux.

qui eſt chargé de faire les entailles , fait ménager l'arbre autant
qu'il eſt poſſible , en n'enlevant que des copeaux très-minces
toutes les fois qu'il rafraîchit les plaies ; car le ſuc coule toujours plus abondamment des plaies récentes que des anciennes ;
d'ailleurs le plus mince copeau ſuffit pour donner la liberté au
ſuc réſineux de couler. Ce travail exige de l'activité ; car la tâche
d'un homme eſt ordinairement de deux mille cinq cens ou deux
mille huit cens pieds d'arbres , éloignés les uns des autres de
douze à quinze pieds ; & ce travail devient beaucoup plus pé-
nible lorſque les entailles ſont au deſſus de la portée de la
hache ; car alors l'Ouvrier eſt obligé de s'élever ſur une perche, le long de laquelle on a pratiqué des coches figurées en
cul de lampe. Il poſe un pied ſur une de ces coches, il em-
braſſe l'arbre avec l'autre jambe & un de ſes bras, pendant
que de l'autre il fait agir ſa hache ſur le Pin qu'il veut entamer.

Depuis le mois de Mai juſqu'au mois de Septembre, le ſuc
réſineux ſort liquide & coule dans de petites auges de bois
que l'on place au pied des arbres pour la recevoir : ce ſuc liquide ſe nomme *Galipot* ; on peut le regarder comme une eſpece
de térébenthine de Pin.

Le ſuc qui ſort des arbres depuis le mois de Septembre juſqu'en Mai, ſe fige le long de la plaie où il forme une croûte
blanche ſemblable à du ſuif ou à de la cire qui ſe ſeroit refroidie bruſquement : on détache cette croûte avec un inſtrument de fer en forme de ratiſſoire, emmanché au bout d'un
bâton. Cette réſine épaiſſe ſe nomme *Barras* : on mêle le barras
avec le galipot pour faire du brai-ſec ou de la réſine : nous en
rapporterons le procédé.

Outre ces inciſions, il ſort encore naturellement de l'écorce
des Pins, des gouttes de réſine qui ſe deſſechent & forment des
grains que l'on emploie au lieu d'encens dans les Egliſes de
campagne : les Marchands ſont très-ſoupçonnés d'en mêler
avec l'encens du Levant. Comme cette extravaſation de ſuc
propre arrive ſur-tout aux Pins qui ſont près de mourir, c'eſt le
dernier produit de ces arbres que l'âge a affoiblis , & que les
entailles ont épuiſés au point de ne plus donner de réſine.

Pour faire le brai-ſec, on cuit le galipot & le barras dans
de grandes chaudieres de cuivre dont les bords ſont renverſés

de deux à trois pouces : ces chaudieres font montées fur des fourneaux de brique.

Quand le fuc réfineux a pris une cuiffon convenable, on le filtre au travers d'une couche de paille comme on le pratique en Canada; enfuite on le coule dans des moules creufés dans le fable : nous parlerons plus bas de ces moules.

Pour faire la réfine, on a foin de pratiquer au bord de la chaudiere une gouttiere de fix ou huit pouces de longueur.

On établit auprès du fourneau, & fous la gouttiere de la chaudiere, une Tofte; c'eft une auge creufée dans un tronçon de Pin : on remplit d'eau cette auge; l'Ouvrier verfe peu à peu de cette eau dans la chaudiere où le fuc réfineux a été fondu : cette matiere fe gonfle, & une partie découle par la gouttiere dans l'auge.

L'Ouvrier prend continuellement la réfine qui tombe dans la tofte, & la remet dans la chaudiere; il braffe & mêle bien le tout, en forte que la réfine, qui fe mêle continuellement avec l'eau, change de couleur : fi l'on a foin d'entretenir fans ceffe un feu égal, & de ne pas interrompre cette circulation de la tofte à la chaudiere, la réfine devient prefque auffi jaune que la cire.

Quand la réfine a acquis cette couleur, & qu'elle eft bien cuite, on la fait filtrer au travers d'un peu de paille dans une autre tofte, d'où elle va fe rendre dans des moules pratiqués dans le fable, pour la former en pains.

On trace le contour des moules avec une branche fourchue qui fert de compas : on coupe le fable avec un couteau; quand on a ôté la terre, on en bat les bords & le fond avec des palettes de bois, & on forme ainfi des moules fort propres & de dimenfions affez égales, pour que tous les pains de réfine foient à peu près d'un même poids, qui eft ordinairement depuis cent cinquante jufqu'à deux cens pefant.

Suivant la qualité du fable dans lequel on forme les moules, ces pains de réfine ont un coup d'œil plus ou moins avantageux; & cela n'eft pas indifférent pour la vente.

On ramaffe enfuite avec foin la paille qui a fervi à filtrer la réfine, tous les morceaux de bois & les feuilles qui font imbues de réfine : on pourroit en faire du noir de fumée ou du noir à noircir, comme nous l'avons dit dans l'article de la Mélese; ou les réserver pour les mettre dans les fourneaux à goudron; mais aux environs de Bordeaux, on fait brûler dans des fours tous ces corps chargés de résine; & suivant que l'on conduit le feu, ou que l'on fait cuire plus ou moins la résine qui en découle, on obtient une matiere résineuse plus ou moins noire ou plus ou moins dure; on la renferme ensuite dans des barrils pour en faire la vente: c'est une espece de brai plus ou moins gras qu'on nomme, quoique mal-à-propos, *Poix-noire.*

Le galipot, cette matiere liquide qui découle des Pins pendant l'été, peut, lorsqu'il n'a point été épaissi par la cuisson; être mis dans la classe des térébenthines. Les Sapins, proprement dits, sont, comme on le sait, les seuls arbres de nos forêts qui fournissent la bonne & la véritable térébenthine: les Méleses en fournissent encore, mais la qualité en est moins parfaite; enfin les Pins dont il est ici question en fournissent aussi, comme nous venons de le dire, mais elle est bien inférieure à celle des Méleses. Outre l'odeur, la saveur & la transparence qui distingue ces différentes térébenthines, il y a encore une autre propriété qui les caractérise; c'est la facilité qu'elles ont à s'épaissir. Celle du Sapin conserve mieux que toutes les autres sa liquidité, & le suc résineux du Pin est celui qui la perd le plus aisément.

Si l'on regarde ces différentes térébenthines comme une espece de sirop résineux, c'est-à-dire, comme de la résine ou brai-sec, ou de la colophone, ou de la poix seche dissoute dans un peu de seve ou d'eau, à l'aide de beaucoup d'essence de térébenthine qui s'échappe dans la cuisson, & qu'on retire par distillation, on peut dire alors que le galipot est surchargé de résine concrete ou de barras.

Pour en séparer la matiere la plus fluide, le sirop le plus clair, qu'on nomme *Térébenthine du Pin,* on met le galipot, suivant ce qui se pratique dans les forêts de la Guienne, dans des auges de bois dont le fond est assemblé à plat joint, mais peu exactement; alors en exposant ces auges au soleil, la partie la plus fluide du galipot coule par les fentes de l'auge, & fournit une liqueur résineuse assez transparente, de consistance de sirop épais, qu'on appelle *Térébenthine de soleil,* ou

Térébenthine fine, qui cependant ne mérite cette diſtinction
que par comparaiſon à celle que l'on nomme *Térébenthine de
chaudiere*, qui n'eſt faite qu'avec le galipot ſimplement fondu
dans la chaudiere où l'on cuit le brai-ſec & la réſine.

Cette derniere térébenthine eſt opaque, plus épaiſſe que
l'autre, & elle a plus de diſpoſition à ſe deſſécher, non-ſeulement parce qu'elle eſt plus chargée de barras, mais encore
parce que l'action du feu lui fait perdre une partie de ſon huile
eſſentielle.

Ce qui reſte dans l'auge de bois & dans la chaudiere peut
être cuit & converti en brai ſec ou en réſine ; mais on prétend que ces ſubſtances ſont alors d'une qualité inférieure.
Cette raiſon, & le peu de mérite qu'a la térébenthine de Pin,
fait qu'on n'en retire guere, & qu'on eſt dans l'uſage de cuire
tout le galipot. Il y en a qui mettent fondre enſemble le barras
& le galipot. Cette matiere, qui n'eſt point fluide reſte graſſe,
& ils la vendent en barrils ſous le nom de *Poix graſſe* : nous
croyons cependant que la véritable *Poix graſſe*, ou *Poix de Bourgogne*, ſe tire des Piceas. (Voyez *A B I E S.*)

Si l'on veut retirer de *l'Eſſence de Térébenthine*, on diſtille le
galipot avec de l'eau, comme nous l'avons dit ailleurs : l'eſſence monte avec l'eau, & on trouve dans la cucurbite une
réſine peu différente de celle qu'on a cuite dans la chaudiere ;
on la mêle ordinairement avec le galipot & le barras pour
cuire le tout enſemble & en former des pains.

De la façon de retirer différentes ſubſtances réſineuſes du Pin, ſuivant les pratiques de Provence.

Suivant ce que j'ai vu moi-même pratiquer en Provence, &
ſelon les réponſes que m'ont bien voulu procurer M. Roux de
la Valdone, M. Lambert, Controlleur de la Marine à Toulon,
&c. je trouve que les pratiques de Provence différent peu de
celles qu'on ſuit aux environs de Bordeaux ; c'eſt pour cela que
je me bornerai à quelques remarques qui, en expoſant d'une
maniere ſuffiſante ce qui ſe fait en Provence, jetteront encore quelque jour ſur les pratiques du Canada, & ſur celles de
Bordeaux précédemment détaillées.

1°. On commence à entailler les Pins à l'âge de vingt ans, quand ils ont à peu près deux ou trois pieds de circonférence.

2°. On ne tire point de réfine de l'efpece de Pin Pinnier, n°. 1, ni d'une autre qu'ils nomment *Pinfot*; mais feulement de celui qu'ils appellent *Pin blanc*, qui eft un Pin maritime.

3°. Les Pins qui croiffent dans les terreins fubftantieux, fourniffent plus de réfine que ceux qui croiffent dans les lieux arides : il en découle davantage dans les années pluvieufes ; mais auffi le temps des pluies eft fort incommode pour le travail des fubftances réfineufes : enfin les jeunes Pins donnent de la réfine auffi bien que les vieux, mais ils durent moins longtemps.

4°. Un Pin de bon âge & bien ménagé, fournit de la réfine pendant quinze à vingt ans.

5.° On fait les entailles de quatre pouces de largeur ; on les rafraîchit tous les quinze jours en ôtant un copeau d'une ligne d'épaiffeur, & on étend la longueur de la plaie, de forte qu'ordinairement on allonge tous les ans l'entaille d'un pied, & l'on ceffe quand elle a cinq pieds de hauteur ; après quoi l'on en ouvre une nouvelle à côté de celle-là : on n'a pas ordinairement d'égard à l'expofition pour faire ces entailles.

6°. La réfine coule toute liquide dans le temps de la force de la feve ; elle ne commence à s'épaiffir qu'en Août ; en Automne & en hyver, elle fe raffemble fur la plaie où elle forme une efpece de croûte : celle qui eft coulante fe nomme *Périnne-vierge.*

7°. La périnne fe raffemble dans des trous que l'on fait en terre au pied des arbres pour la recevoir, & on a foin de la ramaffer toutes les femaines avec une efpece de cuillere de fer, pour tranfporter enfuite dans une foffe où l'on apporte toute la récolte.

8°. Ceux qui veulent ramaffer une efpece de térébenthine qu'on nomme *Bijon*, font une petite foffe au fond de la grande : ce qu'il y a de plus coulant fe ramaffe dans la petite foffe à travers un grillage de branches de Romarin, dont on couvre l'ouverture de cette petite foffe, & qui fait une efpece de filtre ; mais l'eau de la pluie qui s'amaffe dans ces foffes gâte le bijon.

9°. On cuit la périnne-vierge de deux façons, 1°. dans des
                                                    chaudieres,

chaudieres ; comme on le pratique à Bordeaux ; ensuite on la coule en pains dans des baquets dont l'intérieur est garni d'une couche de cendre : cette substance qu'on appelle *Brai sec* dans les ports du Ponent, s'appelle *Rase* en Provence ; on la vend sept à huit livres le quintal. L'autre façon de cuire la périnne-vierge est de la mettre dans de grands alambics avec de l'eau ; mais cette opération ne se fait que dans les mois de Mai & de Juin, quand la périnne est fort coulante.

Il passe par le bec de l'alambic une eau blanchâtre qui emporte avec elle l'huile essentielle de la périnne ; comme cette essence est plus légere que l'eau, elle se porte à la surface : c'est ce qu'on appelle en Provence *Eau de Rase* ; elle est cependant bien différente de la véritable huile essentielle de térébenthine, puisque celle-ci se vend jusqu'à 70 livres le quintal, & que l'eau de rase ne coûte que 12 à 14 livres. On ne se sert de l'eau de rase que pour la mêler dans les peintures communes, afin de les rendre plus coulantes.

10°. Le *Galipot* n'est autre chose que la résine épaisse qui suinte des plaies sur le déclin de la seve ; il y reste attaché par flocons comme du suif figé, & on l'en détache vers la fin de Septembre : c'est-là le *Barras* de Guienne. Les Ciriers l'emploient en cet état pour enduire la meche des flambeaux de poing ; mais la plus grande partie se cuit dans les chaudieres pour le convertir en brai sec ou en rase qui est plus belle que celle que fournit la périnne.

Quand on veut faire de cette rase une résine jaune qu'on appelle en Provence *Belle-résine*, on la tire de la chaudiere ; & quand elle est assez refroidie, pour ne plus faire de bruit, on la bat avec de l'eau qu'on y mêle peu à peu, de sorte qu'on verse environ trente livres pesant d'eau sur quatre cens pesant de rase : elle devient en premier lieu verdâtre, ensuite elle jaunit. Pour connoître si elle est entierement jaune, les Ouvriers trempent leurs mains dans l'eau, puis ils les plongent dans la résine ; elles sortent couvertes d'un gand qu'ils rompent pour reconnoître la couleur qu'elle a prise.

11°. Un beau Pin fournit par an douze à quinze livres de résine.

12°. Sur la question que j'ai faite, savoir si le bois des Pins,

Tome II. V.

dont on a tiré la réfine, eft bon pour toutes fortes de fervi-
ces, les fentiments fe font trouvés partagés; mais le plus grand
nombre affure que ce bois eft encore très-bon, & que l'extraction de la réfine n'altere point fa qualité.

13°. Près de Tortofe en Efpagne, on retire la réfine précifément de la même maniere qu'en Provence, excepté qu'ils
font les gobes ou les petites auges au pied des arbres, & dans
le bois même, pour recevoir la réfine; ce qui, comme nous
l'avons dit, endommage les arbres.

Maniere de retirer le Goudron, en Provence, en Guienne, à la Louyfiane, &c.

Le *Goudron* eft une fubftance noire, affez liquide, qu'on
peut regarder comme un mélange du fuc propre du Pin diffous
avec la feve de cet arbre, & qui eft noirci par les fuliginofi-
tés, lefquelles, en circulant dans le fourneau, fe mêlent avec
la liqueur qui coule du bois.

Cette matiere fe retire, en réduifant le bois des Pins en
charbon, dans des fourneaux conftruits exprès: la chaleur du
feu qui agit alors très-fortement fur le bois, fait fondre la réfine, qui, fe mêlant avec la feve du bois, coule au fond du
fourneau. Il fuit de-là que le goudron fe trouve fort réfineux
quand on charge le fourneau avec des morceaux de Pins très-
gras; & qu'il eft très-fluide, ou peu réfineux, quand on charge
les fourneaux avec du Pin maigre: on n'obtient de cette derniere efpece de bois, qu'une feve peu chargée de réfine, &
qui n'eft pas eftimée.

On diftingue les Pins en Provence, en *Pins rouges* & en *Pins
blancs.* Il n'eft cependant pas certain que ce foit deux efpeces
différentes de Pins. La différence de couleur qu'on apperçoit
dans l'intérieur des Pins qu'on abat, peut venir de ce que les
uns abondent plus en réfine que les autres. M. le Roux de Valdone, qui a bien examiné cette matiere, le penfe comme
nous; il croit que c'eft l'âge & la nature du terrein, qui occa-
fionnent la couleur rouge du bois des Pins. Quoi qu'il en foit,
nous avons déjà dit que les Pins blancs étoient ceux qui four-

niſſoient le plus de réſine lorſqu’on leur a fait des entailles ; & que ce ſont les Pins rouges qui fourniſſent le meilleur gou- dron.

Nous avons dit encore dans l’article du Sapin, que l’Epicia fournit beaucoup de poix par les inciſions qu’on lui fait ; & que cependant, comme ſon bois eſt fort ſec, il ne ſeroit pas propre à donner du goudron. Ces obſervations tendroient à faire ſoupçonner que dans les Pins gras le ſuc propre, qui eſt la réſine, ſe ſeroit extravaſé, & qu’il auroit paſſé dans les vaiſ- ſeaux limphatiques, ou qu’il ſeroit trop épais pour couler par les inciſions : en effet M. le Roux de Valdone a remarqué qu’on ne peut diſtinguer par l’extérieur les Pins rouges d’avec les Pins blancs ; mais ſeulement que l’on peut décider qu’un Pin eſt rouge, quand on apperçoit ſur ceux qui ſont devenus gros une eſpece de champignon, qu’on appelle *Bouret*, qui ſe forme ſur les nœuds des branches que l’on a coupées en élaguant les arbres ; qu’il y a des terreins où l’on ne trouve point de Pins rouges, mais que les arbres de cette eſpece ſe rencontrent aſſez fréquemment ſur les côteaux pierreux expoſés au Midi. Ce n’eſt cependant que des ſeuls Pins rouges qu’on retire le goudron ; les Pins blancs n’en donneroient que bien peu, ſi ce n’eſt qu’on y employât les troncs des vieux pieds qui ayant été entaillés, ne pourroient plus fournir de ſeve réſineuſe ; car la partie de l’arbre qui répond aux plaies en ayant été im- prégnée pendant pluſieurs années, peut encore fournir du goudron, mais non toutefois en auſſi grande quantité, ni auſſi gras que le Pin rouge.

On retire auſſi du goudron, des copeaux qu’on a faits en entaillant les Pins, de la paille qui a ſervi à filtrer le brai ſec, des feuilles, des morceaux de bois, des mottes de terre, &c. qui ſont imbus de réſine.

Aux environs de Briançon on fait des entailles aux Pins ; & quand la plaie eſt chargée de réſine, on enleve un copeau le plus mince qu’il eſt poſſible ; ce copeau chargé de réſine, eſt mis à part pour en faire du goudron, & la plaie ſe trouve rafraîchie par ce procédé.

Les ſouches des Pins que l’on abat, ne repouſſent point ; on les arrache de terre, & on en retire les racines pour en faire du goudron ; enfin toutes les parties de l'arbre, même les branches, sont propres à cet usage, pourvu que le bois en soit gras & fort résineux.

En faisant le goudron on peut se proposer deux objets ; l'un est de retirer cette substance résineuse, & l'autre de faire du charbon.

Si l'objet principal est d'avoir du charbon, on met dans le fourneau toutes les parties du tronc & des branches : mais si le principal objet est d'en extraire le goudron, on choisit le cœur de l'arbre qui est rouge, les nœuds & toutes les veines résineuses ; le goudron qu'on en fait est alors beaucoup plus gras.

Comme il faut que le bois soit à moitié sec pour en bien extraire le goudron, on a coutume en Provence d'abattre les Pins rouges dans le mois de Mars ; mais dans les pays où l'on fait beaucoup de goudron, on abat les arbres dans tout le cours de l'année, & on les porte au fourneau quand ils sont parvenus au degré de sécheresse convenable.

Lorsqu'on charge les fourneaux avec du bois bien rouge & bien résineux, on en retire à peu près le quart de son poids de bon goudron, c'est-à-dire, vingt-cinq pour cent ; mais le plus ordinairement on n'en retire que dix ou douze pour cent.

Ce que nous allons dire dans l'article suivant sur la façon de retirer le goudron, a son application pour ce que nous traitons présentement ; néanmoins comme il est bon d'être instruit de ce qui se pratique dans différents pays, nous allons parcourir ces différents usages : nous commencerons par ceux de Provence.

Quand le bois est au degré de sécheresse convenable, on le coupe en petites pieces d'environ dix-huit pouces de longueur sur un pouce ou un pouce & demi de grosseur. On les arrange dans le fourneau pour la plus grande partie, par lits qui se croisent en formant des grilles, & on foure verticalement des morceaux de bois pour remplir les vuides.

Les fourneaux de Provence ont la forme de grandes cruches, & ils ressemblent beaucoup à ceux qu'on fait dans le Valais, si ce n'est qu'une partie du fourneau est enfoncée en terre : ces fourneaux ont au fond dix-huit pouces en dedans, à la partie la plus large cinq pieds, qu'on réduit à deux vers la bouche : cette largeur eſt néceſſaire afin qu'un homme puiſſe entrer dans le fourneau avec un panier rempli de bois. Cette partie du fourneau eſt fortifiée par des frettes de fer.

L'intérieur du fourneau a environ cinq pieds de hauteur.

Pendant que le charbon ſe forme, comme nous le dirons dans l'article ſuivant, le goudron coule dans un réſervoir qu'on a ſoin de tenir à couvert de la pluie.

Les fours des environs de Bordeaux ſont d'une forme différente ; ils ont la figure d'un cône tronqué, dont la baſe eſt de quatre toiſes de diametre, & la hauteur d'une toiſe & demie.

Le fond eſt exactement pavé de briques ; il eſt traverſé par une rigole faite d'un jeune Pin équarri, & auquel on a fait des coches aux angles. Le fond de cette rigole doit être de la hauteur d'un tuyau d'environ un pouce & demi de diametre ; c'eſt par là que le goudron coule pour ſe rendre dans un baquet.

On emporte tout l'aubier des Pins, puis on fend le cœur en barreaux d'un pouce en quarré ſur trois pieds de longueur.

On remplit l'intérieur du four avec ces billots qu'on arrange avec ſoin, & on couvre le deſſus avec des gazons bien battus ; on en laiſſe ſeulement quelques-uns qui le ſont moins, afin de pouvoir les enlever pour allumer le feu qui ſe met par le haut, ou pour le ranimer, s'il venoit à s'éteindre.

Toutes ces petites billes s'allument ; & quand on conduit bien l'action du feu, le goudron ſe rend dans la rigole, les impuretés s'arrêtent dans les entailles du Pin qu'on y a couché, & la matiere épurée ſe rend par la rigole dans le baquet : on termine l'opération par fermer exactement toutes les ouvertures du four, & quelques jours après on tire du fourneau le charbon qui s'y eſt formé.

A Tortoſe en Eſpagne, on fait les fourneaux de la même forme qu'en Provence ; mais on y arrange tout le bois debout, c'eſt-à-dire perpendiculairement, & l'on ne ferme point le haut du fourneau : c'eſt peut-être que l'on ne s'embarraſſe pas d'en ramaſſer le charbon, puiſqu'on le laiſſe entierement conſumer ; je crois cependant qu'en ſuivant cette méthode, on perd auſſi beaucoup de goudron.

Le meilleur goudron fe vend dix livres le quintal.

On avoit envoyé à la Louyfiane des Bifcayens pour en-feigner aux habitants à faire du goudron ; mais la pratique qu'ils fuivent aujourd'hui leur eft plus avantageufe que celle qu'ils tiennent de leurs premiers maîtres.

1°. On choifit pour établir le fourneau un terrein en pente, pour faciliter l'écoulement du goudron.

2°. On marque le centre du fourneau par un mât fait d'un jeune Pin d'environ dix-huit à vingt pieds de longueur, & bien affujetti en terre.

3°. On emporte des gazons dans toute l'étendue du four-neau, & on bat la terre pour l'affermir, comme lorfqu'on fait une aire pour battre le grain; mais on fait en forte de former le fond du fourneau en calotte renverfée, & de mé-nager la pente vers une dalle de pierre qu'on place pour l'é-coulement du goudron.

4.° On forme tout autour du fourneau un rebord de terre bien battue d'un pied & demi ou deux pieds, pour retenir encore plus fûrement le goudron dans l'intérieur du fourneau.

5°. Vis-à-vis la dalle de pierre par laquelle le goudron doit s'écouler, on forme avec de la glaife bien battue des gouttieres de cinquante à foixante pieds de longueur, qui vont aboutir à plufieurs trous ou réfervoirs pratiqués dans la terre même, & qu'on revêt auffi avec de la glaife bien battue, afin que le goudron qui doit s'y rendre par les gouttieres, ne fe perde pas dans la terre.

6°. On a foin que tous ces réfervoirs foient d'égale gran-deur ; ou bien on en marque exactement les dimenfions, afin de pouvoir connoître précifément de combien le goudron peut avoir diminué après que l'on y a mis le feu : nous en expliquerons dans la fuite les raifons.

7°. On ne doit charger le fourneau qu'avec du bois fec; c'eft pour cela que l'on préfere d'y employer les arbres morts qu'on trouve dans les forêts.

8°. On fend ces arbres pour les réduire en cotrets, à peu près comme font les Boulangers pour chauffer leurs fours; dans le temps de cette opération, on met à part tous les nœuds qui ne peuvent fe fendre, & tous les copeaux.

9°. On arrange les cotrets à plat, de façon qu'un bout foit tourné du côté du mâtreau qui eft au milieu, & l'autre bout à la circonférence. On a foin qu'il ne refte entre les morceaux de bois, que le moins de vuide qu'il eft poffible, & l'on remplit avec des copeaux tous les endroits où les cotrets ne fe touchent pas exactement.

10°. On éleve ainfi le fourneau jufqu'à treize ou quatorze pieds de hauteur, ayant toujours foin de bien remplir les vuides; car fans cette attention, le feu qui fe communiqueroit dans toutes les parties du fourneau, brûleroit le goudron, au lieu que fa chaleur doit le faire fimplement couler.

11°. On termine le fourneau en le chargeant en forme de calotte avec les nœuds & les morceaux de bois qui n'ont pu fe fendre; en forte que quand tout le bois eft ainfi arrangé, il forme un monceau qui repréfente un mulon de foin.

12°. Alors on abat des Pins tout verds; on en coupe les menues branches chargées de feuilles, & l'on en équarrit les troncs pour les ufages que nous allons expliquer : on a foin de mettre les copeaux à part, ils fervent à charger d'autres fourneaux.

13°. On foure tout autour du fourneau, entre les morceaux de bois, des rames de Pin chargées de leurs feuilles, pour former ce qu'on appelle *la chemife* : cette chemife doit couvrir tellement le bois, qu'il paroiffe que le mulon n'eft formé que de rames feuillées & vertes.

14°. Pendant ce travail on fait des trous de tariere aux troncs que l'on a groffierement équarris, enfuite on les pofe de plat les uns fur les autres, & on les retient avec des chevilles pour en faire un mur de bois, ou une cloifon qui renferme les fourneaux à la diftance d'un pied de la chemife : comme il n'y a point de pierres au Miffiffipi, cette induftrie y devient néceffaire.

15°. L'intervalle qui refte entre ce mur & la chemife du mulon, eft très-exactement rempli avec des gazons & de la terre qu'on arrange foigneufement.

16°. On ménage au haut du four une ouverture par laquelle on y met le feu; on laiffe auffi à différents endroits du fommet quelques ouvertures de diftance en diftance, afin que le

feu se communique dans toutes les parties du fourneau; mais
auffi dès que l'on apperçoit que le feu prend avec trop d'ardeur dans certains endroits, on en modere l'action en fermant ces ouvertures avec des gazons.

17°. On veille ainfi le fourneau jufqu'à ce que tout foit confommé. Pendant que le bois fe réduit peu à peu en charbon, le goudron coule par les gouttieres dans les réfervoirs
pratiqués pour le recevoir.

Cette façon de retirer le goudron eft très-bonne pour les
pays où les Pins font très-communs. A l'égard des lieux où ces
arbres font plus rares, on doit préférer d'y conftruire les fourneaux en forme d'un œuf; ils ont cet avantage que l'on en retire plus exactement tout le goudron que le bois peut fournir.

Maniere de tirer le Goudron & le Brai-gras, dans le Valais.

On abat dans le courant de l'été les Pins qu'on deftine à
être brûlés pour en retirer le goudron. Les Ouvriers favent la
quantité qu'ils peuvent en employer; & ils reglent leur coupe
de façon que dans le temps qu'ils chargent leurs fourneaux, le
bois ne foit ni trop fec ni trop verd : car, pour bien faire, il
doit n'être qu'à demi defféché.

Comme toutes les parties du Pin; favoir, le tronc, les branches
& même l'écorce fourniffent du goudron; on coupe les branches
d'une longueur proportionnée à la grandeur des fourneaux,
& l'on fend les gros troncs pour les réduire en buchettes comme
des cotrets.

Dans le Valais où la plupart des Payfans entendent fort
bien l'extraction du goudron, ils bâtiffent leurs fourneaux avec
de la terre à four & de la pierre, & ils donnent à ces fourneaux la figure d'un œuf pofé fur fon petit bout.

Le fond eft formé d'une feule ou de plufieurs pierres de
taille, mais exactement jointes. La pierre qui forme le fond
du fourneau, eft creufée, & de la même figure que l'intérieur
de la coque d'un œuf. A l'un de fes côtés il y a un trou
d'un pouce & demi ou environ de diametre, de fix pouces
de

de pente du dedans au dehors, & qui commence à cinq pouces du fond de la pierre : on ajuste à l'orifice extérieur & à
cinq ou six pouces plus haut que le fond du fourneau, un
bout de canon de fusil de gros calibre, & on met une grande
grille de fer sur le fond de ce fourneau qui est creusé en calotte.

On bâtit ces fourneaux de différentes grandeurs, selon
la quantité de bois que l'on a à brûler : les plus grands ont
dans œuvre environ dix pieds de hauteur, sur cinq à six pieds
de diametre à la partie la plus large qui est à la moitié de la
hauteur, & de là en diminuant jusques vers la bouche, où la
partie supérieure du fourneau se trouve réduite à deux pieds &
demi de diametre : les parois ont environ un pied & demi
d'épaisseur. Ces dimensions sont suffisantes pour donner une
idée de ces fourneaux.

On construit en pierre de taille le bas du fourneau depuis
la pierre creuse qui fait son premier établissement, jusqu'aux
deux tiers de sa hauteur ; le reste s'acheve avec du moëllon
& de la terre à four.

Quand ces fourneaux sont achevés, ils ont, tant par le dehors que par le dedans, comme nous l'avons dit, la figure
d'un œuf. On les laisse bien sécher, & l'on a soin de réparer
les gersures qui se font, soit au dedans, soit au dehors, avec
la même terre qui a servi à les bâtir ; en sorte que quand ces
fourneaux sont parfaits, ils paroissent très-proprement enduits
de terre, tant en dedans qu'en dehors : alors on les charge de
bois, & on l'arrange comme nous l'allons dire.

On fait avec les petites bûches ou bâtons de cotret d'un
pied & demi ou de deux pieds de longueur, des faisceaux ou
fagots liés avec des harts de Coudrier ou de Viorne, & l'on
proportionne la grosseur des fagots à l'ouverture du fourneau ;
car il faut qu'ils puissent y entrer facilement.

On descend un de ces fagots dans le fond du fourneau, &
l'on pose un de ses bouts sur la grille ; on en coupe le lien
avec une lame de couteau emmanchée au bout d'un bâton ; ensuite on étend les morceaux de bois, & on remplit les vuides
avec des copeaux. Ce premier plan étant établi, on en fait un
second de la même maniere, puis un troisieme, &c. jusqu'à ce
que le fourneau soit assez rempli, pour qu'on puisse toucher

Tome II.   X

le bois avec les mains ; alors on ne fait plus de faifceaux, mais
on pofe avec la main & l'on arrange d'autres billes de bois,
çe qui fe fait toujours plus régulierement que quand on ne
peut y atteindre qu'avec une perche.

Quand le fourneau eft rempli, on met par deffus environ
quatre pouces d'épaiffeur de copeaux du même bois, bien fecs;
enfin on pofe fur les bords de la bouche du fourneau, les
unes fur les autres, des pierres plates, de façon qu'à mefure
qu'elles fe furmontent, elles ferment de plus en plus l'ouverture du fourneau, & forment une chape au centre de laquelle
on laiffe un vuide d'environ quatre à cinq pouces de diametre.

Le fourneau étant ainfi achevé, on met le feu aux copeaux
fecs qui font au haut du fourneau, & les Ouvriers qui connoiffent par habitude, quand le feu eft affez allumé, faififfent
le temps convenable pour fermer l'ouverture avec une grande
pierre plate, & ils chargent entierement la chape de terre:
s'ils apperçoivent des fufées de fumée un peu fortes, ils les
arrêtent avec des pellées de terre, qu'ils appliquent aux endroits d'où elles s'échappent.

Quand cette manœuvre eft bien conduite, le bois fe cuit
en charbon, & le goudron qui en eft la partie réfineufe, jointe
avec la feve, coule fous la grille dans la cavité qui eft au fond
du fourneau. Lorfque cette cavité eft remplie jufqu'à la hauteur du trou où eft adapté le tuyau de fer, cette matiere
s'écoule dans des barrils qui la reçoivent : c'eft là le goudron ou
le brai liquide, qui fert à enduire les cordages qui font expofés à l'eau.

Les Ouvriers connoiffent, par une habitude que l'ufage feul
peut former, fi le bois a rendu toute fa' fubftance réfineufe;
alors ils ouvrent le haut du fourneau; & d'abord ils jettent la
terre qu'ils avoient mife fur la chape, & enfuite ils emportent les pierres plates fur lefquelles ils ramaffent les fuliginofi-
tés qui s'y étoient attachées de même qu'aux parois intérieures du fourneau (c'eft le noir de fumée); enfin ils retirent le
charbon qui s'eft amaffé fur la grille, & ils remettent du bois
dans le fourneau pour recommencer la même opération.

Les impuretés plus pefantes que le goudron, avec lequel
elles étoient mêlées, reftent fur la pierre qui fert de fond au

fourneau, pendant que le goudron coule de fuperficie par le
canal de fer qui eft, comme nous l'avons dit, de cinq à fix
pouces plus élevé que le fond de cette pierre.

Pour peu que l'on conçoive la fuite de cette opération, on
conclut que tout l'art confifte à bien conduire le feu ; car fi
l'on tient le fourneau trop exactement fermé, le feu s'éteint,
le bois ne fe réduit qu'imparfaitement en charbon, & l'on
ne retire que très-peu de goudron ; fi au contraire on donne
trop d'air au fourneau, alors le bois brûle trop vivement ; une
grande partie de la matiere réfineufe fe confume, & le produit du goudron fe trouve ainfi diminué : mais quand le feu
eft bien conduit, il s'entretient dans le fourneau fans produire
de flamme ; la chaleur, la fumée & les vapeurs qui fe réver-
berent fur le bois à peu près comme fur les matieres contenues dans la machine de Papin, font couler à la fois la réfine & la feve du bois mêlées enfemble.

Il femble qu'on parviendroit à graduer plus aifément le feu,
fi l'ouverture du haut du fourneau, au lieu d'être fermée
avec des pierres & du gazon, l'étoit par un dôme auquel
on adapteroit des regiftres de différente grandeur, que l'on
pourroit ouvrir ou fermer fuivant le befoin ; mais l'habitude
des Ouvriers fupplée à ces induftries, & ils trouvent le moyen
de parvenir à produire le même effet, en fe fervant à propos
des pierres plates & de la terre qu'ils ont fous la main.

On entonne le goudron liquide dans des barrils pour pouvoir
le tranfporter dans les Ports de mer, où il s'en fait une grande
confommation pour enduire les cordages qui font expofés à
l'eau, auffi-bien que les bois que l'on en revêt, en place de
peinture.

Les mêmes Ouvriers qui retirent le goudron du Pin, en
retirent encore par une opération qui eft peu différente de la
précédente, une autre matiere qu'on appelle *Brai-gras.*

Pour cet effet ils ferment le canal par lequel couloit leur
goudron ; ils chargent leur fourneau avec du bois plus verd &
plus menu que celui qu'on emploie pour le goudron ; ils po-
fent ce bois horizontalement ; ils mettent en premier lieu un
lit de ces petites bûches, enfuite un lit de copeaux fecs du
même bois, & fur le tout un lit de colophone, ou de brai-fec

X ij

de poix feche: il leur importe peu que ces fubftances viennent de la Mélefe, du Pin ou de l'Epicia; mais ils emploient par préférence toutes ces matieres quand elles font chargées de feuilles ou d'autres faletés. Ils continuent de remplir ainfi alternativement leur fourneau, par lits de bois verd, de copeaux fecs & de réfine, & ils terminent leur fourneau par des copeaux fecs: ils y forment une efpece de chape, comme nous avons dit; mais ils ont grande attention d'en fermer plus exactement les ouvertures, & de conduire plus lentement leur feu. La réfine fond, elle fe mêle avec la feve réfineufe du bois, tout fe réunit au bas du fourneau où le brai doit prendre un certain degré de cuiffon; car on ne débouche le canal que quand tout le bois eft réduit en charbon. C'eft là que l'expérience des Ouvriers influe beaucoup fur la perfection du travail: car fi on ne laiffe pas couler affez tôt le brai, il devient trop fec, & il fouffre un grand déchet; fi l'on débouche trop tôt l'ouverture, le brai fe trouve trop liquide, il tient trop de la nature du goudron. On ne peut cependant connoître le terme précis pour déboucher le canal, qu'en appliquant les mains fur les pierres de taille qui forment le bas du fourneau; leur degré de chaleur indique s'il eft temps de laiffer couler le brai; & ce degré de chaleur doit être plus ou moins grand, fuivant l'étendue du fourneau. Les Ouvriers favent à la vérité qu'il leur faut à peu près fept à huit jours de temps pour faire une cuite; mais les vents fecs ou humides, le plus ou le moins de temps qu'il faut pour fermer le fourneau, avec des pierres & de la terre; enfin la promptitude avec laquelle le feu eft allumé, toutes ces circonftances avancent ou retardent l'opération, & fouvent elles influent fur la qualité ou fur la quantité du goudron qu'on retire; de maniere qu'il arrive que certains Ouvriers obtiennent d'un même fourneau beaucoup plus de goudron que d'autres n'en pourroient faire.

Après avoir débouché le canal, le brai coule dans des baquets difpofés pour le recevoir, & on l'entonne dans des barrils pour le tranfporter dans les Ports de mer, où on l'emploie à carener & à enduire prefque tout le corps des vaiffeaux.

On trouve, comme nous l'avons dit, dans l'intérieur du fourneau, un noir de fumée qu'on ramaffe avec une ratiffoire

dont les bords font relevés ; on retire du même fourneau le
charbon qui y eft refté, & on recommence à charger de nouveau le même fourneau.

Les dimenfions que nous avons données pour la conftruction
des fourneaux ne font que des à-peu-près ; car il y en a de
grands, de médiocres & de petits : chaque grandeur de fourneau a des dimenfions qui lui font propres, & il s'en trouve
de mieux proportionnés les uns que les autres. Dans les fourneaux qui font conftruits dans les proportions les plus exactes,
le bois fe confume mieux, & ils rendent beaucoup plus de
brai que les autres : c'eft pour cette raifon que les ouvriers
qui ont la réputation de les bien bâtir, font fort recherchés.
Un grand fourneau bien conftruit rend quatre cens pefant de
brai pur & bien cuit. Nous allons dire encore un mot fur la
façon de retirer le noir de fumée ; enfuite nous détaillerons
une autre méthode de fabriquer le brai-gras.

Maniere de retirer le Noir de fumée.

Outre le noir de fumée qu'on retire, comme nous l'avons
dit, des fourneaux où on fait le goudron & le brai, on en fait
encore à Paris & ailleurs une affez grande quantité. Pour cet
effet l'on met dans une ou plufieurs marmites de fer, les petits morceaux de rebut de toutes les efpeces de réfine. On
place cette marmite dans le milieu d'un cabinet bien fermé,
& tendu de toutes parts de toile ou de papier : on met le
feu à ces morceaux de réfine qui répandent en brûlant une
très-épaiffe fumée. Les papiers ou les toiles qui revêtent les
parois du cabinet, fe chargent de cette fuliginofité ou de cette
fuie : c'eft ce qu'on appelle *Noir de fumée* ou *Noir à noircir.* On
conferve ce noir dans des barrils, & on l'emploie à différents
ufages, foit pour la teinture, foit pour l'Imprimerie, &c.
L'opération que nous venons de rapporter eft très-dangereufe
par les accidents de feu qu'elle peut occafionner ; ainfi l'on ne
doit faire ce noir que dans des bâtiments abfolument ifolés.
Quelques-uns, pour éviter ces accidents, tendent l'intérieur
des cabinets avec des peaux de mouton.

Nous avons parlé dans l'article, *Abies,* de la maniere dont on fabrique en Allemagne le noir de fumée : on peut y avoir recours pour voir ce que nous en avons dit.

Du Brai-gras.

Nous avons dit que lorfque l'on chargeoit les fourneaux bâtis en œuf avec du Pin extrêmement fourni de réfine, le goudron en couloit bien plus gras ; il l'eft en effet quelquefois à tel point, que, fans autre préparation, on le peut vendre pour du brai-gras. Nous avons encore dit qu'en mêlant du brai-fec avec du bois bien réfineux, & en n'ouvrant le canal de décharge que lorfque la fubftance réfineufe eft fuffifamment cuite, on obtenoit de cette feule opération du brai-gras bien conditionné : voici cependant la méthode la plus ordinaire de faire le brai-gras. On fait fondre dans de grandes chaudieres du brai-fec, avec une partie égale de goudron : fi le goudron eft maigre, il faut augmenter la dofe du brai-fec : fi au contraire il eft fort gras, un tiers de brai-fec fuffit.

Nous apprenons par les réponfes qui ont été faites à nos Mémoires, qu'au Miffiffipi, & en Efpagne dans les forêts de Tortofe, on fait le brai-gras en brûlant le goudron de la maniere fuivante.

A la Louyfiane on fe fert des mêmes foffes où le goudron s'eft raffemblé au fortir du fourneau : en Efpagne au contraire on met le goudron dans une foffe particuliere & bien maçonnée.

On allume le goudron avec un petit morceau de bois bien fec. Après l'avoir laiffé brûler pendant une demi-heure ou environ, fi le trou eft fuffifamment grand pour faire un quintal de brai, on éprouve fi le goudron eft affez épaiffi : pour reconnoître cela, on enfonce dans le goudron un morceau de bois ; on en retire une petite quantité que l'on fait couler dans une écuelle remplie d'eau ; & l'on juge, par la confiftance qu'il prend, s'il eft temps d'éteindre le feu : on éteint le feu en l'étouffant avec un plateau de bois emmanché au bout d'une longue perche.

Le brai-gras fert à enduire les coutures des bordages des vaiffeaux, tant dans la partie fubmergée que fur les ponts.

On le vend dans les forêts de Tortofe quatre ou cinq livres le quintal, & dans les Ports fept à huit livres.

On apperçoit fur le haut des barrils de goudron, une ef-pece d'huile que plufieurs auteurs nomment *Piffeleon.*

On donne encore le nom de *Tarc* au goudron. Il eft déter-fif, defficatif & réfolutif. On s'en fert pour la guérifon des plaies des chevaux & contre la gale des moutons. On fait combien les Anglois ont préconifé l'ufage & les grandes pro-priétés de l'eau de goudron qu'ils prétendent être falutaire pour la guérifon de plufieurs maux invétérés, défefperés, & en particulier pour les ulceres du poumon.

On attribue à la poix-navale, (*Pix-navalis*) les mêmes ver-tus qu'au goudron : elle entre également dans la compofition de plufieurs emplâtres.

Je terminerai cet article des Pins en réfumant les obfer-vations phyfiques qui s'y trouvent répandues, & j'y en ajouterai quelques autres qui ne font point étrangeres au fujet que nous traitons.

1°. Le fuc réfineux ne coule prefque que du corps ligneux; & d'entre le bois & l'écorce; les couches corticales ne four-niffent que quelques gouttes de réfine qui ne méritent aucune attention.

2°. Ce fuc ne commence à couler qu'à la fin du printemps; il coule abondamment pendant l'été, & l'écoulement ceffe vers le milieu de l'automne; ainfi la chaleur eft favorable à fon effufion : il ne fort pas de ces arbres une feule goutte de réfine pendant l'hyver, ou dans les autres faifons lorfqu'il fait froid.

3°. Comme le fuc coule d'autant plus abondamment que la chaleur eft plus grande, les arbres bien expofés au foleil en fourniffent plus que les autres.

4°. Quand on forme les plaies aux arbres dans le temps que leur tronc eft échauffé, on a le plaifir de voir la réfine fuinter fur le champ par petites gouttes tranfparentes comme du cryftal.

5°. Si les entailles que l'on fait aux arbres du côté du Midi donnent plus de réfine que celles de l'expofition du Nord, c'eft parce que la chaleur du foleil favorife l'écoule-ment : en effet, quand le tronc d'un arbre eft à couvert du foleil, il eſt indifférent de quel côté on faſſe les entailles.

6°. Les entailles qu'on fait aux racines des Pins fourniſſent beaucoup de réfine.

7°. Les couches ligneuſes extérieures donnent plus de ré-fine que les intérieures.

8°. La réfine des Pins à cinq feuilles eſt plus coulante que celle des Pins à deux & à trois feuilles: il femble d'ailleurs que ces arbres tiennent le milieu entre les Pins & les Méleſes.

9°. Il ne paroît pas que la déperdition de la réfine affoibliſſe les Pins; & s'il convient de ne point trop étendre ni trop ap-profondir les entailles, c'eſt moins pour éviter cet épuiſement que pour ne point trop diminuer le volume du bois; car cela feroit périr l'arbre, & priveroit les Propriétaires de ce qu'ils en retirent encore quand on les abat: les Pins, comme nous l'avons déja dit, qui ont fourni de la réfine pendant quinze à vingt ans, font de bonnes planches, & peuvent être brûlés pour en extraire le goudron ou pour en faire du charbon.

La réfine paroît couler de la partie fupérieure; & il n'y a pas d'apparence qu'elle monte des racines.

10°. J'ai dit qu'entre le bois & l'écorce il découloit de la réfine: à cette occafion M. Gaultier remarque que les cou-ches du Liber commencent à donner de la réfine lorſqu'elles font partie du corps ligneux.

11°. Comme il y a toujours beaucoup de réfine aux endroits des nœuds, on les choiſit par préférence pour charger les four-neaux de goudron: les racines font auſſi préférées aux bran-ches; même les racines des arbres morts & dont le tronc eſt pourri.

12°. Il y a lieu de croire qu'il fe fait une extravaſation de réfine dans la fubſtance ligneuſe qui eſt près des entailles; car on remarque que ce bois fournit plus de goudron que le reſte du corps des mêmes arbres.

13°. Il eſt bon de faire remarquer qu'on ne peut guere planter de forêts qui foient plus avantageuſes aux Propriétaires que celles de Pin. 1°. Cet arbre peut s'élever dans des fables où rien ne peut croître, & où l'on ne peut élever que de mau-vaiſes Bruyeres. 2°. Le Pin croît fort vîte, fur-tout dans les terreins où il fe plaît: dès la dixieme année on en peut faire

des

A. *Fourneau de terre grasse.*

B. *Robinet.*

C. *Reservoir.*

D. *Grillage du Bois;*
   Comme il est rangé
   Dans le Fourneau.

E. *Rameaux sur la bouche*
   du Fourneau;
   par ou l'on met le Feu.

F. *Fond du Fourneau*
   en œil de chaudron,
   en maçonnerie.

G. *Bares de fer pour*
   soutenir le bois.

Echelle de 5 pieds.

1   2   3   4   5

des échalats pour les vignes; & quand il eft à l'âge de quinze ou dix-huit ans, on peut l'abattre pour le brûler: en prenant la précaution de l'écorcer & de le laiffer fécher deux ans, il n'a prefque plus de mauvaife odeur: fon écorce pilée fournit, à ce qu'on affure, un fort bon tan. A l'âge de vingt-cinq ou trente ans, il commence à fournir de la réfine; fi on ménage bien les entailles, on peut, après en avoir tiré un profit annuel pendant trente ans, abattre cet arbre pour en faire du bois de charpente qui eft d'un très-bon fervice: dans plufieurs Provinces on le vend les deux tiers du prix du bois de Chêne: les tronçons, les racines, enfin toutes les parties graffes de cet arbre peuvent fournir du goudron, du charbon, &c.

Les Pins font dans toute leur force à foixante ou quatre-vingts ans, comme les Chênes à cent cinquante ou deux cens ans. On peut donc conclure que les futaies de Pins font bien plus avantageufes aux Propriétaires que celles de Chênes, non feulement parce qu'on peut les abattre deux fois contre celles de Chênes une, mais encore parce que les futaies de Pins produifent un revenu annuel bien confidérable. Il eft furprenant que les Propriétaires de grandes plaines de fables, qui ne produifent que de mauvaifes Bruyeres, ne penfent pas à y planter des forêts de Pins, qui n'exigent prefque aucune dépenfe: un pere de famille ne pourroit rien faire de plus avantageux pour fa famille.

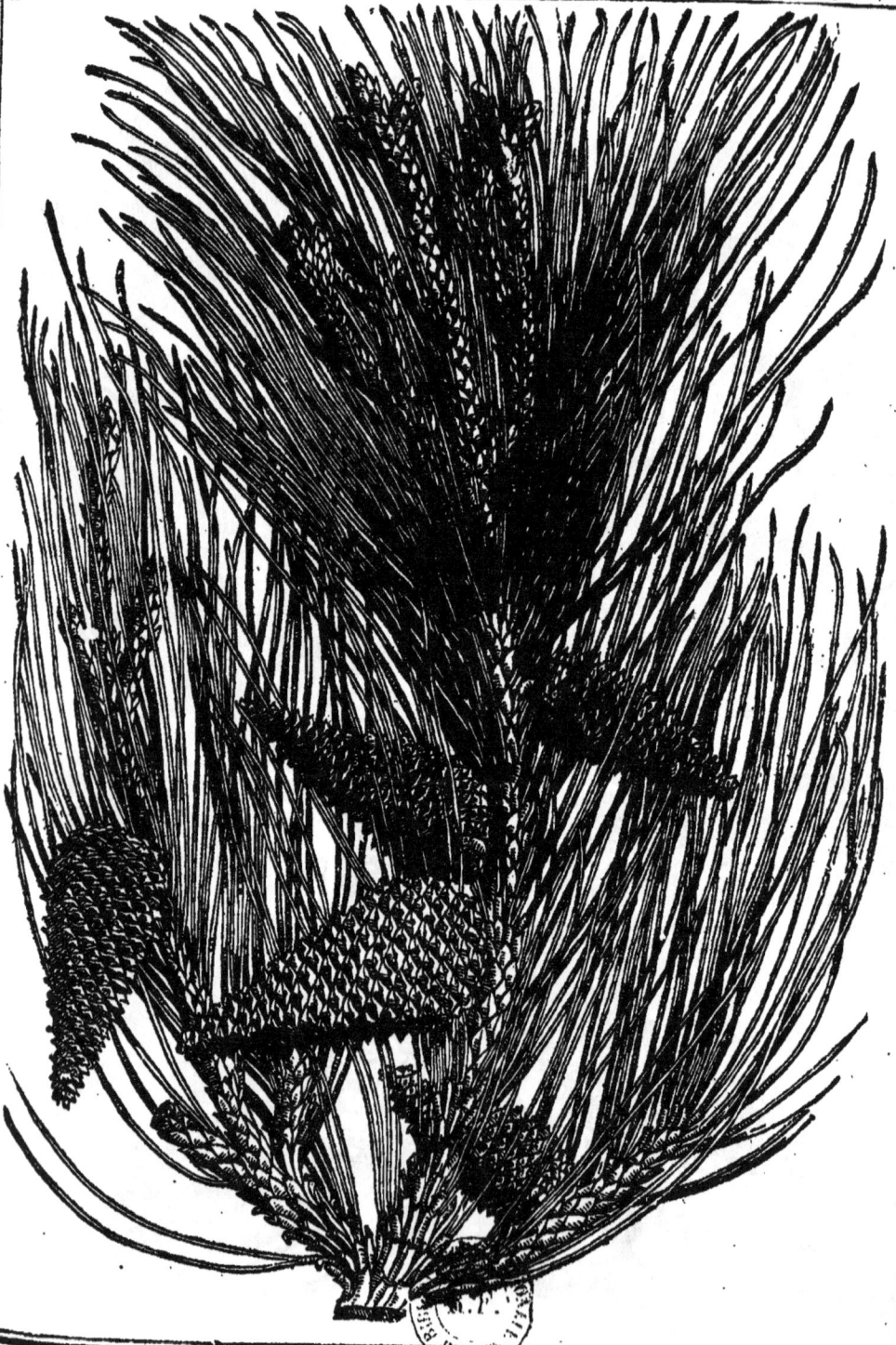

Tome II. Pl. 32.

PLATANUS

PLATANUS, Tournef. & Linn. PLATANE.

DESCRIPTION.

LES Platanes portent fur les mêmes arbres des fleurs mâles & des fleurs femelles.

Les fleurs mâles font formées de petits tuyaux frangés ou finement découpés par les bords (*bc*). Ces tuyaux donnent naiffance à des étamines affez longues; & comme ils partent d'une origine commune, ils forment tous enfemble une boule ou un globe (*a*): fi l'on regarde ces tuyaux comme autant de calyces, il fera douteux fi ces fleurs ont des pétales.

Dans les fleurs femelles, les tuyaux qui font d'une figure un peu différente, contiennent un piftil (*ef*), dont la bafe devient une femence qui eft comme enchâffée dans la houppe de poils (*ik*): ces femences font attachées à un noyau rond & dur (*h*); elles forment par leur affemblage des boules colorées (*d*), qui deviennent affez groffes, & difpofées en grappes pendantes qui font un affez bel effet.

Il paroît que ces fleurs ont un calyce écailleux & plufieurs pétales.

Le piftil (*f*) eft repréfenté beaucoup plus gros que le naturel (*e*). Le tuyau (*b*) eft pareillement deffiné plus gros.

Les fleurs femelles font de la même forme que les fleurs mâles; mais elles font plus groffes.

Les feuilles font pofées alternativement fur les branches, découpées plus ou moins profondément, & à peu près comme celles de la vigne, c'eft-à-dire, en main.

Y ij

Il eft bon de remarquer qu'on n'apperçoit point de boutons aux aiffelles des feuilles, parce qu'ils font cachés dans le pédicule : ils ne font vifibles que quand les feuilles font tombées.

A l'infertion des feuilles fur les branches, il y a prefque toujours deux folioles ou efpeces de ftipules en forme de couronne.

Les Platanes ont cela de fingulier, qu'ils fe dépouillent de leur écorce : elle fe détache de l'arbre par grandes plaques larges comme la main, d'un quart de ligne d'épaiffeur.

ESPECES.

1. *PLATANUS Orientalis verus.* Park.
Le vrai PLATANE du Levant; ou la MAIN-DÉCOUPÉE des Anciens.

2. *PLATANUS Orientalis Aceris folio.* Cor. Inft.
PLATANE d'Orient à feuille d'Erable.

3. *PLATANUS Occidentalis, aut Virginienfis.* Park.
PLATANE d'Occident ou de Virginie, à grande feuille.

CULTURE.

Nous avons élevé quelques Platanes de femences; mais prefque toutes celles qu'on nous a envoyées fe font trouvées mauvaifes : heureufement ces arbres fe multiplient facilement par des marcottes, & fouvent ils réuffiffent de boutures; ils ne font point délicats, & ils reprennent aifément quand on les tranfplante.

L'efpece, n°. 1, réuffit à merveille dans une bonne terre; pourvu qu'elle ne foit point trop humide. Les efpeces, n°. 2 & n°. 3 fe plaifent dans les lieux fort humides, où ces arbres font des progrès étonnants.

USAGES.

Le Platane eft un des plus beaux arbres qu'on puiffe employer pour faire des avenues & de grandes falles dans les parcs.

Il devient très-grand; fon tronc eft fort droit & s'éleve très-haut fans fournir de branches: fa tête forme une belle touffe, & tellement garnie de feuilles & de branches, que du pied on n'y pourroit découvrir le plus gros oifeau qu'on fauroit y être perché.

Le Platane d'Orient qui a la feuille moins grande & plus déchiquetée que celle des n°. 2 & 3, eft plus touffu, & cet arbre n'exige pas un terrein auffi humide que les autres, ce qui eft un grand avantage.

Tous les Platanes ont leurs feuilles fermes comme du parchemin; elles font rarement endommagées par les infeêtes, & elles confervent leur verdeur jufqu'aux premieres gelées: ainfi on pourra les employer pour les bofquets de l'automne.

Nous n'avons point encore de Platane affez gros pour que nous ayons pu connoître la qualité de leur bois; mais on nous a affuré qu'on pouvoit comparer celui d'Occident au Hêtre. Il eft d'un tiffu très-ferré & fort pefant quand il eft verd : il perd beaucoup de fon poids en féchant; il eft plus blanc & pas plus veiné que le Hêtre de Canada, où on l'emploie avec fuccès aux ouvrages de charronage.

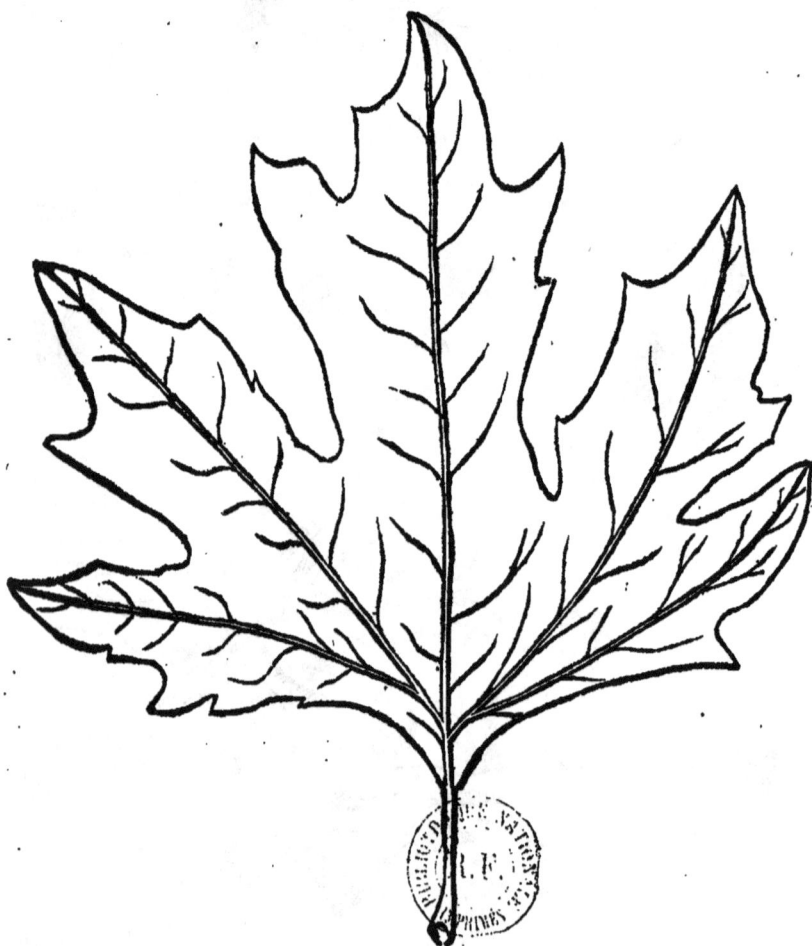

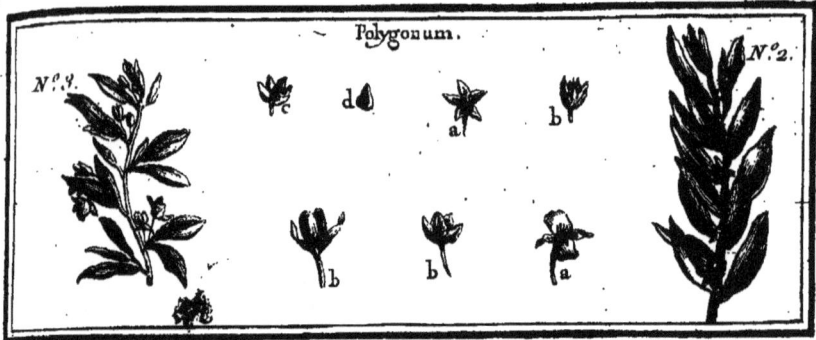

Polygonum.

POLYGONUM, TOURNEF. & LINN. RENOUÉE.

DESCRIPTION.

LA fleur (*a*) de la Renouée eſt formée d'un calyce d'une piece (*b*), ou plutôt d'un pétale en forme de cloche évaſée, dont les bords ſont diviſés en quatre ou cinq parties arrondies, colorées & relevées en deſſous de marques vertes, & qui ſemblent former un calyce immédiatement attaché au pétale. Ce pétale donne naiſſance à ſix, huit étamines ou environ, aſſez courtes, & dont les ſommets ſont arrondis.

Au milieu (*c*) ſe trouve le piſtil formé d'un embryon ob-long, un peu anguleux, & de trois ſtyles fort courts.

L'embryon devient une ſemence anguleuſe (*d*), applatie d'un côté, allongée de l'autre, & qui ſe termine en pointe : cette ſemence reſte dans le pétale même, qui, en ſe refer-mant, lui ſert d'enveloppe.

Les feuilles des eſpeces que nous comprenons dans cet Ouvrage, ſont un peu épaiſſes, fermes & attachées aux bran-ches par des nœuds qui leur ſervent d'articulations : elles ſont poſées alternativement ſur les branches; & à leur inſertion, elles ſont enveloppées d'une gaîne membraneuſe.

L'eſpece, nº. 3, differe un peu des autres par la forme de la fleur : les découpures du calyce ou du pétale étant alter-

nativement, l'une étroite & l'autre large : celles-ci font minces, d'un rouge vif, & renverfées en dehors ; les deux autres
ne font colorées que par les bords, & elles font marquées de
verd en deffous, comme nous l'avons dit.

M. Linneus nomme cette efpece *Atraphaxis*, parce qu'il a
apperçu, dit-il, dans la fleur fix étamines, au lieu qu'il en a
trouvé huit dans les *Polygonum* ; mais comme nous avons fouvent obfervé bien des variétés dans le nombre des étamines
des *Polygonum*, nous n'avons point héfité d'y réunir l'efpece
n°. 3.

ESPECES.

1. *POLYGONUM caule fruticofo, calycinis foliolis duobus reflexis.* Hort.
Upf. & Spec. Plant. Linn. *ATRAPHAXIS inermis, foliis planis.*
Hort. Cliff. Cor. Inft. *LAPATHUM Orientale, frutex humilis, flore
pulchro.*
RENOUÉE en arbufte.

2. *POLYGONUM maritimum latifolium, arborefcens.* Inft.
RENOUÉE maritime à feuille large, & qui fait un arbufte.

3. *POLYGONUM Orientale arborefcens, ramis fpinofis.* ATRIPLEX
Orientalis, frutex aculeatus, flore pulchro. Cor. Inft. *ATRAPHAXIS
ramis fpinofis.* Hort. Cliff.
RENOUÉE du Levant, en arbufte, dont les tiges font épineufes.

CULTURE.

Cet arbufte n'exige aucune culture particuliere : il fe peut
multiplier par des marcottes & par les femences.

Les efpeces, n°. 2 & 3, fleuriffent en Septembre, & confervent leurs fleurs jufqu'aux gelées, temps où les graines
tombent.

USAGES.

Les Renouées font de très-petits arbuftes qui ne peuvent
pas être d'un grand ufage pour la décoration des Jardins.

L'efpece, n°. 3, eft néanmoins affez jolie lorfqu'elle eft en
fleur ; la grande quantité de fleurs dont elle eft chargée, fait
paroître toute la plante de couleur de chair, ce qui la rend
fort agréable, même quand elle eft en fruit, parce que les
pétales fubfiftent jufqu'à la maturité de la graine.

POPULUS;

Populus

POPULUS, Tournef. & Linn. PEUPLIER.

DESCRIPTION.

IL y a des Peupliers qui ne portent que des fleurs mâles ; ceux qui portent des fleurs femelles donnent du fruit.

Les fleurs mâles étant attachées fur un filet commun, forment par leur affemblage un chaton écailleux (*a*) : entre ces petites écailles on apperçoit à peu près huit étamines (*b*) renfermées dans un pétale ou coëffe, ou, fuivant M. Linneus, un *nectarium* en godet (*c*).

Les fleurs femelles (*e*), pareillement difpofées en chatons écailleux (*d*), different des fleurs mâles en ce qu'au lieu des étamines on y trouve un piftil (*f*), formé par un embryon & un ftyle dont l'extrêmité eft divifée en quatre.

Cet embryon (*g*) devient une capfule (*h*) à deux loges (*i*), dans lefquelles on trouve des femences aigrettées (*kl*).

On voit en (*m*) un chaton femelle, lorfque les femences font parvenues à maturité.

Les feuilles de la plupart des Peupliers font rondes ou romboïdales, & attachées à de longs pédicules : elles font pofées alternativement fur les branches.

Si l'on veut confulter ce que nous dirons du Saule au mot SALIX, on verra qu'il y a beaucoup de rapport entre ces deux genres.

Tome II. Z

ESPECES.

1. *POPULUS alba majoribus foliis.* C. B. P. *Populus foliis subrotundis, dentato-angulatis, subtùs tomentosis.* Hort. Cliff.
PEUPLIER blanc à grandes feuilles; ou GRISAILLE de Hollande, ou HYPREAU, ou FRANC-PICARD à grandes feuilles.

2. *POPULUS alba, minoribus foliis.* Lob. Icon.
PEUPLIER blanc à petites feuilles.

3. *POPULUS alba, folio minore variegato.* M. C.
PEUPLIER blanc à petites feuilles panachées.

4. *POPULUS nigra.* C. B. P. *Populus foliis deltoidibus acuminatis, serratis.* Hort. Cliff.
PEUPLIER noir.

5. *POPULUS nigra, foliis acuminatis, dentatis, ad marginem undulatis.*
PEUPLIER noir dont les feuilles sont pointues, dentelées & ondées par les bords; ou, mal à propos, OSIER blanc.

6. *POPULUS nigra, folio maximo, gemmis balsamum odoratissimum fundentibus.* Catesb. *Populus foliis ovatis, acutis, serratis.* Gmel.
PEUPLIER noir à grandes feuilles, dont les boutons répandent un baume très-odorant: ou, TACAMAHACA.

7. *POPULUS Tremula.* C. B. P. *Populus foliis subrotundis, dentato-angulatis, utrinque glabris.* Hort. Cliff.
PEUPLIER Tremble.

8. *POPULUS Tremula ampliori folio.*
PEUPLIER Tremble à grande feuille.

9. *POPULUS magna Virginiana, foliis amplissimis, ramis nervosis, quasi quadrangulis. An Populus magna foliis amplis: aliis cordiformibus, aliis subrotundis, primoribus tomentosis?* Gron. Virg.
PEUPLIER noir de Virginie à très-grandes feuilles, & dont les jeunes pousses sont relevées d'arêtes qui les font paroître quarrées.

CULTURE.

Tous les Peupliers se plaisent dans les terreins marécageux; néanmoins les Peupliers blancs, n°. 1, 2 & 3, viennent fort bien fur les hauteurs; ils tracent beaucoup, & fe multiplient facilement par les rejets qui pouffent fur les racines; ils reprennent auffi affez bien de bouture.

Les Peupliers noirs, n°. 4, ne font que languir fur les hauteurs; on trouve cependant dans les Vignes l'efpece n°. 5 peu différente de l'efpece n°. 4, que l'on nomme mal-à-propos *Ofier blanc;* mais on l'étête fort bas, & l'on coupe tous les ans fes rejets: l'un & l'autre fe multiplient par des boutures qui pouffent aifément des racines.

Les Trembles, n°. 7 & n°. 8, fe plaifent beaucoup dans les lieux humides; celui à petites feuilles fe trouve néanmoins dans des terreins affez fecs, & il y croît à une moyenne grandeur: l'un & l'autre fourniffent des rejets en abondance.

On a fait une obfervation affez finguliere; c'eft qu'il paroît ordinairement une prodigieufe quantité de rejets du Tremble n°. 7, aux endroits où l'on a fait un fourneau de charbon. Ces petits trembles ne paroiffent cependant pas être venus de femences; mais ces rejets pouffent d'une quantité de racines qui tracent près de la fuperficie de la terre.

Le Baumier, n°. 6, aime l'humidité; mais auffi il demande une expofition chaude, & il craint les trop grands hyvers: on le multiplie par marcottes & par boutures.

J'ai planté cet arbre dans un Jardin bas; il y pouffe avec grande vigueur: il y a fupporté l'hyver de 1754, qui a fait périr beaucoup d'autres arbres.

L'efpece, n°. 9, pouffe avec une vigueur extraordinaire dans les terreins bas & humides: il fe multiplie aifément de bouture.

U S A G E S.

Les Peupliers blancs des efpeces n°. 1 & n°. 2, qui ont leurs feuilles velues & extrêmement blanches par deffous, d'un verd brun, tirant fur le noir par deffus, figurées en cœur, découpée par les bords de dentelures, les unes affez profondes & d'autres plus petites, font de très-beaux & grands arbres qui croiffent avec une extrême vivacité dans les lieux aquatiques; ils viennent cependant bien dans les terreins affez fecs; ainfi on peut s'en fervir pour garnir les parties baffes des parcs, &

pour les bofquets d'été : nous en avons plantés entre des gros Ormes pour remplir des places vuides, & ils y ont bien réuffi ; ce qui n'eft pas un médiocre avantage.

La qualité du bois de ces arbres eft à-peu-près femblable à celle du Peuplier noir, dont nous allons parler.

Les Peupliers noirs, n°. 4, ne peuvent faire de grands arbres que dans les terreins humides ; ils fe plaifent fingulierement fur les berges des foffés remplis d'eau.

L'efpece du n°. 5, qui eft une variété de celle du n°. 4, a les feuilles dentelées plus profondément, & ondées par les bords ; on la cultive dans les Vignes pour l'employer en place d'Ofier : c'eft pour cette raifon, & affez mal-à-propos, qu'on l'appelle *Ofier blanc*.

Nous avons encore une variété de l'efpece, n° 4, qui a fes branches plus rapprochées du tronc : elle nous eft venue de Lombardie, où l'on en fait de fuperbes avenues.

Cette variété eft eftimable, parce que ces arbres forment de belles pyramides. On plante ces Peupliers dans les lieux marécageux : leurs feuilles reffemblent beaucoup à celles de l'efpece n°. 5.

L'efpece, n°. 9, a les feuilles très-grandes, larges & épaiffes : fes jeunes branches font relevées de côtes ou arêtes faillantes ; leurs feuilles font dentelées finement par les bords. Ces arbres qui nous viennent de Virginie & de la Caroline, font très-utiles pour garnir les parties baffes des parcs.

On fait, avec le bois du Peuplier, des pieces de charpente pour les bâtimens de peu de conféquence ; les Sculpteurs l'emploient en place de Tilleul ; on en fait des fabots, & des planches, qui font affez bonnes quand on les tient à couvert de la pluie.

Les Peupliers-Trembles, n°. 7 & 8, ont leurs feuilles prefque rondes, non dentelées, mais ondées, ou godronnées par les bords, très-unies, les nervures n'étant prefque pas faillantes ; elles font foutenues par des queues très-menues & très-fouples ; ce qui fait qu'elles tremblent continuellement pour peu que le plus petit vent les agite. L'écorce de ces arbres eft extrêmement unie : quoiqu'ils fe plaifent dans les lieux bas, cependant l'efpece, n°. 7, vient par-tout, même dans des fables affez fecs. Le bois de c^{es} efpeces eft fort tendre ; on en fait d'affez mauvais fabots, des barres, des chevilles pour retenir le fond des futailles, & du paliffon pour garnir les entrevoux fous le carreau des planchers. Les Trembles fe trouvent communément à la Louyfiane.

L'efpece, n°. 8, a les feuilles plus grandes que le n°. 7 ; mais cet arbre ne peut profiter que dans les lieux très-humides.

Les Peupliers noirs ont leurs boutons chargés d'un baume dont l'odeur eft affez agréable ; c'eft pour cela que l'on fait entrer les boutons du Peuplier dans quelques baumes compo-fés : mais il n'y en a point qui en répande autant, & d'une auffi agréable odeur, que celui de l'efpece à feuilles ovales, n°. 6, qu'on nomme pour cette raifon *Baumier*.

Je n'en ai jamais vu de grand, fes feuilles font ovales, plus larges du côté de la queue qu'à l'extrêmité, terminées en pointe, dentelées finement par les bords, vertes en deffus, d'un blanc un peu jaunâtre par deffous : on peut le mettre dans les bof-quets d'été. Ce peuplier, par rapport au baume qu'il répand, eft affurément préférable à tous les autres pour l'ufage de la Médecine.

Outre ces efpeces, on trouve un autre Peuplier en Canada, dans tous les environs de Quebec, qui a la feuille d'Erable : on le nomme *Liard* dans le pays. Suivant la defcription que m'en a donnée M. le Marquis de la Galiffoniere, fes feuilles font blanches en deffous & d'un verd foncé par deffus ; ainfi il ref-fembleroit à notre Peuplier blanc ; mais il répand un baume très-odorant, & cela ne convient qu'aux Peupliers noirs.

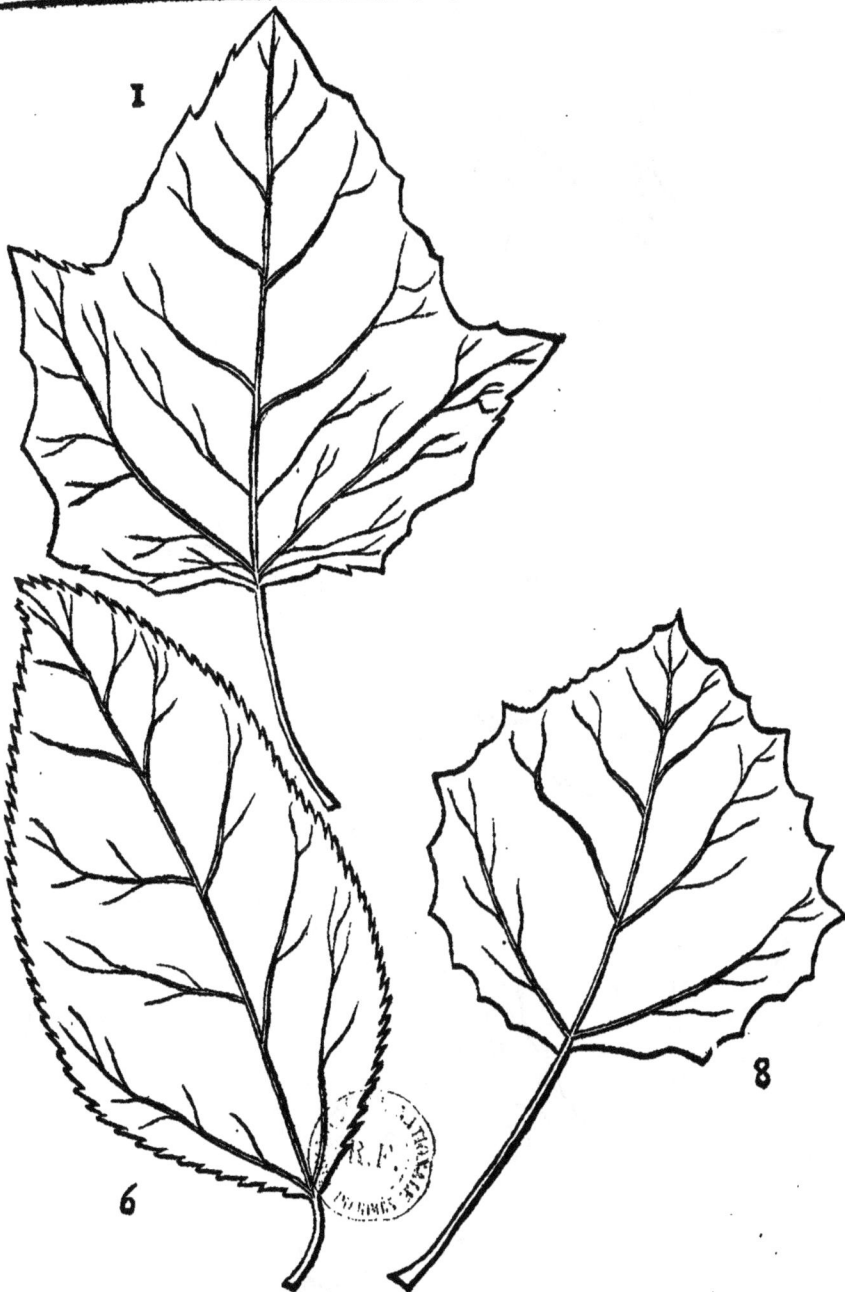

I

6

8

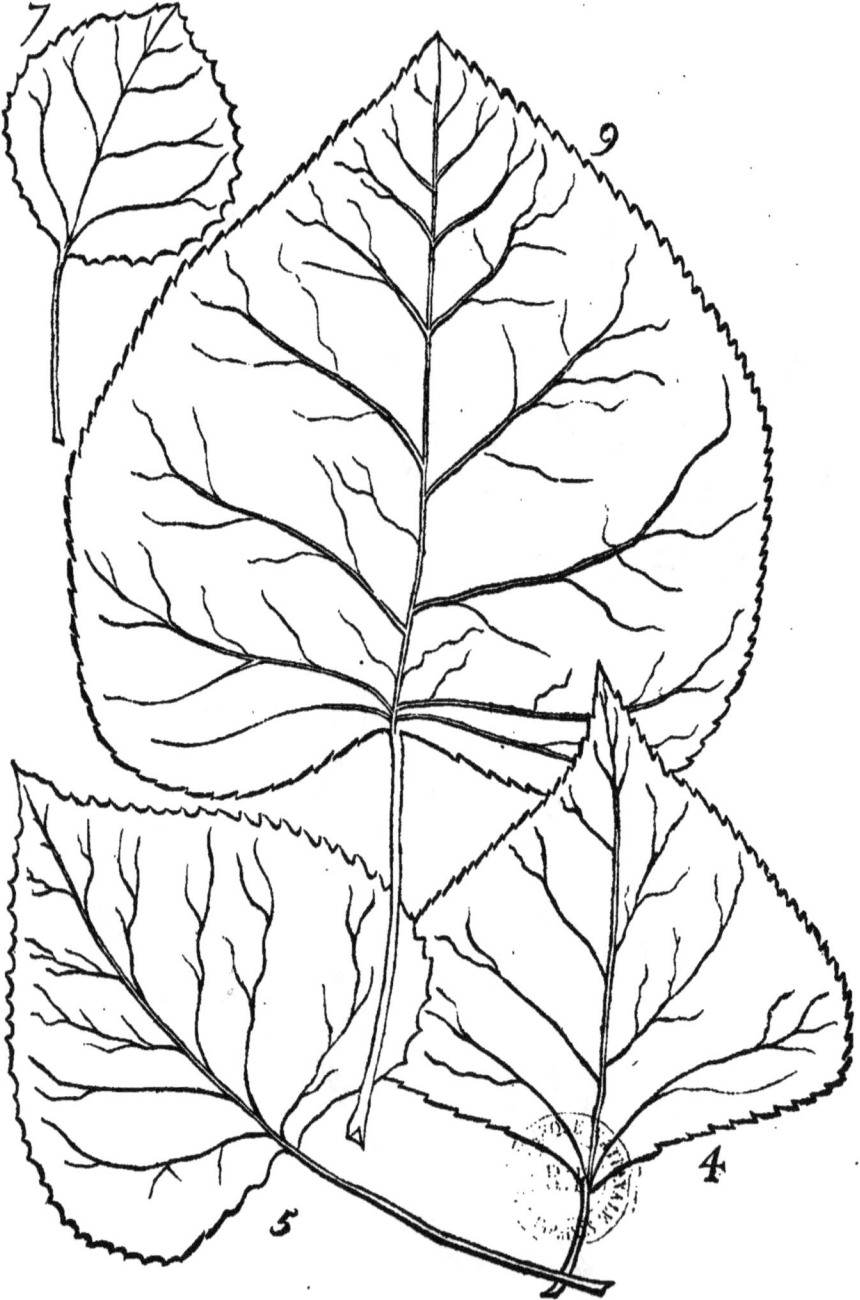

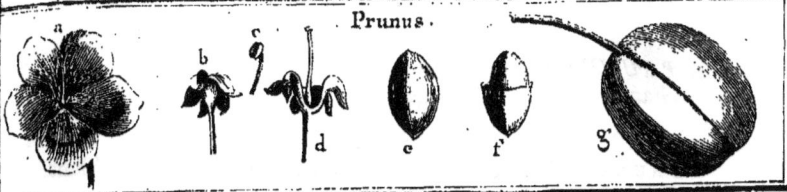

Prunus.

PRUNUS, Tournef. & Linn. PRUNIER.

D E S C·R I P T I O N.

LES fleurs (*a*) des Pruniers font formées d'un calyce (*b*), d'une feule piece, creufé en godet, divifé par les bords en cinq parties ; il porte un pareil nombre de pétales difpofés en rofe, & environ vingt étamines (*c*), entre lefquelles on apperçoit un piftil (*d*) compofé d'un embryon & d'un ftyle : cet embryon devient un fruit (*g*) charnu, fucculent, qui contient un noyau (*e*) applati, dans lequel eft renfermée une amande (*f*) compofée de deux lobes. La fuperficie des Prunes eft liffe, & fans aucun duvet : c'eft ce qui les diftingue de la plupart des Abricots qui ont la peau couverte d'un duvet plus ou moins fin ; d'ailleurs les Abricots font fupportés par de groffes queues très-courtes, au lieu que la plupart des Prunes pendent à des queues longues & menues : ce font ces différences qui nous font croire qu'il n'y a point de néceffité de confondre ces deux genres, comme le fait M. Linneus.

Les feuilles des Pruniers font fimples, prefque ovales, dentelées par les bords, relevées en deffous de nervures faillantes, creufées de fillons en deffus ; elles fe terminent en pointe, & font attachées alternativement fur les branches : ces feuilles font donc bien différentes de celles des Abricotiers qui font rondes & unies. Nous favons au refte qu'il ne faut avoir recours aux feuilles que le moins qu'il eft poffible pour établir les caractères.

Les feuilles des Pruniers, & celles des Abricotiers, font pliées les unes fur les autres dans leurs boutons.

ESPECES.

1. *PRUNUS filveſtris major.* J. B.
Grand PRUNIER ſauvage.

2. *PRUNUS filveſtris fructu majore albo.* Raii.
PRUNIER ſauvage à gros fruit blanc; ou POITRON blanc.

3. *PRUNUS flore pleno.* H. R. P.
PRUNIER à fleurs doubles.

4. *PRUNUS filveſtris, fructu parvo ſerotino.* M. C.
PRUNIER ſauvage à petit fruit tardif, ou PRUNIER des haies
à fruit noir; le même à fruit blanc, ou EPINE noire.

5. *PRUNUS fructu nigro, carne durâ, foliis eleganter variegatis.* M. C.
PRUNIER à fruit noir qui a la chair ferme, & dont les feuilles
ſont panachées; ou PRUNIER de Perdrigon panaché.

6. *PRUNUS nucleo nudo, ſegmento circuli oſſeo comitato.* Act. Ac. R. P.
PRUNIER ſans noyau, dont l'amande eſt ſeulement accompagnée d'un ſegment ligneux.

7. *PRUNUS fructu cerei coloris.* Inſt.
PRUNIER dont le fruit eſt jaunâtre & oblong; ou PRUNIER
de Sainte Catherine.

8. *PRUNUS fructu majori, rotundo, rubro.* Inſt.
PRUNIER à gros fruit rond & rouge; ou PRUNE-CERISETTE.

9. *PRUNUS fructu parvo, ex viridi floreſcente.* Inſt.
PRUNIER à petit fruit oblong d'un verd jaunâtre, ou MIRA-
BELLE.

10. *PRUNUS Canadenſis, fructu purpureo, rotundo, majori, aquoſo, com-
preſſo, cortice nigro, ſplendente, foliis glabris tenuibus. Aut PRUNUS
fructu rotundo, nigro, purpureo majori, dulci.* C. B. P.
PRUNIER de Canada à gros fruit rond & violet; ou PRUNE-
MIRABOLAN.

Nous ſupprimons quantité d'excellentes eſpeces de Prunes,
qu'on cultive dans les jardins fruitiers.
Comme M. Linneus n'a fait qu'un ſeul genre des Abricots
& des Pruniers, voyez ARMENIACA.

CULTURE.

C U L T U R E.

Les Pruniers peuvent s'élever de noyau; mais comme on n'eft pas certain fi les fruits qu'ils produiroient feroient auffi bons que ceux qui ont fourni la femence, on a coutume, pour être affuré des efpeces, de les greffer fur des fauvageons Pruniers.

La plupart des Pruniers tracent, & leurs racines pouffent des jets ou des drageons enracinés, qui font de la même efpece que les fouches qui les ont produites ; ainfi fi l'on avoit les bonnes efpeces franches de pied, toùs les rejets, fans avoir befoin d'être greffés, produiroient d'excellentes Prunes. Pour avoir ces fujets francs de pied, nous faifons greffer fur un fauvageon, le plus bas qu'il eft poffible, une Reine-claude, par exemple ; & quand la greffe eft bien reprife, nous la fai-fons planter très-avant en terre, en forte que la greffe foit recouverte d'un demi-pied de terre : foùvent la Reine-claude pouffera des racines au bourlet qui fe forme à l'infertion de la greffe, & alors on a un Prunier dont tous les rejets produi-ront de très-bonne Reine-claude. Nous nous fommes procu-rés, par cette méthode, cinq ou fix efpeces de Prunes, dont tous les rejets donnent de bons fruits.

Comme il eft quelquefois incommode d'avoir des arbres qui donnent beaucoup de rejets, nous avons greffé des Reines-claude fur des Pêchers de noyau ; ces arbres, qui font un peu délicats, nous ont donné de très-bons fruits.

Je ne parle point ici de la façon d'élever les Pruniers de noyau : on peut à cet égard exécuter ce que nous avons dit dans l'article des Amandes (*voyez AMYGDALUS*) ; mais il eft bon d'être prévenu que le Prunier s'accommode mieux qu'au-cun autre arbre fruitier, de toutes fortes de terreins, & que les arbres élevés de noyau, donnent moins de rejets que ceux qu'on a plantés de drageons enracinés.

U S A G E S.

Il y a beaucoup d'efpeces de Prunes excellentes à manger crues ; telles font la Reine-claude, la Dauphine, le Drap d'or ;

& dans les pays chauds la Sainte-Catherine & le Perdrigon; d'autres, telles que la Mirabelle, font bonnes en compotes & en confitures ; enfin le Perdrigon, la Diaprée & la Sainte-Catherine, &c. font d'excellents pruneaux. Nous paſſons légérement fur tous ces uſages, ainſi que fur l'énumération de toutes les eſpeces de Prunes qu'on fert fur les tables, ou qu'on prépare dans les offices; on trouve tout cela fuffiſamment détaillé dans les livres qui traitent des Vergers ; nous infifterons feulement ici fur quelques eſpeces fingulieres: celle du n°. 4 peut, par exemple, décorer les boſquets printaniers, à cauſe de ſes fleurs doubles qui s'épanouiſſent vers la fin d'Avril.

Le Prunier fauvage de Canada fait dans ce même temps un très-joli bouquet par la quantité prodigieuſe de fleurs dont il eſt chargé : le n°, 5 peut, à cauſe de la panache de ſes feuilles, fervir à la décoration des boſquets d'été.

L'eſpece, n°. 6, eſt finguliere, en ce que ſon amande n'eſt point renfermée dans une capfule ligneufe; on voit feulement, fur un des côtés, un petit fegment ligneux qui a tout au plus une ligne de largeur.

On greffe fouvent les Pêchers fur les Pruniers, & l'on préfere pour cela les eſpeces qu'on nomme le *petit Damas noir*, *le Saint-Julien* & *la Cerifette*, parce que leur écorce eſt affez mince, ce qui eſt commode pour la réuffite des greffes.

On fait, avec les pruneaux de Prunes aigres, un firop rafraîchiſſant, qui calme la bile, & arrête les diarrhées : la décoction des pruneaux faits avec des Prunes douces, eſt légérement purgative.

Le bois de Prunier eſt marqué de belles veines rouges; mais fa couleur paſſe en peu de temps, & il brunit, à moins qu'on ne le couvre d'un vernis. Ce bois nous a paru dur, & il pourroit être utile aux Tablettiers & aux Ebeniſtes ; cependant nous ne voyons pas qu'ils en faſſent beaucoup d'uſage.

Pfeudo Acacia

PSEUDO-ACACIA, TOURNEF. ROBINIA, LINN. FAUX-ACACIA.

DESCRIPTION.

LES fleurs (*a*) du Faux-Acacia font légumineufes, & rangées en grappe fur un filet commun.

Chaque fleur (*b*) eft compofée d'un calyce d'une feule piece, affez petit, formé en cloche, divifé en quatre par les bords, & dont la divifion fupérieure eft plus large que les trois autres.

Le pavillon (*vexillum*) eft grand, ouvert; fa forme eft prefque ronde; il eft un peu rabattu fur les autres pétales : les aîles (*alæ*) font grandes, ovales, relevées vers le pavillon.

La nacelle (*carina*) eft affez petite, & n'eft prefque pas plus longue que les aîles; elle eft arrondie & applatie.

On trouve dans l'intérieur dix étamines (*d*) qui font réunies par le bas; elles s'élevent en fe recourbant vers le haut, & portent des fommets arrondis. On apperçoit au milieu d'une gaîne formée par les filets des étamines, le piftil (*c*) compofé d'un embryon cylindrique allongé, d'un ftyle en filet qui fe recourbe en haut, & qui eft terminé par un ftigmate en forme de bouton.

L'embryon devient une filique (*e*) affez longue, applatie, & relevée de plufieurs boffes; elle contient quelques femences (*f*) qui ont la forme d'un rein.

Les feuilles du Faux-Acacia font conjuguées, & compofées

A a ij

d'un nombre de folióles fimples, ovales, & qui font rangées par paire fur une nervure commune. Dans les efpeces, n°. 1 & n°. 2, il y a une foliole qui termine la nervure ; & dans l'efpece n°. 3, il n'y a point de foliole unique.

Dans toutes les efpeces, les feuilles font rangées alternativement fur les branches.

ESPECES.

1. *PSEUDO-ACACIA vulgaris.* Inft.
   FAUX-ACACIA ordinaire ; ou, mal-à-propos, ACACIA des Jardiniers.

2. *PSEUDO-ACACIA filiquis glabris.* Boerh.
   FAUX-ACACIA dont les filiques font liffes.

3. *PSEUDO-ACACIA foliorum pinnis crebrioribus. vel, CARAGAGNA; vel, SIBIRICA.* Roy. Lugdb. *vel, ASPALATHUS arborefcens, pinnis foliorum crebrioribus oblongis.* Amm. Ruth.
   FAUX-ACACIA de Sibérie, qui a beaucoup de folioles, & qui n'a point ordinairement d'impaire.

4. *PSEUDO-ACACIA frutefcens major, latifolius, cortice aureo; ASPALATHUS.* Amm. Ruth.
   FAUX-ACACIA de Sibérie en arbriffeau, dont l'écorce eft jaune.

5. *PSEUDO-ACACIA frutefcens minor, anguftifolius, cortice aureo; ASPALATHUS.* Amm. Ruth.
   FAUX-ACACIA de Sibérie, qui fait un arbufte dont l'écorce eft jaune, & qui a les feuilles plus étroites que le précédent.

CULTURE.

Les Faux-Acacias, n°. 1 & n°. 2, fe multiplient par les femences, ou par des rejets qui fortent en grande abondance des racines.

Pour les élever de femences, il faut, fi-tôt qu'elles font parvenues à maturité, les mêler avec un peu de terre, & les conferver dans un pot jufqu'au printemps ; on peut alors, pour plus grande fûreté, les femer dans des terrines fur couche ; mais fi l'on veut en avoir beaucoup, on les met en pleine

terre à l'ombre. Comme cette graine eſt fine, il ne faut pas
la recouvrir de beaucoup de terre; l'on fera bien auſſi de défendre les jeunes plantes du ſoleil. On replante les jeunes arbres la ſeconde année en pépiniere, où ils doivent reſter juſqu'à ce qu'ils aient acquis cinq ou ſix pouces de circonférence
au pied; alors on peut les mettre en place.

J'ai déja dit que les Faux-Acacias, n°. 1 & n°. 2, produi-
ſoient beaucoup de plants enracinés; ſi néanmoins on vouloit
s'en procurer promptement une grande quantité, le moyen
de le faire eſt bien ſimple: il faut arracher un Faux-Acacia
qui ait au moins douze à quinze pouces de circonférence;
couper ſes racines à un pied ou à un pied & demi de l'arbre,
en ſorte qu'il lui reſte aſſez de racines pour pouvoir être tranſ-
planté ailleurs; ſi on laiſſe ouverte la décombre qu'on a faite
pour arracher l'arbre, toutes les racines qui auront été coupées, pouſſeront des tiges, & on aura du plant en abondance.

Le Faux-Acacia ſe plaît dans les bons fonds de terre un peu
légere: ſi l'on veut qu'ils réuſſiſſent, il ne faut pas les planter
trop avant en terre.

Au reſte, cet arbre qui nous vient, je crois, originairement
de Virginie, ne craint point le froid; le vent lui eſt plus contraire, car le bois ſe fend aiſément; & s'il ſe détache du tronc
deux branches en fourche, qui ſoient auſſi fortes l'une que
l'autre, il arrive quelquefois qu'après un coup de vent, l'arbre
ſe trouve fendu dans ſa longueur preſque juſqu'aux racines; ou,
s'il ne ſe fend pas, il eſt renverſé par le vent.

Pour prévenir cet inconvenient, on a quelquefois lié les
branches l'une à l'autre avec de fortes brides de fer; mais ordinairement, pour éviter cette dépenſe, on étête les Faux-
Acacias tous les cinq ou ſix ans.

L'eſpece, n°. 3, ſe peut multiplier très-aiſément par des
boutures.

Les eſpeces de Sibérie ſont plutôt des arbuſtes que des arbres.

USAGES.

Le Faux-Acacia, n°. 1 & n°. 2, fait un bel & grand arbre
qui ſe charge à la fin du mois de Mai de belles grappes de

fleurs blanches d'une odeur très-agréable. C'est dommage que cet arbre fleurisse un peu plus tard que le Citise des Alpes ; ces deux arbres étant plantés alternativement dans un bosquet, feroient un effet admirable par leurs grandes grappes de fleurs, les unes jaunes & les autres blanches : quoi qu'il en soit, le Faux-Acacia doit être employé à la décoration des bosquets du printemps. Il est vrai qu'il pousse toujours de grandes branches en houssine, qui ne sont pas propres à former des portiques réguliers ; mais dans des parcs où l'on ne cherche pas la plus grande élégance, une salle de ces arbres étêtés, auroit beaucoup d'agrément dans le temps de sa fleur, & elle suffi-roit pour parfumer tout un jardin.

On nous a envoyé de la Louysiane des semences du Faux-Acacia, n°. 1. Nous les avons élevées : cet arbre ne differe pas de ceux de France.

Le bois du Faux-Acacia est d'une couleur jaune, verdâtre, brillante & comme satinée ; de plus il est assez dur ; il prend médiocrement le poli ; il est d'un fort bon service ; & quoiqu'il soit très-fendant, il est néanmoins fort recherché, sur-tout par les Tourneurs. On dit qu'il pourrit aisément à l'humidité.

Son écorce & ses racines sont douces & sucrées ; elles pas-sent pour être pectorales, ainsi que la réglisse ; ses fleurs sont laxatives.

Le *CARAGAGNA*, n°. 3, porte des fleurs jaunes assez gran-des ; les grappes en sont moins longues que celles du Faux-Acacia ordinaire : il fleurit à peu près dans le même temps que l'autre ; mais ses fleurs n'ont point d'odeur.

Les *ASPALATHUS*, n°. 4 & n°. 5, portent, vers la mi-Mai, des fleurs jaunes : ils doivent servir à la décoration des bosquets du printemps.

Ptelea

PTELEA, LINN.

DESCRIPTION.

LES fleurs (*b*) du Ptelea font formées d'un petit calyce (*a d*) divifé en quatre ou cinq parties, de quatre ou cinq pé-tales (*c*) ovales, allongés, difpofés en rofe, & de quatre ou cinq étamines (*f*) terminées par des fommets arrondis.

On apperçoit au milieu un piftil (*e*) compofé d'un embryon applati & arrondi, d'un ftyle fort court, & de deux ou trois ftigmates pointus.

L'embryon devient un fruit (*g*) femblable à celui de l'Orme, plat, membraneux, arrondi, au milieu duquel eft une fe-mence (*h*) renfermée dans la duplicature de la membrane.

Les feuilles font compofées de trois grandes folioles ovales, pointues par les deux bouts, non dentelées, unies, d'un beau verd, & qui font difpofées en forme de main à l'extrêmité d'une queue commune: ces feuilles font pofées alternativement fur les branches.

ESPECE.

PTELEA *foliis ternatis.* Linn. Spec. Plant. *aut* FRUTEX *Virginianus trifolius, Ulmi fammaris.* Pluk. Alm.
PTELEA à fruit d'Orme, & à trois feuilles.

M. Linneus, fur les obfervations de M. Bernard de Juffieu, a rapporté la DODONÆA, *Hort. Cliff.* au PTELEA; mais cette plante ne peut pas fupporter nos hyvers.

CULTURE.

Ce grand arbriffeau fe multiplie très-aifément par les femences; il fupporte bien nos hyvers. Il croît dans les terres légeres au haut du Canada; par conféquent il n'eft point délicat
fur la nature du terrein.

USAGES.

Les feuilles de cet arbriffeau font d'un beau verd; & fes
fleurs qui font raffemblées en bouquet, font un joli effet au
commencement de Juin: il peut fervir à la décoration des
bofquets de la fin du printemps.

Les feuilles font d'une odeur defagréable quand on les froiffe
dans les mains : elles paffent en Canada pour être vulnéraires;
étant prifes comme le Thé, elles font vermifuges.

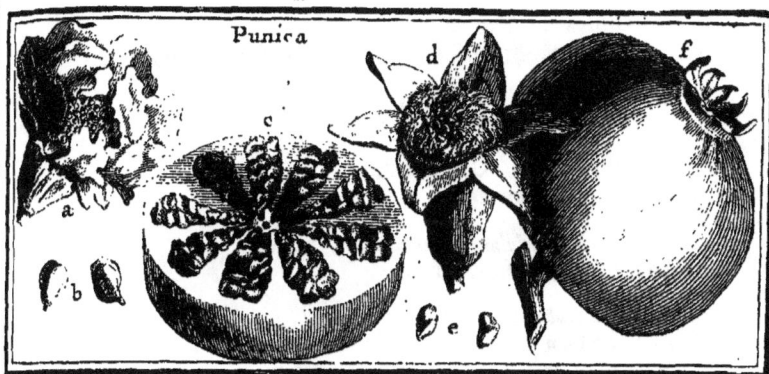

Punica

PUNICA, TOURNEF. & LINN. GRENADIER.

DESCRIPTION.

LES fleurs (*a*) du Grenadier font compofées d'un calyce charnu (*d*) formé en cloche, divifé en huit dents pointues ; ce calyce eft coloré en partie d'un fort beau rouge ; il fubfifte jufqu'à la maturité du fruit ; il porte huit grands pétales arrondis, minces & comme chifonnés.

On trouve dans l'intérieur un grand nombre d'étamines très-fines, affez courtes, attachées aux parois intérieures du calyce, & terminées par des fommets arrondis.

Le piftil eft compofé d'un embryon qui fait partie du calyce, & d'un ftyle court, terminé par un ftigmate arrondi.

L'embryon, ou le bas du calyce, devient un fruit rond (*f*), affez gros ; il porte une couronne à l'antique qui eft formée par les échancrures mêmes du calyce : l'extérieur de ce fruit eft charnu ou formé d'une enveloppe femblable à un cuir ; il eft intérieurement divifé par neuf cloifons membraneufes (*c*), entre lefquelles on apperçoit des grains ou baies fucculentes (*b*), chacune defquelles contient une femence (*e*). Ces grains font implantés & comme enchâffés dans une chair pulpeufe.

Tome II.   B b

Les feuilles du Grenadier font oblongues, non dentelées ; unies ; luifantes, & pofées deux à deux fur les branches.

ESPECES.

1. *PUNICA filveftris.* Cord. Hift.
GRENADIER fauvage.

2. *PUNICA quæ Malum granatum fert.* Cæfalp.
GRENADIER à fruit acide.

3. *PUNICA fructu dulci.* Inft.
GRENADIER à fruit doux.

4. *PUNICA flore pleno majore.* Inft.
GRENADIER à grande fleur double.

5. *PUNICA flore pleno majore variegato.* Inft.
GRENADIER panaché, à grandes fleurs doubles.

6. *PUNICA flore pleno minore.* Inft.
GRENADIER à petites fleurs doubles.

7. *PUNICA Americana nana, feu humillima.* Lignon.
GRENADIER nain.

CULTURE.

Les Grenadiers fe multiplient facilement par des marcottes ; ou par les drageons enracinés qui fe trouvent auprès des gros pieds.

Les grands hyvers les font périr ; ainfi il faut les tenir en efpalier, & les couvrir pendant l'hyver, excepté dans les pays tempérés & dans les Provinces maritimes où ils fubfiftent à merveille en buiffon : en cet état ils donnent plus de fruit ; car les Grenades ne viennent que fur les pouffes des années précédentes ; & fi on les abat pour rendre l'efpalier d'une figure plus réguliere, on n'a de fruit que fur les bords, & prefque point au centre.

Cet arbriffeau croît très-bien dans les terreins fecs & chauds.

Le Grenadier nain, n°. 7, eft plus fenfible à la gelée que les autres.

Il feroit à fouhaiter que, dans les Provinces méridionales, on multipliât, plus qu'on ne fait, l'efpece du Grenadier, n°. 7, pour enter deſſus de groſſes Grenades douces ; ce feroit un ornement pour les orangeries: d'ailleurs, comme ces arbres feroient moins grands que les autres, leur fruit pourroit mûrir dans les étuves.

USAGES.

Les Grenadiers à fruit font de très-jolis arbriſſeaux, fur-tout depuis la mi-Juin jufqu'en Septembre qu'ils font chargés de fleurs.

On fuce avec plaifir les grains des efpeces, n°. 2, 3 & 4. Leur acide nétoie la bouche, & il excite l'appétit: dans les Provinces méridionales, le fruit de l'efpece n°. 4, contient une eau très-fucrée & fort agréable ; mais cette efpece ne mûrit point parfaitement aux environs de Paris, où elle eſt toujours infipide.

Les efpeces à fleurs doubles méritent d'être cultivées pour la beauté de leurs fleurs ; cependant ces arbres ne fleuriſſent bien que quand ils font en caiſſe: ils pouſſent beaucoup de bois & prefque point de fleurs, quand on les met en pleine terre.

Le firop fait avec les grains de Grenade, calme la foif des fébricitants & l'efferveſcence de la bile : l'écorce du fruit eſt très-aſtringente ; on l'ordonne dans les diarrhées.

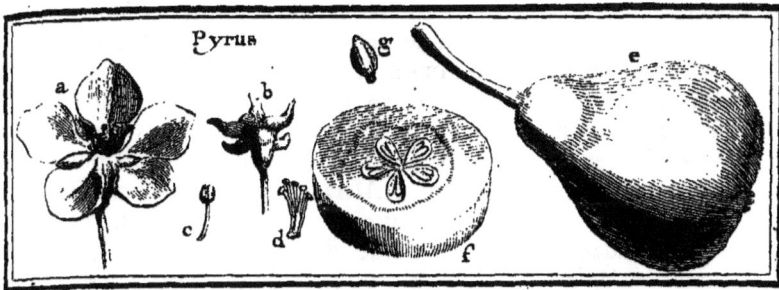

Pyrus

PYRUS, Tournef. *&* Linn. POIRIER.

DESCRIPTION.

LE calyce (*b*) de la fleur (*a*) du Poirier, eſt de la forme
d'un godet; il eſt charnu, diviſé en cinq; il porte cinq
grands pétales arrondis, un peu creuſés en cuilleron; il ſubſiſte
juſqu'à la maturité du fruit. On apperçoit dans l'intérieur de
la fleur environ vingt étamines (*c*) aſſez longues, terminées
par des ſommets qui ont la forme d'Olives, & qui ſont ſillon-
nés dans leur longueur : le piſtil (*d*) eſt compoſé d'un embryon & de cinq ſtyles : l'embryon fait partie du calyce, &
les cinq ſtyles ſont déliés, aſſez longs, & terminés par des
ſtigmates.

L'embryon devient un fruit charnu (*e*), ſucculent, terminé
par un umbilic bordé par les échancrures du calyce.

Au centre de ce fruit on apperçoit cinq loges (*f*) formées
par des membranes, pour ainſi dire, cartilagineuſes, dans chacune deſquelles on trouve une ou deux ſemences (*g*) de la
forme d'une larme un peu applatie ſur l'un des côtés.

Les feuilles des Poiriers ſont liſſes, peu ou point dentelées
par les bords, entieres, ſupportées par des queues aſſez longues, & placées alternativement ſur les branches.

Exactement parlant, on devroit, comme M. Linneus, ne
faire qu'un genre du Poirier, du Pommier & du Coignaſſier,

puifque toutes les parties de la fructification fe reffemblent ; mais dans un Traité comme celui-ci, nous avons cru ne devoir point confondre ce qui a été diftingué par tous les Botaniftes, & ce qui l'eft encore par tous ceux qui ont quelques connoiffances des fruits ; la forme de ces trois fortes de fruits eft affez différente pour que la confufion ne foit point à craindre : on trouvera au mot *MALUS* les marques caractériftiques qui peuvent fervir à diftinguer ces trois genres. Si l'on veut cependant fuivre la méthode de M. Linneus, on pourra joindre le *Malus* & la *Sidonia* avec la lifte des Poiriers que nous allons donner.

ESPECES.

1. *PYRUS filveftris.* C. B. P.
   POIRIER fauvage.

2. *PYRUS fativa flore pleno.* H. R. Par.
   POIRIER cultivé à fleur double.

3. *PYRUS fativa, brumali feffili partìm flavefcente, partìm purpurafcente.*
   Inft.
   POIRIER cultivé, dont le fruit, partie jaune & partie rouge, fe mange l'hyver ; ou LA DOUBLE FLEUR.

4. *PYRUS fativa, foliis eleganter variegatis.* M. C.
   POIRIER cultivé à feuilles panachées.

5. *PYRUS fativa biflora.* M. C.
   POIRIER cultivé qui fleurit deux fois l'an.

6. *PYRUS fativa fructu autumnali fuaviffimo, in ore liquefcente.* Inft.
   POIRE BEURÉE.

7. *PYRUS fativa fructu autumnali fubrotundo, & è ferrugineo rubente, non nunquam maculato.* Inft.
   POIRE-DE-ROUSSELET.

8. *PYRUS fativa fructu autumnali turbinato, viridi, ftriis fanguineis diftinĉto.* Inft.
   BERGAMOTTE panachée.

9. *PYRUS fativa, fructu brumali magno, pyramidato, è flavo non nihil rubente.* Inft.
   POIRE-DE-BON-CHRÉTIEN d'hyver.

Nous fupprimons plufieurs excellentes Poires qu'on cultive dans les vergers.

CULTURE.

On trouve dans les forêts beaucoup de Poiriers fauvages qui ont levé de femences, & que l'on arrache pour en garnir les pépinieres : on fe procure auffi beaucoup de fauvageons Poiriers en répandant fur la terre, comme nous l'avons dit en parlant des Pommes, le marc qu'on retire des preffoirs.

Ces fauvageons fourniffent des fujets, fur lefquels on greffe les efpeces qu'on veut multiplier pour la table ou pour faire le cidre poiré : il eft bon néanmoins d'être prévenu que les Poiriers greffés fur les fauvageons, ne donnent gueres de fruit que lorfqu'ils font en plein vent : les buiffons donnent plutôt du fruit quand on les greffe fur Coignaffiers ou Coigniers, ces fortes d'arbres étant plus nains que les autres. Voyez à ce fujet ce qui eft dit au mot *MESPILUS.*

Il ne conviendroit pas dans ce Traité, de nous étendre fur ce qui regarde la taille des Poiriers ; nous nous contenterons feulement de dire ici que ces arbres fe plaifent dans les fables gras & qui ont beaucoup de fond.

USAGES.

Les Poiriers fauvages font d'affez grands arbres qui foutiennent bien leurs branches, & dont le feuillage eft affez beau : on pourroit en faire de petites allées dans les parcs ; cependant ils appartiennent plus naturellement aux vergers. Il eft avantageux qu'il fe trouve quelques Poiriers fauvageons dans les forêts, parce que les bêtes fauves fe nourriffent de leur fruit. Les Habitants riverains des forêts ramaffent ce fruit pour la nourriture de leurs porcs, ou pour en faire de la boiffon dans les années où le vin eft trop rare.

Les efpeces, n°. 2 & n°. 3, qui produifent dans le mois d'Avril de belles fleurs raffemblées en bouquets, peuvent fervir à la décoration des bofquets printaniers.

On fait qu'il y a quantité de Poires qu'on nomme *Poires à couteau*; telles font celles qu'on appelle *Poires d'Angleterre,* de

Beuré, la Bergamotte, la Craſſane, le Saint-Germain, la Virgou-leuſe, le Beſi-de-Chaumontel, le Colmart, qui ſont délicieuſes à manger crues : pluſieurs autres, comme *le Bon - chrétien, le Rouſſelet, &c.* font de bonnes confitures & d'excellentes compotes.

Dans les pays où les Vignes ne réuſſiſſent pas, on fait une boiſſon qu'on nomme *Poiré,* en exprimant le ſuc des Poires, ainſi que l'on fait celui des Pommes, pour le cidre.

Le poiré nouveau eſt fort agréable ; il reſſemble à du vin blanc ; mais il ne ſe conſerve pas ſi long-temps que le cidre.

Le marc des Poires qu'on retire des preſſoirs, peut, après avoir été deſſéché, ſervir à faire des mottes à brûler : le marc des Pommes n'eſt point propre à cet uſage.

Le bois des Poiriers ſauvages eſt peſant, fort plein, d'une couleur rougeâtre ; ſon grain eſt très-fin ; il prend très-bien la teinture noire, & alors il reſſemble ſi fort à l'Ebene, qu'on a peine à les diſtinguer l'un de l'autre : ces qualités le font rechercher par les Menuiſiers, les Ebeniſtes & les Tourneurs. Après le Buis & le Cormier, c'eſt le meilleur bois que puiſſent employer les Graveurs en taille de bois : c'eſt bien dommage qu'il ſoit un peu ſujet à ſe tourmenter.

Les Médecins permettent aux convaleſcents les Poires cuites au four ou ſous la cendre ; & ils emploient le ſirop de Poires ſauvages pour arrêter les diarrhées.

QUERCUS,

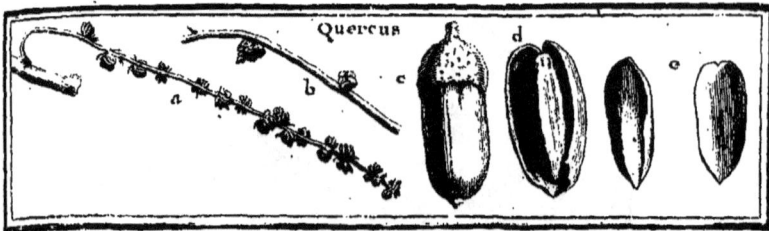

Quercus

QUERCUS, Tournef. & Linn. CHÊNE.

DESCRIPTION.

LE Chêne porte fur les mêmes arbres & fur les mêmes branches des fleurs mâles & des fleurs femelles féparées les unes des autres.

Les fleurs mâles (*a*) font formées d'un calyce divifé en quatre ou cinq parties; il porte un nombre confidérable d'étamines. Ces fleurs font à quelque diftance les unes des autres fur un filet commun qui forme des chatons peu garnis ou des efpeces de grappes.

Les fleurs femelles (*b*) font auffi pofées quelquefois fur un filet; elles font formées d'un calyce épais, charnu & raboteux, qui n'eft point échancré par fes bords, & dans l'intérieur duquel on apperçoit le piftil compofé d'un embryon arrondi & de plufieurs ftyles. Cet embryon devient une femence ovale (*c*), couverte d'une enveloppe coriacée, ou peau flexible, mais ferme (*d*), fous laquelle on trouve une amande (*e*) qui fe divife en deux lobes.

Cette femence eft retenue & comme enchâffée par le bas dans le calyce, qui continue à croître avec le fruit, & qui devient par la fuite de la forme d'une coupe ou capfule, dans laquelle le fruit eft retenu ainfi qu'une pierre dans fon chaton.

Les feuilles des Chênes font plus ou moins grandes, & plus ou moins découpées par ondes; mais elles font toujours pofées alternativement fur les branches.

Tome II.   C c

Plusieurs especes d'insectes s'attachent à cet arbre, & donnent naissance à différentes especes de galles.

M. Linneus a réduit, avec raison, à un même genre de *Quercus*, les Chênes-blancs dont nous parlons, les Chênes-verds & les Lieges : nous ne les distinguons dans cet ouvrage que pour conserver les noms reçus & connus de tout le monde. Pour ne point confondre ces différents genres, il est bon de savoir que les Lieges & les Chênes-verds ne quittent point leurs feuilles; que ces feuilles sont fermes comme celles des Lauriers, & qu'elles sont souvent épineuses par les bords comme celles du Houx : les Chênes-blancs au contraire perdent leurs feuilles pendant l'hyver ; & ces feuilles sont ondées par les bords. Les Chênes-verds ne se distinguent des Lieges, que parce que l'écorce des Lieges est épaisse, souple & élastique ; au lieu que l'écorce des Chênes-verds est comme celle de tous les autres arbres. Voyez les articles *ILEX* & *SUBER.*

ESPECES.

1. *QUERCUS latifolia, mas, quæ brevi pediculo est.* C. B. P. *vel Robur.*
   CHESNE à larges feuilles, dont le fruit est attaché à de courts pédicules; ou ROUVRE, ou, mal-à-propos, CHESNE mâle.

2. *QUERCUS latifolia fœmina.* C. B. P.
   CHESNE à larges feuilles, dont les fruits pendent à des queues assez longues; ou, mal-à-propos, CHESNE femelle.

3. *QUERCUS cum longo pediculo.* C. B. P.
   CHESNE à grappes.

4. *QUERCUS parva; sive Phagus Græcorum, & Esculus Plinii.* C. B. P.
   Petit CHESNE.

5. *QUERCUS calyce echinato, Glande majore.* C. B. P.
   CHESNE dont la cupule est hérissée d'épines, & dont le Gland est fort gros.

6. *QUERCUS calyce hispido, Glande minore.* C. B. P.
   CHESNE dont la cupule est épineuse & le fruit petit.

7. *QUERCUS Burgundiaca, calyce hispido.* C. B. P.
   CHESNE de Bourgogne, dont la cupule est raboteuse.

8. *QUERCUS pedem vix superans.* C. B. P.
. Chesne nain.

9. *QUERCUS foliis molli lanugine pubescentibus.* C. B. P.
Chesne dont les feuilles sont un peu velues.

10. *QUERCUS, gallam exigua Nucis magnitudine ferens.* C. B. P.
. Chesne portant des galles de la grosseur d'une petite Noix.

11. *QUERCUS foliis muricatis, non lanuginosis, gallâ superiori simili.*
C. B. P.
Chesne à feuilles lisses, dont les échancrures se terminent en
pointe, & qui porte des galles semblables à l'espece précédente.

12. *QUERCUS foliis muricatis minor.* C. B. P.
Petit Chesne dont les échancrures des feuilles se terminent
en pointe.

13. *QUERCUS humilis, gallis binis, ternis, aut pluribus simul junctis.*
C. B. P.
Petit Chesne portant plusieurs galles jointes ensemble.

14. *QUERCUS Africana, Glande longissimâ.* Inst.
Chesne d'Afrique dont les Glands sont fort longs.

15. *QUERCUS vulgaris, foliis ex albo variegatis.* M. C.
Chesne ordinaire à feuilles panachées de blanc.

16. *QUERCUS alba Banisteri.* Cat. Stirp. *Quercus Virginiana Glandâ
dulci.* Parck. Theat.
Chesne blanc de Canada à fruit doux.

17. *QUERCUS Virginiana, rubris venis, muricata.* Pluk. Phyt.
. Chesne rouge de Virginie ou de Canada.

18. *QUERCUS Castanea foliis procera, arbor Virginiana.* M. C.
Chesne de Virginie à feuilles de Châtaignier.

19. *QUERCUS Virginiana, Salicis longiore folio, fructu minimo.* Pluk.
Chesne de Virginie à feuille de Saule & à petit fruit.

20. *QUERCUS humilis Virginiensis, Castanea folio.* Pluk.
Petit Chesne de Virginie à feuilles de Châtaignier.

21. *QUERCUS Hispanica, foliis magis dissectis.* M. C.
CHESNE d'Espagne à feuilles très-découpées.

22. *QUERCUS latifolia, magno fructu, calyce tuberculis obsito.* Cor. Inst.
CHESNE à large feuille & à gros fruit, dont la cupule a
plusieurs tubercules.

23. *QUERCUS Orientalis Castanea folio, Glande recondita in capsula
crassa & squammosa.* Cor. Inst.
CHESNE du Levant à feuilles de Châtaignier, dont le Gland
est presque recouvert par le calyce.

Comme les Chênes se multiplient de semences, on en
trouve dans les forêts une telle quantité de variétés, qu'il
seroit difficile d'en rencontrer deux qui se ressemblassent à tous
égards : c'est ce qui fait que cette liste est plutôt composée de
variétés que d'especes. Nous devons aussi remarquer que les
Galles étant des corps étrangers à cet arbre, puisqu'elles sont
occasionnées par la piquure de certains insectes, elles ne peuvent pas constituer différentes especes.

CULTURE.

Le Chêne faisant, pour ainsi dire, la masse de nos forêts,
je me propose de parler ailleurs très-amplement de sa culture ;
cependant je ne puis me dispenser d'en dire ici quelque chose,
pour ne point interrompre l'ordre que je me suis prescrit dans
la composition de cet ouvrage : je parlerai aussi en abrégé des
usages qu'on fait de son bois.

Le Chêne ne se multiplie que par ses semences qu'on
nomme *Gland* ; quoiqu'il fut possible de l'élever de marcottes.

On ne cueille point le Gland ; mais on ramasse celui qui
tombe de lui-même pendant l'automne : on doit avoir l'attention de ne point ramasser pour semer, les Glands qui tombent les premiers ; ceux-là sont ordinairement piqués de vers.

Ces premiers Glands exceptés, on doit les ramasser à mesure
qu'ils tombent, c'est-à-dire, tous les deux ou trois jours, &
ne pas attendre à faire cette récolte lorsque tout le Gland est
tombé, parce qu'il survient quelquefois dans cette saison des

gelées affez fortes pour les endommager ; car ceux qui font gelés ne font plus propres que pour la nourriture des pourceaux.

A mefure qu'on ramaffe le Gland, on le dépofe dans des
greniers, fi l'on fe propofe de le femer avant l'hyver ; mais fi
l'on ne doit le femer qu'au printemps, on doit le mettre lit
par lit avec du fable ou de la terre feche, dans un lieu frais
& fec ; car fi ces fubftances étoient trop humides, le Gland
poufferoit trop en racines pendant l'hyver ; il s'épuiferoit &
il ne feroit plus bon à femer au printemps fuivant. Il eft cependant à propos que le Gland germe pendant l'hyver ; mais
le mieux eft qu'il ne pouffe que fon germe ou fa radicule, &
qu'il ne produife point de vraies racines.

On fera bien de vifiter de temps en temps le Gland qu'on a
dépofé dans le fable, parce que fi, dans le mois de Janvier,
au lieu de germer, il fe deffchoit, il faudroit répandre un
peu d'eau fur le fable ; & au contraire, fi les radicules étoient
alors trop longues, & fi les vraies racines commençoient à
paroître, il faudroit fe préparer à mettre les Glands en terre
dès le commencement de Février, quoiqu'on eût formé le
deffein de ne les femer que dans le mois de Mars, fi rien
n'obligeoit de le faire plutôt. Un de nos voifins voulant fuivre
notre exemple, & faire un femis confidérable au printemps,
éprouva une très-grande perte pour avoir négligé de vifiter fon
Gland, dans le temps que nous venons de dire ; car lorfqu'il voulut, dans le mois de Mars, mettre fon Gland en
terre, il le trouva entierement épuifé par une prodigieufe quantité de racines qui avoient pouffé dans le fable, en forte que
tout le tas ne faifoit qu'une même maffe liée par un prodigieux
entrelacement de racines.

Si l'on feme le Gland en automne, on eft difpenfé de ces
foins ; mais on court bien d'autres rifques : les fangliers, les
mulots & plufieurs autres animaux qui cherchent à s'en nourrir,
en détruifent beaucoup ; & la gelée en fait périr une grande
partie, fi l'on n'a pas eu foin de les mettre un peu avant en
terre. Il faut favoir cependant qu'un Gland recouvert d'une
épaiffeur de terre trop confidérable, ne réuffit pas fi bien que
celui qui eft près de la fuperficie.

Quelque parti que l'on prenne, foit qu'on répande les Glands en automne ou dans le printemps, on peut les femer par petits tas, en faifant des foffes avec la houe, ou bien par rangées faites à la charrue, & éloignées les unes des autres de trois ou quatre pieds, ou enfin les femer en plein, comme on feme ordinairement le Froment. Mais parce qu'il feroit trop long de difcuter ici les avantages & les inconvéniens de chacune de ces pratiques, nous réfervons ces détails pour une autre occafion: je me contenterai préfentement de dire que fi l'on fe propofe de faire de grands femis, en ce cas, il faut renoncer à donner au Gland aucune culture, afin d'éviter des frais confidérables. Le mieux eft de femer le Gland dans toutes les raies qu'on fait avec la charrue, & d'y mettre beaucoup plus de femence qu'il n'en faudroit naturellement, parce que l'abondance du plant qui viendra à croître, étouffera plus promptement l'herbe qui retarde beaucoup l'accroiffement des Chênes; d'ailleurs les plus vigoureux pieds étouffent par la fuite les plus foibles : c'eft-là le moyen le plus fimple d'avoir dans le temps une belle futaie. Nous femons ordinairement dans un arpent de cent perches, la perche étant de vingt-deux pieds, deux mines de Gland, mefure de Paris; ou, ce qui revient au même, quatre pieds cubes de cette femence.

Si nous femons en automne, nous répandons du Froment par deffus; fi c'eft au printemps, nous y faifons femer de l'Avoine, que l'on fauche affez haut : la récolte de ces grains dédommage des labours. Un an ou deux après, fi quelque canton paroît dégarni, on y repique du Gland; mais ordinairement on eft difpenfé de ce foin.

En Bretagne, & dans quelques cantons de la Normandie, on eft dans l'ufage de planter des Chênes en avenues & en quinconce: il feroit à fouhaiter que cette pratique s'étendit dans tout le refte du Royaume. Pour faire réuffir ces plantations, il eft néceffaire d'y apporter les précautions fuivantes : elles font très-importantes.

Quand on feme le Gland dans une bonne terre, & qui a beaucoup de fond, il commence par produire un pivot qui s'enfonce en terre à une grande profondeur: j'en ai arraché qui n'avoient que cinq à fix pouces de tige, & qui avoient une racine pivotante de trois pieds & demi de longueur. Si l'on arrache de ces arbres lorfqu'ils feront parvenues à huit ou dix pieds de hauteur, pour les tranfplanter en quinconces ou en avenues, la plupart ne reprendront pas; c'eft ce qui fait que prefque tous les Chênes qu'on arrache dans les forêts ont beaucoup de peine à reprendre. Si au contraire l'on fait un femis de Chêne dans une bonne terre, dans laquelle il fe trouve à deux pieds de profondeur un lit de pierre ou de roche, alors la racine pivotante étant arrêtée par ce fond, ne pourra pas s'enfoncer à plus de deux pieds, &. l'arbre fera déterminé à pouffer des racines latérales qui font bien nécef- faires pour fa reprife, lorfqu'on le tranfporte de la pépiniere à la place où il doit refter toujours.

Si l'on faifoit germer les Glands dans le fable, on pour- roit les déterminer encore plus fûrement à produire des ra- cines latérales : en effet, comme il eft conftant qu'une racine qui a été coupée ne s'étend plus, mais qu'elle pouffe des racines horifontales, on n'aura qu'à rompre ou couper la radicule, ou, comme l'on dit ordinairement, le germe; & alors on fera affuré que dans quelque terrein qu'on feme ces Glands (pour ainfi dire, mutilés) ils ne formeront plus de pivot, mais qu'ils produiront des racines latérales qui les rendront auffi propres à être tranfplantés, que les Ormes & les Tilleuls.

Il eft bon d'être prévenu que le retranchement de la radi- cule n'exige aucune précaution : j'en ai rompu jufques tout près des Glands, qui ont repouffé deux ou trois racines, au lieu d'une pivotante.

De quelque maniere qu'on ait fait le femis, on met en queftion, s'il faut enfuite le labourer, ou le laiffer pouffer naturellement & fans aucune culture : nous avons fait fur cela beaucoup d'épreuves, dont il réfulte qu'une Chênaie cultivée avec autant de foin qu'une Vigne, croît beaucoup plus promp- tement que celle qu'on ne cultive pas; mais comme ces cul- tures exigent de grands frais, il ne faut les employer que quand l'étendue du champ eft peu confidérable, ou lorfqu'on a des raifons de fouhaiter que le femis faffe promptement un beau taillis.

Les arbres qui font plantés en maffif de bois, s'élaguent na- turellement les uns les autres, parce que les branches de deſſous étant étouffées, périſſent, pendant que les tiges s'élevent pour gagner l'air. Mais c'eſt une erreur de croire qu'il ne faut jamais élaguer les Chênes : cette opération eſt indiſpenſable, quand on en plante en avenue ; toute l'attention qu'il faut avoir, c'eſt de les élaguer ſouvent, afin de n'avoir jamais à couper que de petites branches, parce que le retranchement des groſſes fait à toutes ſortes d'arbres un tort conſidérable ; c'eſt toujours une plaie qui reſte cachée, & qu'on reconnoît, mais trop tard, quand on vient à les exploiter.

Le Chêne n'eſt point délicat ſur la nature du terrein : s'il a beaucoup de fond, il formera des arbres énormes qui auront plus de cinquante pieds de tige ; ſi la bonne terre s'étend à une moindre profondeur, il ne fournira que des poutrelles, & du bois de charpente de ſix à huit pouces d'équarriſſage ; enfin, ſi le terrein a fort peu de fond, il ne pourra donner que du taillis.

La nature du terrein influe encore ſur la qualité du bois : il ſera de bonne qualité dans une bonne terre un peu ſeche ; il ne deviendra pas ſi gros, mais il ſera fort dur dans le gravier allié de bonne terre ; il ſera de belle taille, mais tendre ſur la glaiſe & dans les ſables humides. La ſituation eſt également à conſidérer ; car on n'obtient que du bois gras dans les vallées ; & le bois eſt beaucoup plus dur ſur les hauteurs : le bois des Chênes élevés dans les haies, expoſés à l'air de tous les côtés, eſt plus ferme & plus ruſtique que celui qui vient en maſſif. Enfin le Chêne ne croît ni ſous les climats très-chauds, ni dans ceux qui ſont trop froids : mais dans les climats tempérés où il croît, on peut regarder comme une regle générale, que ſa qualité eſt d'autant meilleure que le climat eſt plus chaud. Toutes ces idées ſeront plus amplement développées dans une autre occaſion.

USAGES.

On ſait que le Chêne eſt un des plus grands arbres & des plus utiles qui croiſſent dans nos forêts, & qu'il en fait la principale & la plus utile partie. On peut, comme nous l'avons dit, en former des quinconces & des avenues : il s'en éleve même dans les haies, qui ſont d'un très-bon ſervice.

Preſque toutes les charpentes des bâtiments civils & des
bâtiments

bâtiments de mer, font faites de ce bois. On ne peut gueres en employer d'autre pour faire les portes des éclufes : le merrain pour les futailles ; les lattes pour couvrir les bâtiments ; les cerches pour les ouvrages de boiffelerie ; prefque toute forte de menuiferie : tout cela fe fait de bois de Chêne. Les échalats pour les efpaliers & pour les Vignes font ordinairement de ce bois ; dans plufieurs Provinces on n'en emploie point d'autre pour les cercles des barrils ; ainfi les Charpentiers, les Menuifiers, les Tonneliers, les Boiffeliers, les Tourneurs, les Ebéniftes & quantité d'autres Ouvriers, emploient beaucoup de bois de Chêne : le chêne eft encore un très-bon bois de chauffage.

Cet arbre peut auffi être employé à la décoration des parcs ; & il n'y a aucun arbre, fi ce n'eft le Hêtre, qui puiffe faire une auffi belle futaie que le Chêne.

Le Gland, fruit du Chêne, manque très-fréquemment, parce que les fleurs du Chêne font autant expofées à être détruites par les gelées du printemps & par les autres intempéries de l'air que celles de la Vigne ; mais auffi quand la glandée eft abondante, on en retire un grand profit pour la nourriture des pourceaux, dont la chair eft d'un grand fecours, fur-tout aux pauvres gens, & le lard, qui eft eftimé quand ces animaux ont été nourris de Gland. Combien feroit-il à defirer que ce fruit pût fervir également à la nourriture des hommes ! C'eft ce qui arriveroit, fi l'on multiplioit en France, l'efpece de Chêne, n°. 16, qu'on appelle en Canada *Chêne-blanc*, qui porte des Glands auffi doux que les Noifettes. Il y a auffi plufieurs efpeces de Chêne-verd, ou *Ilex*, qui ont le même avantage.

Les volailles qui fe nourriffent de nos Glands âcres, s'accommoderoient encore mieux des Glands doux.

En 1709, des pauvres qui mouroient de faim, faifoient du pain avec des Glands ordinaires, qu'ils réduifoient en farine. Quoique ce pain fût extrêmement mauvais, il s'en fit cependant une grande confommation dans quelques Provinces de France.

Nous avons une efpece de Chêne-blanc de Canada, dont l'extrêmité des découpures des feuilles eft terminée par une pointe ou petite épine : on le nomme *Chêne-blanc-épineux.* Je ne fais fi ce ne feroit pas l'efpece, n°. 12, de notre catalogue.

Mettant à part ce qui regarde le climat, la qualité du terrein, l'expofition, &c. le bois de toutes les efpeces de Chêne
n'eft pas d'une pareille qualité: par exemple, l'efpece, n°. 1,
a le bois dur; c'eft le meilleur pour les charpentes. Les efpeces, n°. 2 & n°. 3, ont le bois plus doux; il eft préférable
pour la menuiferie & les ouvrages de fente. Le bois du n°. 4
eft plus tendre; & quand il n'eft point chargé de nœuds, les
Menuifiers s'en accommodent bien: on en peut dire autant des
efpeces, n°. 9, 16, 17, 18, & 20.

L'écorce pilée du jeune Chêne, eft le meilleur tan qu'on
puiffe employer pour la préparation des cuirs.

Quantité d'infeétes aiment fingulierement à fe nourrir des
feuilles & des chatons du Chêne; c'eft pour cela que l'on trouve
fur les Chênes une grande quantité de différentes efpeces de
galles, dont plufieurs reffemblent à des fruits; il y en a même
d'utiles. C'eft, par exemple, avec les galles qu'on nous apporte du Levant, que l'on fait la meilleure encre pour l'écri-
ture; elle fert encore à la préparation des étoffes pour recevoir différentes fortes de teinture.

Un Voyageur m'a écrit que ces galles viennent dans toute
la Natolie, la Syrie, le Royaume de Chypre; qu'on en trouve
encore un peu dans la Romélie, d'où on les porte à Theffa-
lonique; qu'elles croiffent fur les jeunes Chênes; que les
Payfans les recueillent en Oétobre. Il ajoute qu'on doit cueillir
les galles vertes; & que fi l'on attend qu'elles foient mûres,
les infeétes qui les ont formées, mangent & détruifent une
partie de leur fubftance intérieure; qu'alors elles deviennent
jaunes, légeres, cariées & de peu de valeur pour la vente.

On trouve à la Louyfiane & en Canada, plufieurs efpeces
de Chêne, & en quantité; entr'autres, des Chênes dont le
Gland eft doux: le bois des Chênes de la Louyfiane eft beaucoup meilleur que celui du Canada. Cela s'accorde avec cette
obfervation générale, que le Chêne eft d'autant meilleur qu'il
croît dans un climat plus chaud. On trouve encore, dit-on,
fur les collines de la Louyfiane, un Chêne que l'on nomme
Chêne-noir, dont le bois & la feve font fort rouges.

Il eft certain que les Chênes-verds y font très-beaux, &
d'une excellente qualité. Voyez *ILEX*.

Tome II. Pl. 48.

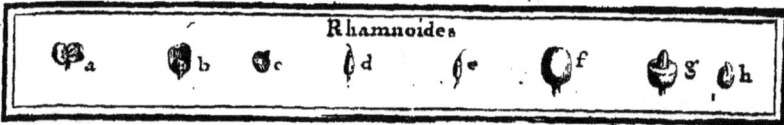

Rhamnoïdes

RHAMNOIDES, TOURNEF. HIPPOPHAE, LINN.

DESCRIPTION.

IL y a dans ce genre, des individus mâles & des individus femelles.

Les fleurs mâles (*a*) font formées d'un calyce, ou, fi l'on veut, d'un pétale d'une feule piece, divifée en deux parties arrondies, creufées en cuilleron : on voit dans ce calyce quatre étamines fort courtes, terminées par des fommets allongés & anguleux.

Les fleurs femelles (*b c*) ont auffi leur calyce d'une feule piece en forme de tuyau découpé en deux parties : il tombe avant la maturité du fruit.

Au lieu d'étamines, on apperçoit dans l'intérieur de ces fleurs femelles, un piftil (*de*) formé par un petit embryon arrondi, un ftyle court & un ftigmate affez gros, oblong, & qui fort du calyce.

L'embryon devient une baie (*f*) ronde, qui contient une femence (*g h*) auffi arrondie.

Les feuilles du *Rhamnoïdes* font étroites, allongées, prefque blanches par deffous, très-fouvent pofées alternativement fur les branches.

Cet arbriffeau eft épineux.

ESPECES.

1. *RHAMNOIDES Salicis foliis, mas & fœmina.* Cor. Inft. *RHAMNUS Salicis folio, anguftiore fruĉtu flavefcente.* C. B. P.
RHAMNOIDES à feuilles de Saule.

2. *RHAMNOIDES Canadenfis, foliis ovalis. HIPPOPHAE foliis ovalis.* Linn. Spec.
RHAMNOIDES de Canada, dont les feuilles font ovales.

RHAMNOIDES.

CULTURE.

Quoique cet arbriffeau vienne affez bien par-tout, il fe plaît néanmoins mieux dans les terreins un peu humides : on le multiplie par les femences, les marcottes, & même de boutures.

USAGES.

Les fleurs de cet arbriffeau n'ont aucun éclat ; mais fes feuilles blanchâtres lui donnent un air fingulier & affez agréable : fes longues épines le rendent propre à faire de bonnes clôtures ; fes branches coupées & feches ont le même avantage ; car elles fubfiftent plufieurs années fans pourrir.

Je n'ai point vu l'efpece, n°. 2, que M. Kalm a trouvée en Canada.

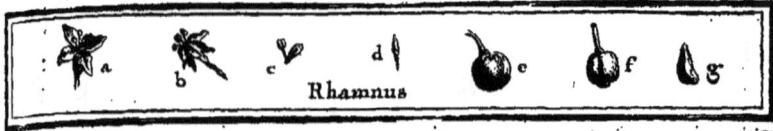

Rhamnus

RHAMNUS, Tournef. & Linn. NERPRUN, *ou* NOIRPRUN.

DESCRIPTION.

LES fleurs (*a b*) du Nerprun ont un calyce d'une seule piece en entonnoir, coloré en dedans, & ordinairement découpé en cinq par les bords. Ce nombre varie; mais à chaque division il y a de très-petits pétales (*c*) en forme d'écailles, qui, se renversant vers le centre de la fleur, couvrent les étamines.

On apperçoit autant d'étamines qu'il y a de divisions au calyce, & l'insertion des étamines est sous les petits pétales dont nous venons de parler; elles sont terminées par des sommets fort petits.

Au milieu est le pistil (*d*) formé d'un embryon arrondi & d'un style terminé par un stigmate obtus, lequel est divisé en trois lanieres.

L'embryon devient une baie ronde (*ef*), divisée intérieurement en plusieurs parties: cette baie contient plusieurs semences (*g*) applaties d'un côté, & bombées de l'autre.

Les feuilles du Nerprun sont assez petites, entieres, ordinairement brillantes, finement dentelées par les bords; souvent elles sont opposées sur les branches, & quelquefois elles sont alternes.

M. Linneus comprend dans ce même genre le *FRANGULA*, le *PALIURUS*, l'*ALATERNUS* & le *ZIZIPHUS*. Nous inclinerions aussi à réunir au *Rhamnus* le *Frangula* & l'*Alaternus*, quoique les petits pétales se trouvent rarement dans notre climat sur les fleurs de l'Alaterne; mais nous croyons que le

Paliurus & le *Ziziphus* doivent faire des genres particuliers; parce que leur calyce fait partie du fruit. Néanmoins si l'on veut diſtinguer ces genres, ainsi que l'a fait M. de Tournefort avec preſque tous les Botaniſtes, & comme on pourroit juger à propos de le faire pour ne pas charger un genre de trop d'eſpeces, on peut, ſuivant les obſervations mêmes de M. Linneus, remarquer : 1°. que le *Frangula* a le ſtigmate échancré ; que ſa baie contient deux ſemences, & que ſon calyce eſt diviſé en cinq : 2°. que le *Paliurus* a trois ſtyles, un noyau diviſé en trois loges, le calyce diviſé en cinq, avec une membrane qui borde ſon fruit qui eſt charnu, ſans former de baie : 3°. que l'*Alaternus* a le ſtigmate diviſé en trois; que ſa baie renferme trois ſemences ; que ſon calyce eſt diviſé en cinq, & qu'il porte des fleurs mâles & des fleurs hermaphrodites : 4.° que le *Ziziphus* a deux ſtyles; que ſa baie eſt fort charnue; qu'elle contient un noyau à deux loges; & que ſon calyce eſt diviſé en cinq.

ESPECES.

1. *RHAMNUS catharticus.* C. B. P.
   NERPRUN purgatif.

2. *RHAMNUS catharticus minor.* C. B. P.
   Petit NERPRUN purgatif; ou GRAINE D'AVIGNON.

3. *RHAMNUS catharticus minor, folio longiori.* Inſtit.
   Petit NERPRUN purgatif à feuille longue.

4. *RHAMNUS tertius flore herbaceo baccis nigris.* C. B. P.
   NERPRUN à fleurs vertes & à baies noires.

Il y a encore pluſieurs autres eſpeces de Nerpruns, que nous ſupprimons, parce qu'elles ne peuvent s'élever en pleine terre. Pour raſſembler les différentes eſpeces du *Rhamnus* de M. Linneus, voyez *ALATERNUS, FRANGULA, PALIURUS* & *ZIZIPHUS.*

CULTURE.

Les Nerpruns s'élevent très-facilement de ſemences & de

drageons enracinés qui se trouvent auprès des gros pieds ; ces arbrisseaux ne sont nullement délicats sur le terrein.

USAGES.

Le Nerprun n'est gueres estimable par l'éclat de ses fleurs ; mais il fait un assez joli arbrisseau : on peut le mettre dans les bosquets d'été, & encore mieux dans les remises ; car les oiseaux se nourrissent de son fruit.

Les graines des especes, n°. 1 & n°. 2, sont très-purgatives.

On met le suc des fruits mûrs de l'espece, n°. 1, après l'avoir concentré & dépuré, dans des vessies avec un peu d'alun dissous dans l'eau, & l'on pend ces vessies au plancher d'un lieu chaud : au bout de quelque temps, on délaie dans de l'eau une matiere gommeuse qui se trouve mêlée avec les feces ou marc ; on la passe ensuite par un linge, & on l'évapore ; cela produit un fort beau verd que les Enlumineurs & les Peintres en miniature, nomment *Verd-de-vessie.*

Les fruits de l'espece, n°. 2, étant cueilli verts, se nomment *Graine d'Avignon* & fournissent une bonne teinture jaune, dont on fait un grand usage pour teindre les étoffes. Les Peintres à l'huile & en miniature se servent aussi de ces bayes quand on a incorporé leur teinture dans une matiere terreuse, qui est souvent la base de l'alun, pour en faire ce qu'on appelle *Stil-de-grain.*

Les feuilles de cet arbrisseau passent pour être détersives : on fait, avec le fruit du Nerprun, un sirop qui est très-purgatif.

Rhus

RHUS, Tournef. & Linn. SUMAC, en Bretagne & en Canada, VINAIGRIER.

DESCRIPTION.

LES fleurs (*a*) du Sumac font formées d'un calyce (*b*) qui eft divifé en cinq parties qui fe tiennent droites. Ce calyce fubfifte jufqu'à la maturité du fruit; il fupporte cinq pétales ovales & qui fe terminent en pointe: quoique ces pétales foient affez petits, ils font néanmoins une fois plus grands que les échancrures du calyce: on a peine à découvrir dans l'intérieur cinq étamines qui font fort courtes, & chargées de fommets très-déliés. Le piftil (*c*) eft compofé d'un embryon arrondi & affez gros: on n'apperçoit prefque point de ftyle, mais feulement trois ftigmates. L'embryon devient une baie velue (*d*), peu charnue, arrondie; elle (*e*) renferme un noyau (*f*) de même figure.

Les fleurs & les fruits du Sumac viennent raffemblés par gros épis.

Comme on a voulu rendre fenfibles à la vue toutes les parties de la fleur du Sumac, on a été obligé de les repréfenter dans la vignette plus groffes que le naturel, & telles qu'elles paroiffent vues avec la louppe.

M. Linneus n'a fait qu'un feul genre des *Sumac* & des *Toxicondendron* : il eft vrai que ces deux genres fe reffemblent beaucoup; cependant, pour ne point trop étendre le genre du Sumac, nous ne confondrons point ce qui a été diftingué par prefque tous les Auteurs de Botanique : nous établirons la différence de ces deux genres, fur ce que le fruit des *Sumacs* eft ordinairement velu & un peu charnu, en forte

Tome II. E e

que c'eſt une eſpece de baie ; au lieu que le fruit des *Toxi-*
condendron eſt une capſule liſſe , ſtriée & terminée par un petit mamelon.

Quoique M. Linneus ait diſtingué dans ſes *Gen. Plant.* le
Fuſtet du Sumac, & qu'enſuite il n'en ait fait qu'un ſeul genre
dans ſes *Spec. Plant.* nous croyons cependant qu'il ſera facile
de ne pas confondre ces deux genres , & que l'on peut laiſſer
ſubſiſter la diſtinction que cet Auteur avoit lui-même établie
en premier lieu.

Les eſpeces de Sumac, dont il eſt fait mention dans notre
catalogue , ont leurs feuilles empanées, compoſées de pluſieurs folioles longues , pointues, dentelées par les bords , &
rangées par paires ſur une côte qui eſt terminée par une foliole impaire ; (cette obſervation ne convient cependant pas à
toutes les eſpeces :) les feuilles ſont poſées alternativement
ſur les branches.

E S P E C E S.

1. *RHUS folio Ulmi.* **C. B. P.**
   S u m a c à feuille d'Orme.

   Nota. Que ce ſont les folioles qu'on a comparées aux feuilles
     de l'Orme , quoiqu'elles n'y reſſemblent gueres.

2. *RHUS Virginianum.* **C. B. P.**
   S u m a c de Virginie.

3. *RHUS Canadenſe , folio longiori utrinque glabro.* **Inſt.**
   S u m a c de Canada à feuilles liſſes ; ou VINAIGRIER.

4. *RHUS anguſtifolium.* **C. B. P.**
   S u m a c à feuilles étroites.

5. *RHUS Caroliniana fructu coccineo.*
   S u m a c de Caroline, dont le fruit eſt de couleur rouge orangé.

6. *RHUS Caroliniana fructu nigro.*
   S u m a c de Caroline à fruit noir.

7. *RHUS foliis pinnatis integerrimis , petiolo membranaceo articulato.* Roy.

vel , R H U S *obſoniorum ſimilis Americana , gummi candidum fundens ,
non ſerrata , foliorum Rachi medio alata.* Pluk. Phit.

S U M A C dont les feuilles ſont empanées , & dont la tige du milieu eſt ailée.

Il y a pluſieurs autres eſpeces de Sumac dont nous ne parlons point , parce qu'elles ne peuvent ſupporter nos hyvers.

C U L T U R E.

Les Sumacs , n°. 1 , 2 & 3 , ne ſont point du tout délicats.
S'ils ſont plantés un peu près de la ſuperficie de la terre , ils
pouſſent une ſi grande quantité de rejets , que quelques pieds
ſuffiſent pour remplir tout un terrein. On peut donc multiplier
les Sumacs par les drageons enracinés qu'ils produiſent en
abondance , & cela eſt avantageux ; car les ſemences levent
difficilement , ſur-tout quand on les tranſporte fort loin. Nous
en avons cependant pluſieurs d'Amérique que nous avons élevés de ſemence : les Sumacs s'accommodent aſſez bien de
toute ſorte de qualité de terre.

U S A G E S.

Le Sumac à feuille d'Orme porte des fleurs blanches ; celui
de Virginie les a rouges , auſſi-bien que le duvet qui couvre
les ſemences : cet arbre a un port fort ſingulier. Ces deux
eſpeces s'accommodent aſſez bien d'une terre de médiocre
qualité ; ainſi ils ſont propres à garnir les remiſes & certaines
parties dans les parcs : ils peuvent tenir auſſi leur place dans
les boſquets d'été & d'automne , parce que les épis rouges
de celui de Virginie font un aſſez bel effet.

Il découle des inciſions qu'on fait au tronc des gros Sumacs , une ſubſtance réſineuſe qui eſt bien digne d'attention ,
pour eſſayer d'en faire un vernis analogue à celui de la Chine.

Les feuilles du Sumac ſervent dans quelque pays à tanner
les cuirs. Je crois que la décoction des grappes eſt employée
à préparer les étoffes pour quelques eſpeces de teintures :
en Médecine on emploie cette décoction pour arrêter les flux

E e ij

de fang : ces grappes bouillies dans le vin, calment l'inflam=
mation des hémorroïdes.

Le bois du Sumac, principalement celui de l'efpece nº. 2,
eft fort tendre ; mais il eft d'une très-belle couleur verte,
& de deux nuances qui font affez agréables.

On cultive à Trianon les efpeces nº. 5, 6 & 7. M.
Richard en éleve, outre cela, un femblable à celui de Virginie, mais qui eft plus grand, plus velu, dont le duvet eft
d'un pourpre vif, dont les fleurs font blanches, & les pan-
nicules grandes & éparfes.

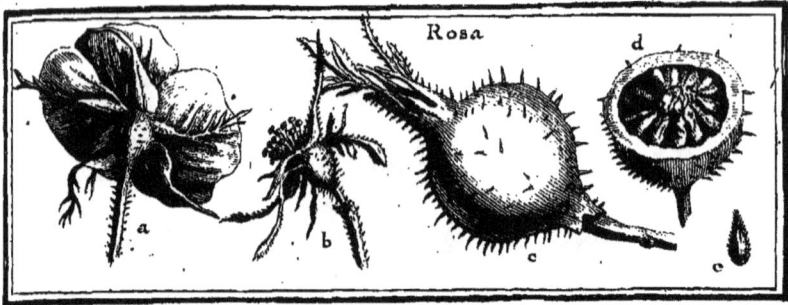

Rosa

ROSA, Tournef. & Linn. ROSIER.

DESCRIPTION.

LES fleurs (*a*) des Rosiers sont composées d'un calyce (*b*) d'une seule piece, charnu par le bas, divisé par les bords en cinq grandes découpures qui se terminent en pointe, d'où il part souvent des appendices plus ou moins grandes.

Ce calyce porte cinq grands pétales arrondis, creusés en cuilleron, & souvent échancrés en cœur. On y trouve aussi un grand nombre d'étamines fort courtes, & chargées de sommets triangulaires.

Le pistil est composé d'un grand nombre d'embryons qui sont contenus dans la partie charnue du calyce, & d'un pareil nombre de styles qui sortent du calyce par une ouverture placée au milieu du disque de la fleur.

Les embryons deviennent autant de semences (*e*) oblongues & hérissées de poils.

Le fruit (*c*) du Rosier se nomme vulgairement *Gratte-cul*; il est charnu & formé par le calyce; il est terminé par un umbilic; il contient (*d*) beaucoup de semences, & des poils ordinairement durs & piquants.

On conçoit bien que nous ne parlons que des Roses simples, quand nous disons que les fleurs n'ont que cinq pétales; les Roses semi-doubles & les Roses doubles en ont un bien plus grand nombre : alors les étamines se trouvent entre les pétales ; & ce qui fait que les Rofes doubles donnent de bonnes femences, quoique la plupart des fleurs doubles n'en donnent point, c'eft que fouvent les pétales furnuméraires fe forment aux dépens des étamines.

Les feuilles des Rofiers font ordinairement compofées de trois, cinq ou fept folioles ovales, dentelées par les bords, attachées deux à deux fur un filet qui eft terminé par une foliole, & qui eft accompagnée de ftipules à fon infertion fur les branches : ces feuilles font pofées alternativement fur les branches.

Prefque toutes les efpeces du Rofier font armées d'épines.

ESPECES.

1. *R O S A rubra fimplex.* C. B. P.
Rosier à fleur rouge, fimple.

2. *R O S A rubra multiplex.* C. B. P.
Rosier à fleur rouge, double.

3. *R O S A ex rubro nigricante, flore pleno.* Eyft.
Rosier à fleur double rouge foncé.

4. *R O S A rubicunda, quæ non omninò dehifcit ut Plinii Græcula.* Cam. Hort.
Rosier de Grece à fleur rouge qui ne s'épanouit pas entierement.

5. *R O S A rubra pallidior.* C. B. P.
Rosier à fleur rouge pâle.

6. *R O S A rubra, pallidior, flore pleno.* C. B. P.
Rosier à fleur double toute pâle.

7. *R O S A faturatiùs rubens.* C. B. P.
Rosier à fleur pourpre.

8. *R O S A purpurea.* C. B. P.
Grand Rosier à fleur pourpre, dit DE PROVIN

9. *R O S A purpurea flore fimplici.* H. R. Par.
Rosier fimple pourpre, dit DE PROVINS.

10. *ROSA versicolor.* C. B. P.
Rosier à fleur panachée.

11. *ROSA Anglica versicolor.* Pass.
Rosier d'Angleterre à fleur panachée.

12. *ROSA Basilica ex albido colore & rubello varia.* D. de Bertinieres, Joncq. Hort.
Rosier à fleur mi-partie de rouge & de blanc.

13. *ROSA Ciphiana, seu Rosa Pimpinella foliis minor, nostras flore eleganter variegato.* Scot. Maestr. Part.
Rosier panaché, à feuille de Pimprenelle.

14. *ROSA maxima multiplex.* C. B. P.
Rosier à cent feuilles; ou Rosier de Hollande très-double.

15. *ROSA multiplex media.* C. B. P.
- Petit Rosier à cent feuilles, ou très-double.

16. *ROSA alba, vulgaris major.* C. B. P.
Grand Rosier à fleur blanche.

17. *ROSA flore albo, pleno.* Eyst.
Rosier à fleur blanche double.

18. *ROSA alba minor.* C. B. P.
Petit Rosier à fleur blanche.

19. *ROSA moschata major.* J. B.
Grand Rosier à fleur musquée; ou Rose-muscade.

20. *ROSA moschata, simplici flore.* C. B. P.
Rosier à fleur simple musquée; ou Rose-muscade simple.

21. *ROSA moschata, flore pleno.* C. B. P.
Rosier à fleur musquée double; ou Rose-muscade double.

22. *ROSA moschata semper virens.* C. B. P.
Rosier à fleur musquée, toujours verd.

23. *ROSA spinis carens, flore majore.* C. B. P.
Grand Rosier sans épines.

24. *ROSA sine spinis, flore minore.* C. B. P.
Rosier sans épines à petite fleur.

25. *ROSA folio crifpo, flore rubello, five incarnato.* J. B.
Rosier à feuille frifée, à fleur incarnate.

26. *ROSA filveftris vulgaris., flore odorato incarnato.* C. B. P.
Rosier fauvage à fleur rouge odorante.

27. *ROSA filveftris, flore majore & rubente.* C. B. P.
Rosier fauvage à grande fleur rouge.

28. *ROSA canina, duplicato flore, Burdigalenfis quorumdam.* H. R. Par.
Rosier de Bordeaux; ou Eglantier à fleur double.

29. *ROSA filveftris, flore pleno.* C. B. P.
Rosier-Eglantier à fleur double.

30. *ROSA filveftris, foliis odoratis.* C. B. P.
Rosier-Eglantier à fleur odorante.

31. *ROSA filveftris odoratiffimo rubro flore.* C. B. P.
Rosier fauvage à fleur rouge très-odorante.

32. *ROSA filveftris odorata, albo flore.* C. B. P.
Rosier fauvage à fleur blanche, odorante.

33. *ROSA odore cinnamomi, fimplex.* C. B. P.
Rosier à fleur fimple qui fent la canelle.

34. *ROSA odore cinnamomi, flore pleno.* C. B. P.
Rosier à fleur double qui fent la canelle.

35. *ROSA minor rubello flore, quæ vulgò, à menfe Maio, maialis dicitur.* C. B. P.
Rosier de Mai.

36. *ROSA lutea, fimplex.* C. B. P.
Rosier à fleur jaune, fimple.

37. *ROSA lutea, multiplex.* C. B. P.
Rosier à fleur jaune, double.

38. *ROSA campeftris fpinofiffima, flore albo, odoro.* C. B. P.
Petit Rosier très-épineux, à fleur blanche, odorante.

39. *ROSA pumila fpinofiffima flore rubro.* J. B.
Petit Rosier très-épineux, à fleur rouge.

40.

40. ROSA *Alpina, pumila, montis Rosarum, pimpinella foliis minoribus ac rotundioribus, flore minimo lividè rubente.* H. Cathol.
Rosier des Alpes à petite fleur rouge pâle.

41. ROSA *silvestris, pumila, rubens.* C. B. P.
Petit Rosier sauvage à fleur rouge.

42. ROSA *silvestris, pomifera major.* C. B. P.
Grand Rosier sauvage à gros fruit épineux.

43. ROSA *arvensis candida.* C. B. P.
Rosier des champs à fleur blanche.

44. ROSA *campestris, repens, alba.* C. B. P.
Rosier des champs, rampant, à fleur blanche, qui porte le Kinorodon des Apothicaires; ou le Gratte-cul.

45. ROSA *minima.* J. B.
Le très-petit Rosier.

46. ROSA *campestris, spinis carens, biflora.* C. B. P.
Rosier sauvage, sans épines, qui fleurit deux fois l'année.

47. ROSA *omnium calendarum.* H. R. Par.
Rosier de tous les mois.

48. ROSA *omnium calendarum, flore albo.* H. R. Monsp.
Rosier de tous les mois, à fleur blanche.

49. ROSA *omnium calendarum, flore pleno, carneo.* D. Boutin. Joncq. Hort.
Rosier de tous les mois, à fleur double couleur de chair.

50. ROSA *omnium calendarum, flore simplici purpureo.* D. Boutin. Joncq. Hort.
Rosier de tous les mois, à fleur simple & pourpre.

51. ROSA *Punicea.* Corn.
Rosier d'Afrique.

52. ROSA *inapertis floribus, alabastro crassiore, Francofurtensis quibusdam.* H. R. Par.
Rosier à gros cul de Francfort.

53. ROSA *silvestris fructu majore hispido.* Raii. Synops.
Rosier sauvage à gros fruit épineux.

54. *ROSA filveftris Virginienfis.* Raii. Hift.
R o s i e r fauvage de Virginie.

55. *ROSA fine fpinis, flore majore.* M. C.
R o s i e r fans épines, à grande fleur.

Il n'eft pas douteux que nous comprenons dans cette lifte beaucoup de variétés ; mais comme elles peuvent toutes fervir à la décoration des Jardins, nous avons cru devoir les rapporter en détail.

CULTURE.

Les Rofiers font des arbriffeaux très-peu délicats. On peut les élever de femences ; mais on a coutume de les multiplier par marcottes ; ils reprennent même de boutures ; on greffe les efpeces rares fur celles qu'on a en abondance. Les branches qui ont porté beaucoup de fleurs, périffent affez fouvent ; mais les racines produifent de nouveaux jets gourmands qui réparent la perte que ces arbuftes ont faite.

USAGES.

On fait qu'il n'y a point d'arbriffeau plus agréable que le Rofier, foit à fleurs fimples, foit à fleurs doubles : toutes les variétés du Rofier, favoir, à fleur blanche, couleur de chair, rouge, pourpre, ponceau, panachée & jaune, peuvent feules, dans le mois de Juin, fournir la décoration d'un bofquet ; car, indépendamment de la beauté, de la variété & de l'éclat de leurs fleurs, la plupart répandent une odeur délicieufe.

Entre toutes ces variétés, on doit principalement cultiver les Rofes de tous les mois, n°. 47, 48, 49 & 50, parce qu'elles fourniffent des fleurs pendant toute l'année.

On trouve chez nos Jardiniers un petit Rofier nain qui porte des fleurs très-doubles d'une forme & d'une couleur charmante : je crois que c'eft l'efpece de J. B. n°. 45.

Les deux Rofes jaunes, n°. 36 & 37, font très-eftimables : l'efpece double avorte fouvent ; mais l'efpece fimple a un éclat furprenant.

Les Roses canelles, n°. 33 & 34; les Roses muscades, n°. 19, 20, 21 & 22, exhalent une odeur charmante.

Enfin l'espece, n°. 4, & la Rose de Mai, n° 35, ont l'avantage d'être plus printanieres que les autres.

Il y a des Roses qui, du centre de la fleur, produisent une autre Rose, & quelquefois des feuilles : c'est une monstruosité qui les fait nommer *Proliferes.*

Les Roses blanches & les Roses pâles sont très-purgatives, & sur-tout encore la Rose muscade qui vient des pays chauds.

Les Roses d'un rouge-foncé, qu'on nomme *Roses de Provins*, passent pour être astringentes.

Les Roses entrent dans beaucoup de préparations médicinales; on en fait de la conserve, des sirops simples & composés : l'eau simple de Roses distillées, s'emploie dans les offices dans quelques pâtisseries & dans plusieurs remedes : les Chirurgiens font des fomentations avec la décoction de Roses seches.

Tome II. Pl. 53.

Rosmarinus

ROSMARINUS, Tournef. & Linn.
ROMARIN.

DESCRIPTION.

LE Romarin porte des fleurs labiées (*a b*), dont la partie inférieure est reçue dans un calyce (*d*) en cornet, qui est divisé à la partie supérieure par une grande découpure, & à la partie inférieure par deux plus petites.

La levre supérieure du pétale (*c*) est divisée en deux ; elle est ouverte, & se soutient droite ; la levre inférieure est divisée en trois & recourbée en dessous ; la découpure du milieu est plus grande que les deux autres ; elle est creusée en cuilleron, & étroite vers sa base : les échancrures latérales sont petites & pointues.

On apperçoit dans l'intérieur deux étamines recourbées vers la levre supérieure, & qui sont terminées par un sommet.

Le pistil (*g*) est formé d'un embryon divisé en quatre, & d'un style long & recourbé.

L'embryon se change en quatre semences (*f h*), recouvertes par le calyce même (*e*) qui leur sert d'enveloppe.

Les feuilles de cet arbrisseau sont simples, très-étroites, longues, divisées suivant leur longueur par une nervure ; elles sont opposées deux à deux sur les branches ; elles sont blanchâtres en dessous, & elles ne tombent point pendant l'hyver.

ESPECES.

1. *ROSMARINUS hortensis, latiore folio.* Mor. Hist. ROMARIN cultivé, à feuille large.

2. *ROSMARINUS hortensis, angustiore folio.* C. B. P.
Romarin cultivé, à feuille étroite.

3. *ROSMARINUS Almeriensis, flore majore spicato purpurascente.* Inst.
Romarin d'Almérie, à grande fleur pourpre.

4. *ROSMARINUS hortensis, angustiore folio, argenteus.* H. R. Par.
Romarin à feuille étroite, & argenté.

5. *ROSMARINUS striatus sive aureus.* Park.
Romarin panaché de jaune.

CULTURE.

Le Romarin n'est point du tout délicat sur la nature du terrein : il se multiplie aisément de marcottes, & même de boutures ; mais il craint les fortes gelées de nos hyvers. Nous en avons cependant des pieds qui subsistent depuis plus de dix ans le long d'un espalier, sans avoir jamais été couverts : il est vrai qu'ils ont beaucoup souffert de l'hyver de 1754. On a remarqué que ceux qui étoient à l'exposition du Couchant, & même à celle du Nord, avoient moins souffert que ceux qui, étant exposés au soleil, se trouvoient presque tous les jours couverts de verglas.

USAGES.

Comme cet arbrisseau ne quitte point ses feuilles, il seroit très-bien placé dans les bosquets d'hyver, s'il ne craignoit pas la gelée : cependant il n'est jamais si agréable que dans le mois de Juin, qui est le temps de sa fleur.

On sait que les feuilles & les fleurs du Romarin répandent une odeur très-agréable, & qu'elles entrent comme aromates dans les sachets & dans les pots-pourris ; c'est de ses fleurs distillées avec le vin & l'eau-de-vie, qu'on fait cette eau si connue sous le nom d'*Eau de la Reine de Hongrie*. Outre ces propriétés, on regarde encore cet arbuste comme céphalique, antihystérique, & comme un puissant vermifuge.

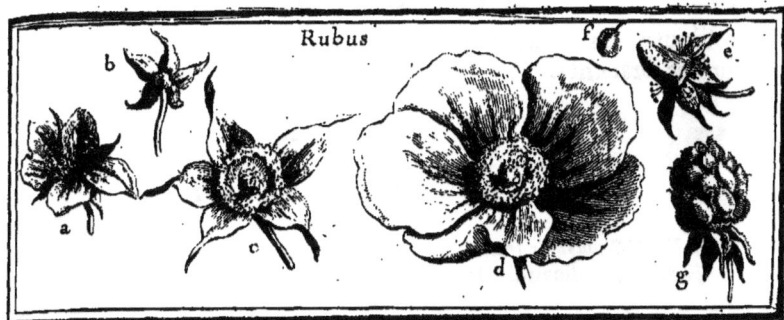

Rubus

RUBUS, Tournef. & Linn. RONCE.

DESCRIPTION.

LA fleur (*a d*) de la Ronce a un calyce (*b c*) d'une feule piece, découpé en cinq lanieres affez longues & terminées en pointe; il fubfifte jufqu'à la maturité du fruit.

Ce calyce porte cinq pétales arrondis, difpofés en rofe, & qui font affez grands, fur-tout dans quelques efpeces.

On apperçoit dans l'intérieur grand nombre d'étamines qui partent du calyce; elles font terminées par des fommets arrondis & un peu comprimés.

Le piftil eft formé d'un grand nombre d'embryons raffemblés en forme de tête, & d'un pareil nombre de ftyles qui partent des côtés des embryons.

Ces embryons deviennent des graines (*f*) ou de petites baies fucculentes, qui font prefque toujours réunies les unes aux autres, & qui forment toutes enfemble un fruit conique (*g*): toutes ces baies font attachées à un placenta commun (*e*) qui occupe l'axe du fruit.

Chaque grain (*f*) renferme une femence oblongue.

La forme des feuilles varie; mais la plupart des Ronces les ont compofées de trois ou cinq grandes folioles dentelées par les bords, & qui font attachées aux extrêmités d'une queue commune: elles font hériffées d'épines crochues.

Toutes les Ronces ont leurs feuilles posées alternativement sur les branches.

ESPECES.

RONCES PROPREMENT DITES.

1. *RUBUS vulgaris fructu nigro.* C. B. P.
   RONCE ordinaire à fruit noir.

2. *RUBUS vulgaris major, folio variegato.* M. C.
   RONCE ordinaire à feuille panachée.

3. *RUBUS non spinosus, fructu nigro majore, Polonicus.* Barr. Icon.
   RONCE de Pologne, à fruit noir & sans épines.

4. *RUBUS vulgaris major, fructu albo.* Raii.
   RONCE ordinaire à fruit blanc.

5. *RUBUS flore albo pleno.* H. R. Monsp.
   RONCE à fleur double blanche.

6. *RUBUS vulgaris, spinis carens.* H. R. Par.
   RONCE ordinaire sans épines; ou RONCE de S. François.

7. *RUBUS spinosus, foliis & floribus eleganter laciniatis.* Inst.
   RONCE épineuse, dont les feuilles sont profondément découpées; ou RONCE à feuille de Persil.

8. *RUBUS elegantissimus, rectus, humilis, trifolius, Rosa spinulis, fructu colore & sapore Fragaria.* Hort. Cathol.
   Petite RONCE qui se tient droite, qui a trois feuilles & des épines comme le Rosier, dont le fruit a la couleur & le goût de la Fraise.

FRAMBOISIERS.

9. *RUBUS Idaus spinosus, fructu rubro.* J. B.
   RONCE du mont Ida, épineux & à fruit rouge; ou FRAM-BOISIER à fruit rouge.

10. *RUBUS Idaus spinosus, fructu albo.* C. B. P.
    RONCE du mont Ida épineux, à fruit blanc; ou FRAMBOISIER à fruit blanc.

11. *RUBUS Idæus lævis.* C. B. P.
 Ronce du mont Ida fans épines ; ou Framboisier fans épines.

12. *RUBUS Idæus, fructu nigro, Virginianus.* Banifter.
 Ronce du mont Ida à fruit noir; ou Framboisier à fruit noir de Virginie.

13. *RUBUS Idæus fpinofus, fructu rubro ferotino.* M. C.
 Ronce du mont Ida épineux, dont le fruit eft tardif; ou Framboisier d'automne.

14. *RUBUS odoratus.* Cornut.
 Ronce odorante; ou Framboisier de Canada à fleur en rofe.

15. *RUBUS Americanus, magis erectus, fpinis rarioribus, ftipite cæruleo.* Pluk.
 Ronce d'Amérique, qui a peu d'épines, & dont l'extrêmité des branches eft bleuâtre ; ou Framboisier de Penfilvanie.

CULTURE.

Les Ronces proprement dites, pouffent de grandes branches farmenteufes, dont les unes fe rament dans les buiffons qui fe trouvent à leur portée, & les autres rampent à terre: celles-ci prennent racines à tous les endroits qui touchent immédiatement la terre ; par conféquent elles fe multiplient d'elles-mêmes de marcottes, & beaucoup plus qu'on ne veut.

Les Framboifiers ne rampent point ; leurs branches fe tiennent droites: celles qui ont produit du fruit plufieurs années de fuite, meurent, & font remplacées par de nouveaux jets qui partent des racines. Ces jets fourniffent une grande quantité de drageons enracinés, par lefquels on peut, tant qu'on le veut, multiplier les Framboifiers. Tout le foin de la culture de cet arbufte fe réduit feulement à lui donner quelques labours, & à couper les vieux jets lorfqu'ils font épuifés.

On voit par ce que nous venons de dire, qu'il eft inutile d'avoir recours aux femences pour multiplier les Ronces; cependant fi l'on vouloit en ramaffer pour en envoyer au loin , il faudroit écraſer les fruits dans l'eau, de la même façon que nous l'avons dit en parlant des Mûriers. Voyez pour cet effet l'article *MORUS*.

On a nommé les Framboiſiers *Rubus Idæus, Ronce du mont Ida*: j'en ignore la raiſon; car les Framboiſiers croiſſent naturellement dans toute la Zone tempérée; on en trouve auſſi beaucoup dans la Zone glaciale, & encore, à ce que je préſume, dans la Zone torride.

USAGES.

Les Ronces des haies, n°. 1, donnent des fruits ſemblables aux Mûres, qu'on nomme *Mûres-de-renard* : elles ſont fades en comparaiſon des véritables Mûres; on les emploie en Médecine en place des Mûres noires, quand on manque de ce fruit. On s'en ſert en Provence pour colorer le vin muſcat blanc & pour faire le vin muſcat rouge de Toulon. Comme les haies ſont remplies de cette eſpece de Ronce, on ſe diſpenſe de la cultiver dans les jardins : en Guienne, on ramaſſe ce fruit pour le donner aux pourceaux.

On peut cultiver par curioſité la Ronce à fruit blanc, n°. 4; & celle qui eſt ſans épines, n° 3 & n°. 6, & encore celle à feuilles panachées, n°. 2 : mais l'eſpece qui mérite ſur-tout d'être cultivée, eſt celle à fleurs doubles, n°. 5; car depuis le mois de Juin juſqu'au temps des premieres gelées, elle produit des fleurs larges comme un petit écu, & qui ſont auſſi belles que les Renoncules ſemi-doubles.

Les jeunes branches & les racines de la Ronce ordinaire, ſont aſtringentes: leur décoction eſt recommandée en gargariſme pour les maux de gorge.

On cultive les Framboiſiers à cauſe de leur fruit qui a beaucoup de parfum : on le mange crud mêlé avec les Fraiſes & les Groſeilles; on en fait des confitures agréables, des compotes; enfin ce fruit entre dans la compoſition de pluſieurs ratafias.

Les eſpeces, n°. 14 & 15, donnent de fort jolies fleurs; elles méritent d'être cultivées dans les boſquets de la fin du printemps.

Ruscus.

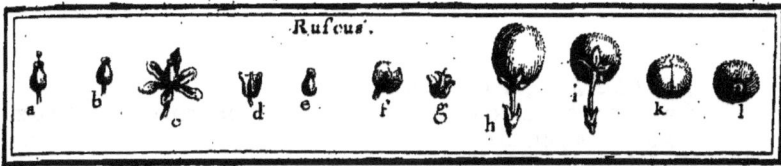

RUSCUS, Tournef. & Linn. FRAGON.

DESCRIPTION.

LES Fragons portent quelquefois des fleurs mâles & des fleurs femelles , & quelquefois auffi des fleurs hermaphrodites.

Les fleurs mâles (c) font compofées d'un calyce divifé en fix jufqu'à fa bafe. On apperçoit dans l'intérieur, fuivant M. de Tournefort, un pétale (b) en forme de grelot; & fuivant M. Linneus, cette partie n'eft point un pétale, mais un *nectarium*: en effet, les fommets des étamines qui font au nombre de trois, lui font immédiatement attachés.

Les fleurs femelles font entierement femblables aux fleurs mâles, fi ce n'eft qu'on n'apperçoit point d'étamines; mais il y a dans l'axe du grelot (e) un piftil (d) formé d'un embryon ovale, furmonté d'un ftyle (a) qui fe termine quelquefois par un ftigmate, & quelquefois par trois (g).

L'embryon devient une baie charnue (hi) qui eft divifée en trois loges (kl), & qui devroit naturellement contenir autant de noyaux; mais communément on en trouve un ou deux avortés.

Aux fleurs hermaphrodites (f), les échancrures du calyce forment une efpece de globe.

Le calyce fubfifte jufqu'à la maturité du fruit.

Les feuilles des Fragons ne tombent point pendant l'hyver; elles font pofées alternativement fur les branches : leur forme varie fuivant les efpeces.

ESPECES.

1. *RUSCUS Myrtifolius aculeatus.* Inft.
FRAGON à feuille de myrte pointue & piquante; ou HOUX-FRELON; ou BUIS piquant; ou BRUSQUE; ou HOUSSON; ou HOUX-FOURGON.

2. *RUSCUS latifolius, fructu folio innafcente.* Inft.
FRAGON à feuilles larges, dont le fruit vient sur la feuille; ou LAURIER-ALEXANDRIN à feuilles larges, & qui porte une foliole sur chaque feuille.

3. *RUSCUS anguftifolius, fructu folio innafcente.* Inft.
FRAGON à feuilles étroites, dont le fruit vient sur la feuille; ou LAURIER-ALEXANDRIN à feuilles étroites, qui porte une foliole sur chaque feuille.

4. *RUSCUS anguftifolius, fructu fummis ramulis innafcente.* Inft.
FRAGON à feuilles étroites, qui porte ses fruits à l'extrêmité des branches; ou grand LAURIER-ALEXANDRIN.

5. *RUSCUS latifolius, è florum finu florifer & baccifer.* Dill. Hort. Elth.
FRAGON à grandes feuilles, qui porte ses fleurs & ses baies aux aifselles des feuilles; ou LAURIER-ALEXANDRIN qui porte des fleurs mâles & des fleurs femelles.

CULTURE.

Les Fragons ne font abfolument point délicats: on pourroit les élever de femences; mais comme les racines produifent des jets en abondance, on trouve fuffifamment du plant autour des gros pieds. Le Houx-frelon, n°. 1, vient naturellement dans les bois.

USAGES.

Le Houx-frelon ou Fragon, n°. 1, porte des feuilles fermes, dures, qui fe terminent par une pointe très-piquante. Cet arbufte eft très-petit; mais comme il conferve ses feuilles pendant l'hyver, & que ses fruits rouges font affez jolis, on peut en mettre dans les bofquets de cette faifon, & en planter dans les remifes.

On fait des houſſoirs avec les branches de cet arbuſte : ſes bayes ainſi que ſes racines entrent dans les ptiſannes apéritives : on dit que les jeunes pouſſes peuvent ſe manger en guiſe d'aſperges.

Les Lauriers-Alexandrins ont pareillement leurs feuilles terminées en pointe, mais qui ne ſont point piquantes. Les eſpeces, nº. 2 & 3, ſont ſingulieres par une foliole en forme de levre qui ſe détache du milieu de la feuille : l'eſpece, nº. 4, qui eſt un peu plus grande que les autres, doit ſur-tout être cultivée dans les boſquets d'hiver.

RUTA, Tournef. & Linn. RUE.

DESCRIPTION.

LE calyce (*b*) de la fleur (*a*) de la Rue eſt diviſé en quatre juſqu'à ſa baſe; ou, ſi l'on veut, compoſé de quatre feuilles aſſez petites: il ſubſiſte juſqu'à la maturité du fruit. Il porte quatre pétales, rarement cinq, creuſés en cuilleron, dentelés par les bords, & diſpoſés en roſe: on apperçoit dans le diſque de la fleur huit étaminesaſſez longues, & terminées par de courts ſommets; au milieu eſt le piſtil (*d*) formé d'un embryon de la forme d'une poire poſée ſur la tête; & par le bout qui eſt tronqué, il eſt diviſé en quatre par une croix.

Cet embryon devient une capſule renflée (*c*), compoſée de quatre loges (*f*) diſtinguées l'une de l'autre par des ſillons, & en partie diviſée intérieurement par des cloiſons. On trouve dans ces différentes loges (*e*) des ſemences anguleuſes (*g*) qui approchent ordinairement de la figure d'un rein.

La Rue fait un arbuſte plus ou moins grand, ſuivant les eſpeces: celle des jardins s'éleve, dans les terreins où elle ſe plaît, juſqu'à quatre ou cinq pieds de hauteur.

Les feuilles ſont oppoſées ſur les branches; elles ſont compoſées de folioles rangées par paires ſur une nervure, terminée par une ſeule. Ces folioles ſont oblongues, charnues, ſubdiviſées très-irrégulierement en d'autres folioles: elles ſont épaiſſes, un peu graſſes, d'un verd tirant ſur le bleu, couvertes, comme les Prunes, d'une fleur ou roſée blanche.

Ses fleurs ſont d'un jaune verdâtre, & raſſemblées par épis ou bouquets au bout des branches.

Toutes les efpeces connues de la Rue, ont une odeur forte & defagréable.

ESPECES.

1. *RUTA hortenfis latifolia.* C.B.P.
Rue des jardins à feuille large.

2. *RUTA filveftris major.* C.B.P.
Grande Rue des bois.

Nous fupprimons les efpeces qui ne peuvent fubfifter en pleine terre, ou qui ne font point des arbuftes.

CULTURE.

Quand la Rue eft plantée dans un terrein gras, elle devient un grand arbufte : elle fubfifte cependant très-bien dans les mauvaifes terres. On la multiplie aifément par les drageons enracinés qui fe trouvent auprès des gros pieds.

USAGES.

Comme la Rue conferve fes feuilles pendant l'hyver, on peut mettre la grande efpece dans les bofquets de cette faifon.

La Rue appliquée extérieurement, eft très-réfolutive ; prife intérieurement, elle eft antihyftérique ; on prétend encore qu'elle fortifie l'eftomac : elle entre dans les remedes qu'on donne à ceux qui font mordus d'un chien enragé.

Quoique fon odeur nous paroiffe defagréable, les Allemands, les Anglois & les Hollandois la font entrer dans plufieurs ragoûts.

Les Maréchaux en font ufage dans les remedes qu'ils donnent aux chevaux.

SABINA,

Tome II. Pl. 60.

, Sabina

a   b

SABINA, Tournef. JUNIPERUS, Linn:
SABINE ou SAVINIER.

DESCRIPTION.

LA Sabine porte des fleurs mâles & des fleurs femelles
fur différents pieds.

Les fleurs mâles (*b*) étant groupées trois à trois fur un filet
commun, forment, par leur affemblage, un chaton conique
& écailleux : on n'y apperçoit aucun pétale, & les étamines qui
font au nombre de trois, ne font gueres perceptibles que dans
la fleur qui termine les chatons.

Les fleurs femelles (*a*) font compofées d'un calyce affez
petit, divifé en trois, & qui fubfifte jufqu'à la maturité du
fruit : on y apperçoit trois pétales durs & pointus qui fubfiftent autant que le calyce : le piftil eft compofé d'un embryon
arrondi qui fait partie du calyce, & de trois ftyles. L'embryon devient une baie charnue, arrondie, relevée de petites
éminences qui paroiffent par leur extrêmité être des écailles
immédiatement colées fur le fruit. Le calyce forme à fa bafe
trois tubercules, & les pétales font à fon extrêmité une efpece
de couronne à trois dents, qui borde l'umbilic.

On trouve dans la baie trois femences ou noyaux qui font
convexes d'un côté, & applatis fur les faces qui fe touchent.

Toute cette defcription convient également au Genevrier,
au Cedre & à la Sabine ; c'eft ce qui a fans doute engagé M.
Linneus à n'en faire qu'un feul genre.

Tome II.   H h

Les feuilles de la Sabine font très-petites, & elles ne tombent point pendant l'hyver.

ESPECES.

1. *SABINA folio Tamarifci, Diofcoridis.* C. B. P. *five fœmina.*
   SABINE à feuilles de Tamarifque, ou femelle.

2. *SABINA folio Cupreffi.* C. B. P. *five mas.*
   SABINE à feuilles de Cyprès, ou mâle.

3. *SABINA folio variegato.* M. C.
   SABINE à feuilles panachées.

CULTURE.

Le Savinier ou la Sabine s'accommode affez bien de toutes fortes de terres; cet arbufte fe multiplie par les femences, par les marcottes, & même par boutures; il vient mieux à l'ombre qu'au grand foleil.

La Sabine que nous cultivons ne fait qu'un arbriffeau. M. de Tournefort, dans fon voyage du Levant, *in*-8°. *tom. III, pag.* 184, dit avoir vu des pieds de Sabine auffi gros que des Peupliers. Si je n'étois arrêté par la confiance qu'on doit avoir au récit d'un Auteur auffi exact, je ferois tenté de croire que les arbres qu'il dit avoir vus, font plutôt des Cedres; cette méprife, au refte, ne feroit pas furprenante, puifque, comme nous l'avons dit plus haut, ces deux genres fe reffemblent prefque à tous égards.

USAGES.

Comme cet arbriffeau ne quitte point fes feuilles en hyver, & qu'il eft d'un affez beau verd, il convient de le mettre dans les bofquets de cette faifon.

Il eft regardé en Médecine comme un bon antihyftérique, & comme un puiffant réfolutif.

Les Chirurgiens en emploient les feuilles en poudre pour déterger les ulceres, pour guérir la galle & la teigne.

Les Maréchaux en font un grand ufage pour donner de l'appétit aux beftiaux.

SALIX, Tournef. & Linn. SAULE.

DESCRIPTION.

LES Saules portent des fleurs mâles & des fleurs femelles
fur différents individus.

Les fleurs mâles (*a d*) forment par leur affemblage des chatons écailleux; ces écailles font oblongues, plates: on n'apperçoit point de pétales; mais feulement deux étamines (*b*)
qui partent d'un petit corps coloré, oblong (*c*) & un peu
charnu (*nectarium*).

Il y a des efpeces qui portent quatre & même quelquefois
cinq étamines affez longues & chargées de fommets.

Les fleurs femelles (*e f*) font difpofées en chatons écailleux
comme les fleurs mâles. Elles n'ont ni pétales, ni étamines,
mais feulement un piftil (*g*) qui part du petit corps charnu
dont nous venons de parler: ce piftil eft formé d'un embryon
oblong, furmonté par un ftigmate fourchu.

L'embryon devient une capfule (*h*) longue, qui s'ouvre par
le haut (*i*), & dans laquelle (*k*) font renfermées nombre de
femences menues & aigrettées (*l*); ce qui fait paroître ces
chatons comme chargés d'un coton court & très-fin.

En comparant cette defcription avec celle du Peuplier, on
apperçoit que ces deux genres ont beaucoup de rapport enfemble, & que la différence ne confifte que dans le nombre
des étamines, & dans la forme du *nectarium*, lequel dans le

Peuplier eft en godet, & en écailles dans les Saules : de plus le ftigmate du Peuplier eft divifé en quatre, & celui du Saule ne l'eft qu'en deux.

Les feuilles de la plupart des Saules font longues & pointues; il y a cependant des efpeces qui les ont prefque rondes: elles font toujours pofées alternativement fur les branches, & l'on ne connoît qu'une feule efpece où elles foient oppofées.

ESPECES.

1. *SALIX vulgaris alba, arborefcens.* C. B. P.
   SAULE blanc ordinaire.

2. *SALIX folio Amygdalino, utrinque aurito, corticem abjiciens.* Raii.
   SAULE à feuilles d'Amandier, qui porte des ftipules, & qui quitte fon écorce.

3. *SALIX folio Amygdalino, utrinque virente, aurito.* C. B. P.
   SAULE à feuilles d'Amandier, vertes deffus & deffous, & qui porte des ftipules.

4. *SALIX folio longiffimo, anguftiffimo, utrinque albido.* C. B. P.
   SAULE à feuilles très-longues, étroites & d'un verd argenté.

5. *SALIX humilis anguftifolia.* C. B. P.
   Petit SAULE à feuilles étroites.

6. *SALIX oblongo, incano, acuto folio.* C. B. P.
   SAULE à feuilles oblongues, pointues & d'un verd argenté.

7. *SALIX fragilis.* C. B. P.
   SAULE fragile, ou dont les branches rompent au lieu de ployer.

8. *SALIX humilis capitulo fquamofo.* C. B. P.
   Petit SAULE à tête écailleufe.

9. *SALIX pumila, folio utrinque glabro.* J. B.
   Petit SAULE à feuilles liffes.

10. *SALIX pumila, foliis utrinque candicantibus & lanuginofis.* C. B. P.
    Petit SAULE à feuilles blanchâtres & velues.

11. *SALIX pumila, brevi anguftoque folio incano.* C. B. P.
    Petit SAULE à feuilles courtes & velues.

12. *SALIX pumila, linifolia incana.* C. B. P.
Petit S a u l e à feuilles larges & velues.

13. *SALIX Alpina Pyrenaica.* C. B. P.
S a u l e des Alpes.

14. *SALIX Alpina, Serpilli folio lucido.* Boec.
S a u l e des Alpes à feuilles de Serpolet, & luisantes.

15. *SALIX Alpina angustifolia, repens, non incana.* C. B. P.
S a u l e rampant des Alpes, à feuilles étroites & lisses

16. *SALIX folio longo, utrinque virente, odorato.* M. C.
S a u l e odorant à feuilles longues & qui sont vertes dessus & dessous.

17. *SALIX vulgaris rubens.* C. B. P.
S a u l e rouge ordinaire, ou O s i e r rouge des Vignes.

18. *SALIX sativa, lutea, folio crenato.* C. B. P.
S a u l e jaune cultivé, dont les feuilles sont dentelées, ou O s i e r
jaune.

19. *SALIX platyphyllos, leucophlœos.* Lugd.
S a u l e des marais.

20. *SALIX Orientalis, flagellis deorsùm pulchrè pendentibus.* Cor. Inst.
S a u l e du Levant, dont les branches sont menues & pendantes.

21. *SALIX montana major, foliis Laurinis.* H. R. Par.
Grand S a u l e de montagne à feuilles de Laurier.

22. *SALIX subrotundo, argenteo folio.* C. B. P.
S a u l e à feuilles rondes & argentées; ou M a r c e a u à feuilles
rondes.

23. *SALIX humilis latifolia, erecta.* C. B. P.
Petit S a u l e à feuilles larges; ou M a r c e a u nain à feuilles larges.

24. *SALIX latifolia repens.* C. B. P.
S a u l e rampant à feuilles larges; ou M a r c e a u rempant à
feuilles larges.

25. *SALIX Alpina, pumila, rotundifolia, repens, infernè subcinerea.*
C. B. P.
Petit S a u l e rampant des Alpes à feuilles rondes, d'un verd
cendré par dessous; ou M a r c e a u rempant, &c.

26. *S A L I X pumila folio rotundo.* J. B.
    Petit S A U L E à feuilles rondes.

27. *S A L I X Alpina , Alni rotundo folio , repens.* Bocc.
    S A U L E des Alpes rempant, à feuilles d'Aune.

28. *S A L I X latifolia rotunda.* C. B. P.
    S A U L E à feuilles rondes & larges.

29. *S A L I X folio ex rotunditate acuminato.* C. B. P.
    S A U L E ou M A R C E A U à feuilles rondes qui se terminent en
    pointe.

30. *S A L I X Lusitanica , Salvia foliis auritis.* Inst.
    S A U L E de Portugal à feuilles de Sauge avec stipules.

31. *S A L I X latifolia rotunda variegata.* M. C.
    S A U L E à feuilles rondes & larges, panachées.

32. *S A L I X humilis , foliis angustis , subcæruleis , ex adverso binis.* Raii.
    Sinops.
    Petit S A U L E à feuilles opposées.

C U L T U R E.

Quand il se trouve de la terre remuée sous les grands Saules , dans le temps qu'ils répandent leur graine , il en leve
quelquefois naturellement ; mais on ne s'avise point d'élever
des Saules de graine , parce qu'ils reprennent très-facilement
de bouture.

Les Saules aiment la terre de marais ou fort humide ; cependant ils ne profitent pas si bien quand ils sont submergés
ou plantés dans un fonds de tourbe.

On peut être assuré que tous les Saules qu'on mettra dans
un pré , y périront , si l'on n'apporte pas les précautions suivantes. Quand on a mis en terre les plantards , c'est-à-dire , des
boutures de dix à douze pieds de haut , sur au moins six pouces
de circonférence vers le milieu ; il faut faire , à deux ou trois
pieds de distance des plantards , un fossé dont on rejette la
terre du côté des plantards ; si ces fossés retiennent en partie
l'eau, on peut être assuré que les Saules y viendront à merveille.

Pour faire une plantation de Saules, on coupe des perches pendant l'hyver: on met le pied de ces perches dans l'eau. Au printemps , avant que les Saules aient poussé, on réduit ces perches à dix ou onze pieds de longueur; on en appointit le gros bout avec une ferpe; & pour les planter, on fait des trous en terre avec une pince ou grosse cheville de fer qu'on enfonce à coups de masse ; on place ensuite dans ces trous le gros bout des plantards, jusqu'à un pied & demi ou deux pieds de profondeur, afin que le vent ne les renverse pas. On suit cette même méthode pour planter les Peupliers : au reste, il faut bien prendre garde de ne point meurtrir l'écorce des plantards ; car il se formeroit des chancres aux endroits offensés.

Quoique les Saules soient des arbres aquatiques, quelques especes qu'on nomme *Osiers*, ne laissent pas de venir assez bien dans les Vignes; mais alors on les étête à un demi pied de terre, & on les plante de houssines grosses comme le doigt.

On plante les Osiers que les Vanniers emploient, de la même maniere que l'on plante la Vigne. Il faut que le terrein soit élevé de deux ou trois pieds au dessus de l'eau, & entouré de bons fossés. On leur donne un labour aussi-tôt que l'on a cueilli l'Osier; & dans le courant de l'année, on a soin de détruire de temps en temps l'herbe qui croît dessous : ces Osiers n'ont point de tige; on les étête comme ceux des Vignes.

Les Saules qu'on plante dans les vallées fur la berge des fossés, peuvent être élevés à haute tige, ou étêtés à huit ou dix pieds de haut; alors on les appelle *Têtards*.

Les Saules à feuilles larges, qu'on nomme *Marceaux*, se plaisent, ainsi que les Saules ordinaires, dans les marais; cependant on en voit plusieurs especes qui subsistent dans des terroirs assez secs.

U S A G E S.

Les Saules font des arbres très-utiles. Une belle Sauffaie bien entretenue de fossés, dont les arbres font vigoureux & bien nettoyés du menu bois inutile & qui dérobe la seve aux perches; une telle Sauffaie, quoique plantée de Têtards, c'est-à-dire, d'arbres qu'on étête tous les huit à neuf ans, fait un fort bel effet. D'ailleurs il y a peu d'arbres d'un plus beau port qu'un Saule vigoureux, à qui l'on a ménagé une belle tige, & que l'on n'a point étêté : nous avons des plants de ces Saules qui font l'admiration de tous ceux qui les voient. Cet arbre peut donc fervir à décorer les parties marécageufes des parcs ; car fi le lieu eft trop humide pour qu'on puiffe s'y promener, on a du moins l'agrément d'avoir de beaux points de vue.

Pour ce qui eft de l'utilité des Saules, on fait que celui de l'efpece, n°. 17, que l'on nomme *Ofier*, & qu'on plante ordinairement dans les Vignes, fert à accoller les ceps. Il fert encore à plufieurs autres égards pour le jardinage : on n'emploie ordinairement à ces ufages que les menues branches de l'Ofier ; on refend en deux ou en trois les gros brins, fuivant leur groffeur, & ils fervent alors aux Tonneliers pour lier leurs cerceaux. Les Vignerons s'occupent pendant l'hyver à refendre l'Ofier de leur récolte, quand la rigueur de cette faifon ne leur permet pas de faire d'autres travaux.

L'Ofier de différentes efpeces, & particulierement celui à écorce jaune, n°. 18, fert aux Vanniers pour différents ouvrages : les Ofiers menus ou d'efpeces fujettes à rompre, s'emploient avec leur écorce aux ouvrages les plus communs. L'Ofier jaune qui eft de belle venue, ne s'emploie qu'écorcé ; & pour cela, les Vanniers confervent ces Ofiers en bottes dans leurs caves, jufqu'à ce qu'ils pouffent & qu'ils foient en pleine feve ; alors ils emportent facilement l'écorce en les paffant dans une machoire de bois, & ils affujettiffent avec des liens ces Ofiers écorcés par bottes, pour empêcher qu'ils ne fe contournent en différents fens. Lorfqu'ils veulent les employer, ils les mettent tremper dans l'eau pour les rendre plus fouples.

Les Saules fragiles, c'eft-à-dire, qui rompent au lieu de ployer, quand on veut en faire des liens, de même que les Marceaux, fourniffent de grandes & de petites perches : les petites perches font vendues aux Vanniers qui les refendent en lattes pour en faire la charpente de leurs ouvrages ; les plus groffes perches font refendues en deux ou en trois, & l'on en fait des cerceaux qui ne font pas à la vérité de longue durée ; enfin les plus grandes perches font refendues en trois ou quatre pour fervir d'échalas dans les Vignes ; ou bien on les

refend

refend pour en faire des éclifles pour les fromages, ou des ferches qui fervent de bordures aux cribles.

Pour tirer parti de ces échalats, il faut les conferver pendant un an en bottes bien liées, afin d'empêcher qu'ils ne fe recourbent ; autrement, étant courbés, ils fe rompent quand on les enfonce en terre : au bout de ce temps, ils font prefque d'un auffi bon ufage que ceux de Chêne qu'on emploie aujourd'hui, & qui ne font fouvent que d'Aubour.

Les gros Saules qu'on a laiffé venir en futaie fans les étêter, fervent à faire des planches que l'on emploie comme celles du Tilleul & du Peuplier.

L'écorce que les Vanniers enlevent de deffus l'Ofier, fert aux Jardiniers dans le temps de la greffe, pour lier leurs écuffons.

On attribue à l'écorce du Saule une vertu aftringente.

Les Saules croiffent naturellement à la Louyfiane & au Canada. On nous a envoyé de ce pays un Saule dont les feuilles font prefque auffi grandes & auffi fermes que celles du *Nerion.*

Tome II. Pl. 64.

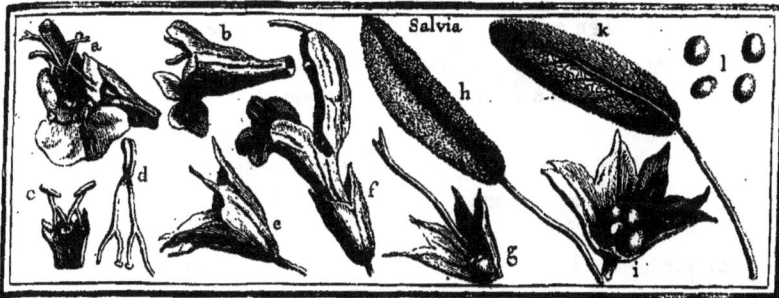

Salvia

SALVIA, Tournef. & Linn. SAUGE.

DESCRIPTION.

LA Sauge porte des fleurs (*f*) labiées qui font reçues dans un calyce (*e*) d'une feule piece : elles font figurées en cornet comprimé fur les côtés, & divifé en deux levres principales, dont la fupérieure eft fubdivifée en trois petites dentelures, & l'inférieure en deux.

La levre fupérieure du pétale (*ab*), eft grande, comprimée fur les côtés, & un peu courbée en faucille ; la levre inférieure eft large, divifée en trois; la partie du milieu eft grande & arrondie.

On trouve dans l'intérieur deux étamines entieres, & encore affez fouvent deux autres qui font avortées (*c*): ces étamines font attachées enfemble & d'une façon finguliere, par un filet fourchu (*d*), qui fert à diftinguer les plantes de ce genre.

Le piftil (*g*) eft formé de quatre embryons & d'un ftyle affez long, terminé par un ftigmate qui fe divife en deux.

Les embryons deviennent autant de femences arrondies (*il*).

Les feuilles (*hk*) de la Sauge font ovales, relevées en deffous d'arêtes affez faillantes, & creufées en deffus de fillons profonds ; elles font pofées deux à deux fur les branches.

ESPECES.

1. *SALVIA major. An SPHACELUS Theophrafti?* C. B. P.
Grande SAUGE.

Iiij

2. *SALVIA major foliis verficoloribus.* C. B. P.
S A U G E en arbriſſeau, dont les feuilles ſont de pluſieurs couleurs.

3. *SALVIA major, foliis ex luteo & viridi variegatis.* H. R. Par.
Grande S A U G E à feuilles panachées de jaune & de verd.

4. *SALVIA altera, perelegans, tricolor argentea Belgarum.* H. R. Par.
Très-belle S A U G E de trois couleurs, & argentée.

5. *SALVIA minor aurita, & non aurita.* C. B. P.
Petite S A U G E.

6. *SALVIA latifolia ferrata.* C. B. P.
S A U G E à grandes feuilles dentelées.

7. *SALVIA folio ſubrotundo.* C. B. P.
S A U G E à feuilles rondes.

8. *SALVIA folio tenuiore.* C. B. P.
S A U G E à petites feuilles.

9. *SALVIA Hiſpanica, Lavandulæ folio.* Inſt.
S A U G E d'Eſpagne à feuilles de Lavande.

C U L T U R E.

La Sauge n'eſt point délicate fur la nature du terrein; elle ſe multiplie par des drageons enracinés qui ſe trouvent au-près des gros pieds : elle n'exige d'autre attention que d'être de temps en temps arrachée & replantée un peu plus profondément.

U S A G E S.

Comme les Sauges conſervent leurs feuilles pendant l'hyver, elles peuvent ſervir à décorer les boſquets de cette ſaiſon; fur-tout les eſpeces panachées, n°. 2, 3 & 4: toutes font un bel effet dans le mois de Juin, quand elles ſont en fleurs; c'eſt pour cela que l'on en fait des bordures dans les potagers.

La Sauge paſſe pour être céphalique, cordiale, alexitère: on l'ordonne en infuſion comme le Thé : on en fait des fomentations fur les membres paralytiques ou engourdis. On fume la Sauge en guiſe de Tabac pour débarraſſer le cerveau. M. de Tournefort dit qu'il a vu au Levant des Galles fort groſſes fur les Sauges; qu'elles ſont bonnes à manger, & qu'on les confit au ſucre.

Sambucus

SAMBUCUS, TOURNEF. & LINN. SUREAU.

DESCRIPTION.

LES fleurs du Sureau sont rassemblées en ombelles & en grappes.

Chaque fleur (a) est composée d'un calyce assez petit, d'une seule piece, divisé en cinq, & qui subsiste jusqu'à la maturité du fruit; & d'un seul pétale (b) figuré en rosette & divisé en cinq: on voit dans l'intérieur cinq étamines terminées par des sommets arrondis, & qui prennent leur origine du pétale: au milieu de la fleur est le pistil (c d) formé par un embryon ovale qui fait partie du calyce: en place du style l'on n'apperçoit qu'un corps glanduleux, renflé & surmonté de trois stigmates.

L'embryon devient une baie sphérique (e) qui renferme trois semences arrondies, plates d'un côté, & tranchantes du côté où elles se touchent.

Les feuilles sont composées de grandes folioles pointues, découpées, & dentelées par les bords; elles sont, dans une espece, profondément laciniées: ces feuilles sont opposées deux à deux sur les branches.

ESPECES.

1. *SAMBUCUS fructu in umbella nigro.* C. B. P.
   SUREAU à fruit noir, disposé en ombelles.

2. *SAMBUCUS fructu in umbella viridi.* C. B. P.
   SUREAU à fruit verd, disposé en ombelles.

3. *SAMBUCUS laciniato folio.* C. B. P.
   SUREAU à feuilles découpées ou à feuilles de Persil.

4. *SAMBUCUS humilior frutefcens, foliis eleganter variegatis.* H. Edimb.
Petit S u r e a u en arbre qui a les feuilles panachées.

5. *SAMBUCUS fructu albo.* Lob. Icon.
S u r e a u à fruit blanc.

6. *SAMBUCUS vulgaris, foliis ex luteo variegatis.* M. C.
S u r e a u ordinaire à feuilles panachées de jaune.

7. *SAMBUCUS racemofa rubra.* C. B. P.
S u r e a u à fruit rouge, difpofé en grappes.

Nous fupprimons toutes les Hiebles, parce que ces efpeces du Sureau perdent leur tige toutes les années.

CULTURE.

Il y a peu d'arbre qui foit moins délicat fur la nature du terrein, & qui foit plus facile à multiplier que le Sureau : il reprend très-aifément par marcottes, & même par boutures; c'eft ce qui fait que l'on ne s'avife gueres de l'élever de femences. On trouve rarement de gros pieds de Sureaux, fi ce n'eft derriere les maifons, près des étables, ou dans de vieilles mafures.

USAGES.

Les Sureaux font de grands arbriffeaux, très-jolis, fur-tout dans le mois de Juin, quand ils font chargés de fleurs. Les efpeces du Sureau en grappes, n°. 1 & 2, plaifent beaucoup quand ils font garnis de leurs fruits : l'efpece, n°. 3, dont les feuilles font découpées, eft très-agréable par la feule beauté de fon feuillage : enfin on peut cultiver les efpeces, n°. 4 & 6, à caufe de l'agrément de leurs feuilles panachées. Les différentes efpeces de Sureaux peuvent donc être employées pour la décoration des bofquets de la fin du printemps & de l'été.

On fera bien d'en planter auffi dans les remifes, parce que cet arbriffeau qui, comme nous l'avons dit, n'eft point délicat fur la nature du terrein, porte un fruit qui attire les oifeaux.

Nous en avons fait un autre ufage qui n'eft point à négliger : nous en avons planté dans des endroits dont on ne veut point interdire l'ufage au bétail : l'odeur des feuilles du Sureau qui leur déplaît mettra l'arbre à l'abri d'être endommagé par ces animaux ; & en bordant ces endroits avec ces buiffons, on les rendra agréables; & on en fera des retraites pour le gibier.

On voit auffi qu'en plufieurs endroits on en fait des haies pour border les héritages.

On fait que les jeunes branches de Sureau font remplies d'une moëlle abondante, & que les enfans fe fervent de ces jeunes branches pour en faire des canonnieres & des farbacanes. On ne trouve point de moëlle dans les gros troncs ; alors le bois du Sureau qui eft très-dur & liant , fert à faire différents ouvrages. Les Tourneurs en font des Boîtes, & les Tablettiers des peignes communs, pour lefquels, après le Buis, c'eft un des meilleurs bois qu'on puiffe employer.

On confeille la décoction des fleurs & des branches du Sureau, pour déterger les ulceres, & pour faire des fomentations fur les parties affligées d'éréfipelles. Le vinaigre aromatifé avec les fleurs de Sureau, eft agréable pour l'ufage de la table.

L'écorce de Sureau infufée dans le vin blanc, eft purgative & puiffamment diurétique ; enfin on fait des gâteaux avec les baies de Sureau & de la farine de Seigle, qui font très-eftimés pour arrêter les diarrhées & les dyffenteries.

Santolina

SANTOLINA, Tournef. & Linn.

SANTOLINE.

DESCRIPTION.

LES fleurs (*b*) de la Santoline font du genre de celles que M. de Tournefort a appellées *Fleurs à fleurons*, c'eft-à-dire, celles où un nombre de fleurons font raffemblés en maniere de tête dans un calyce commun (*a*), hémifphérique, écailleux, & dont les écailles, appliquées les unes fur les autres, font ovales, oblongues & pointues. Chaque fleuron (*c*) eft compofé d'un pétale en tuyau, divifé par le bout en cinq fegments qui repréfentent une étoile : on trouve dans ce pétale cinq étamines affez courtes, terminées par des fommets réunis en forme de cylindre.

Le piftil eft compofé d'un embryon oblong à quatre angles, & d'un ftyle qui traverfe l'efpece de gaîne cylindrique que lui forment les étamines : ce piftil eft furmonté de deux ftigmates oblongs.

L'embryon qui fupporte le pétale, devient une femence (*d*) oblongue & ornée d'une très-petite aigrette.

On apperçoit entre les fleurons des efpeces de petites feuilles ou écailles (*e*) qui font creufées en gouttiere.

Les femences reftent renfermées dans le calyce (*f*).

Les feuilles des Santolines font de figure très-différente, fuivant les efpeces ; mais elles ne tombent point pendant l'hyver.

ESPECES.

1. *SANTOLINA foliis teretibus.* Inft.
SANTOLINE à feuilles rondes.

2. *SANTOLINA flore majore, foliis villofis & incanis.* Inft.
SANTOLINE à grandes fleurs, dont les feuilles font blanchâtres & velues.

3. *SANTOLINA foliis Ericæ, vel Sabina.* Inft.
SANTOLINE à feuilles de Bruyere.

4. *SANTOLINA foliis Cupreffi.* Inft.
SANTOLINE à feuilles de Cyprès.

5. *SANTOLINA foliis minùs incanis.* Inft.
SANTOLINE dont les feuilles font peu blanchâtres.

6. *SANTOLINA foliis obfcurè virentibus.* Inft.
SANTOLINE à feuilles d'un verd foncé.

CULTURE.

La Santoline fe multiplie fi facilement par les drageons enracinés qui fe trouvent auprès des gros pieds, qu'on n'eft gueres dans l'ufage d'en élever de femences. Cette plante s'accommode affez de toutes fortes de terreins; mais il eft bon d'arracher de temps en temps les vieux pieds pour les planter plus avant en terre.

USAGES.

Les Santolines font des buiffons toujours verds : on peut les mettre dans les bofquets d'hyver; ils font un affez bel effet dans le mois de Juin, temps où leurs fleurs font épanouies.

La Santoline eft recommandée comme un bon vermifuge; comme antihyftérique : l'on en fait des fomentations fur les membres attaqués de paralyfie.

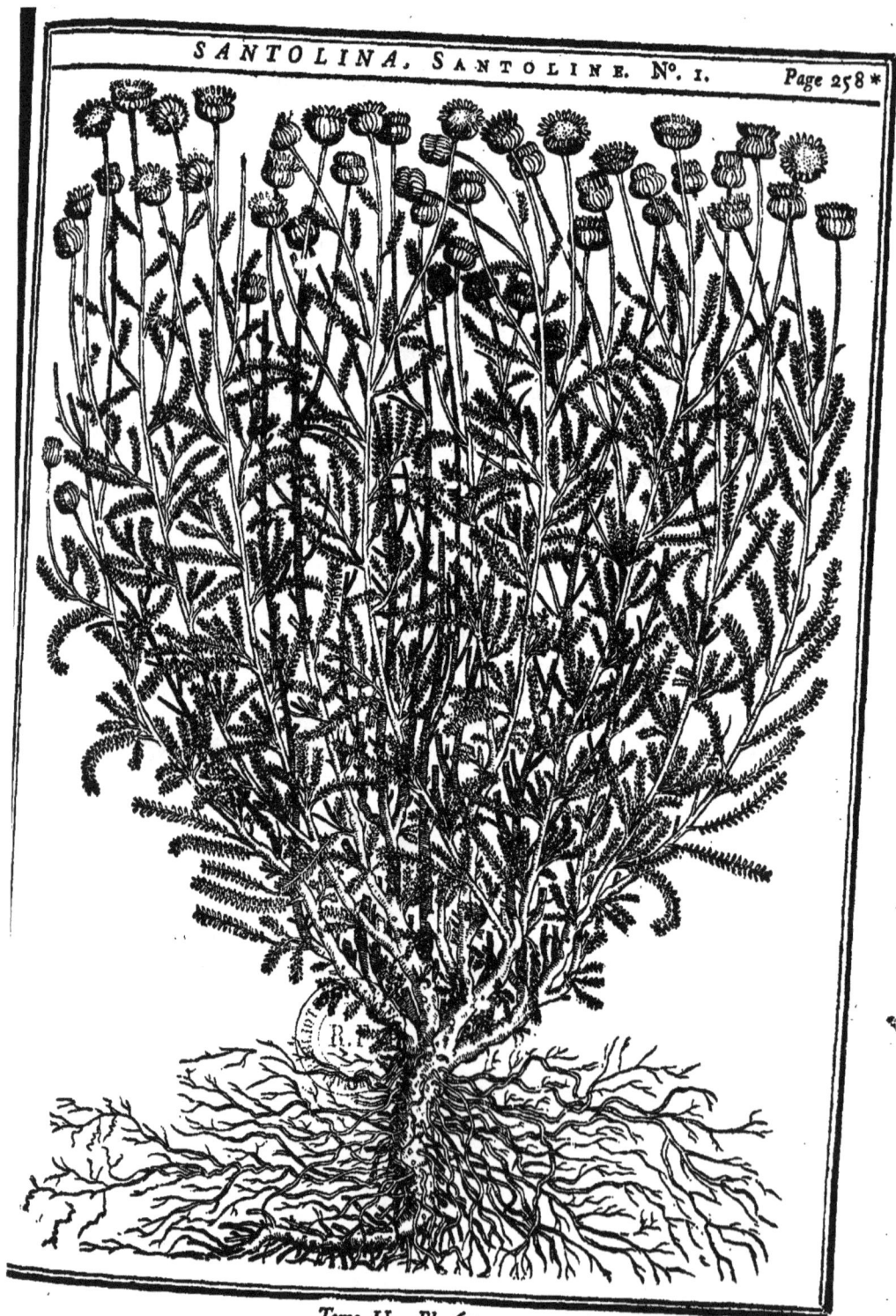

SIDEROXILON, DILL. & LINN.

DESCRIPTION.

LE calyce de la fleur (*a*) du Sideroxilon eſt petit, d'une ſeule piece, diviſé en cinq parties juſqu'à la moitié ; ſes décou-pures qui ſont collées contre le pétale, ſe terminent en pointe.

Cette fleur n'a qu'un pétale diviſé en cinq, & chaque di-viſion porte en bas deux eſpeces d'oreilles ou petites décou-pures : la principale découpure, qui eſt celle du milieu, eſt aſſez grande ; & quand la fleur eſt nouvellement épanouie, cette grande découpure ſe roule, & forme un cornet qui em-braſſe le filet des étamines ; les ſommets de ces étamines for-ment au deſſus du cornet une eſpece de bec d'oiſeau, comme on le voit repréſenté en (*b*), où toutes les parties ſont deſſi-nées plus grandes que le naturel.

Les étamines (*d*), au nombre de cinq, ſont formées d'un filet, au haut duquel eſt un ſommet oblong, qui y eſt attaché environ aux deux tiers de ſa longueur, dans une ſituation preſ-que horizontale.

On apperçoit au milieu de la fleur pluſieurs feuilles (*necta-rium*) blanches, minces, qui ſe rabattent & recouvrent le piſtil ; elles prennent naiſſance des découpures du pétale en forme de levre (*c*), & les filets des étamines s'implantent en-tre cette levre & le pétale.

Le piſtil (*e*) eſt formé d'un embryon ovale ſurmonté d'un ſtyle délié & aſſez court.

L'embryon devient une baie (*f*) figurée en poire ; cette baie reſte enchâſſée par le bas dans le calyce ; elle eſt terminée vers le haut par le reſte du ſtyle ; elle renferme un noyau (*g*) aſſez dur & oblong.

K k ij

Les feuilles du Sideroxilon font ovales, fermes, unies, non dentelées, & reffemblent un peu à celles du Laurier; elles font pofées alternativement fur les branches : elles tombent pendant l'hyver.

Les fleurs & les épines font placées aux aiffelles des feuilles. Toutes les parties de cet arbriffeau répandent un fuc laiteux.

ESPECE.

SIDEROXILON fpinofum, foliis deciduis ; five LYCIOIDES. Hort. Cliff.

SIDEROXILON épineux de la Louyfiane : on le nomme dans ce pays, ARBRISSEAU-LAITEUX.

CULTURE.

Nous avons élevé cet arbriffeau des femences qui nous ont été envoyées de la Louyfiane : nous le cultivons encore dans des vafes ; mais comme il paffe l'hyver en pleine terre en Angleterre, il y a lieu d'efpérer que les gros pieds pourront fupporter l'hyver de notre climat.

USAGES.

Le feuillage de cet arbriffeau eft fort beau : c'eft auffi tout fon mérite ; car fes fleurs font très-petites, & les baies n'offrent rien de fort éclatant.

Je ne fais pourquoi on l'a nommé en Angleterre, *Thé de Boerhaave* ; car on ne lui connoît, ni le parfum, ni les autres vertus du Thé ordinaire.

On connoît encore une autre efpece de Sideroxilon ; mais nous n'en parlons point ici, parce qu'il exige de trop grandes précautions contre le froid de nos hyvers.

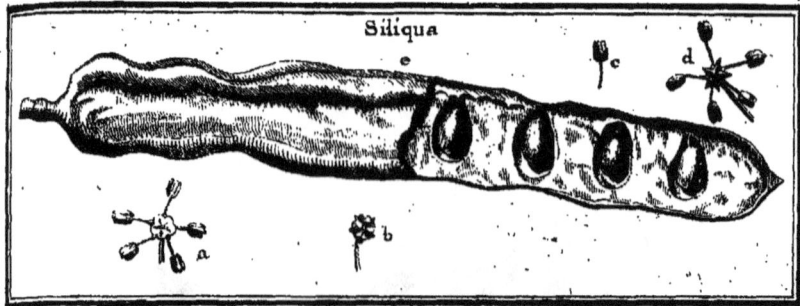

Siliqua

SILIQUA, Tournef. CERATONIA, Linn.
CAROUBIER ou CAROUGE.

DESCRIPTION.

LES Caroubiers portent, fur différents inividus, des fleurs mâles & des fleurs femelles.

Les fleurs mâles (d) ont un calyce affez grand, divifé en cinq; point de pétales, mais cinq étamines (c) affez longues, qui font terminées par des fommets fort gros.

Le calyce des fleurs femelles (b) eft d'une feule piece: il eft formé de cinq tubercules fans pétales; mais il a un piftil formé d'un embryon charnu, furmonté d'un ftyle terminé par un ftigmate en forme de tête.

L'embryon devient une grande filique (e) qui renferme des femences applaties, & contenues dans des loges tranfverfales, creufées dans une pulpe fucculente, qui remplit l'intérieur de la filique.

J'ai lieu de croire que l'on trouve auffi des fleurs herma-phrodites.

Le Caroubier fait un grand arbre fort branchu: fes feuilles font compofées de folioles prefque rondes, nerveufes, dures, feches, d'un verd bleuâtre, & attachées deux à deux fur une-nervure qui fouvent n'eft point terminée par une foliole unique. Ces feuilles ne tombent point en hyver: elles font pofées alternativement fur les branches.

ESPECE.

SILIQUA edulis. C. B. P. *mas & fœmina.*
CAROUBIER dont le fruit eft bon à manger; ou CAROUGE.

CULTURE.

Le Caroubier croît en Provence, dans le Royaume de Naples, en Efpagne & en Egypte: dans les climats tels que celui des environs de Paris, il fera difficile d'élever cet arbre en pleine terre, à moins qu'on ne le mette à un bon abri, & qu'on n'ait foin de le bien couvrir pendant l'hyver.

USAGES.

Dans les Provinces méridionales du Royaume, on pourra mettre les Caroubiers dans les bofquets d'hyver.

Les feuilles du Caroubier font aftringentes; les fruits ont un goût défagréable quand ils font verds; mais lorfqu'ils font fecs, la moëlle en eft aftringente & affez gracieufe à manger; on la regarde comme un bon béchique: dans les pays où cet arbre eft commun, on en donne les filiques aux beftiaux.

Le bois de cet arbre eft dur, & propre aux mêmes ufages que celui du Chêne-verd.

Siliquaſtrum

SILIQUASTRUM, Tournef. CERCIS, Linn.
GUAINIER ou ARBRE DE JUDÉE.

DESCRIPTION.

LES fleurs (*a*) du Guainier ſont légumineuſes.
Le calyce (*c*) de cette fleur eſt court, d'une ſeule piece; renflé par le bas, diviſé en cinq; il porte cinq pétales (*b*). Le pavillon (*vexillum*) eſt ovale, étendu, terminé par une pointe obtuſe. Les aîles (*alæ*) ſont grandes, attachées au calyce par un long appendice, en ſorte que, contre l'ordinaire des fleurs légumineuſes, elle ſurmonte le pavillon. La nacelle (*carina*) eſt compoſée de deux pétales courts, larges, mais bien diſtinêts l'un de l'autre; ils ſe rapprochent par le bas, & repréſentent la figure d'un cœur.

On apperçoit outre cela un corps glanduleux auprès de l'embryon, que M. Linneus nomme, *nectarium*.

On trouve dans l'intérieur de la fleur dix étamines (*d*) bien diſtinctes, dont quatre ſont plus longues que les autres; elles portent des ſommets oblongs.

Le piſtil eſt compoſé d'un embryon allongé qui ſe termine par le ſtyle, à l'extrêmité duquel eſt un ſtigmate obtus.

L'embryon devient une ſilique (*e*) large, longue, mince & relevée de boſſes aux endroits des ſemences qui ſont ovales.

Les feuilles des Guainiers ſont rondes, fermes, d'un beau verd, unies, non dentelées, ſupportées par d'aſſez longues

queues fuffifamment fortes pour foutenir les feuilles qui font
pofées alternativement fur les branches.

ESPECES.

1. *SILIQUASTRUM.* Caft. Dur. *Vel SILIQUA filveftris rotundifolia,*
C. B. P.
GUAINIER OU ARBRE DE JUDÉE.

2. *SILIQUASTRUM flore albo.* Inft.
GUAINIER à fleurs blanches.

3. *SILIQUASTRUM Canadenfe.* Inft.
GUAINIER de Canada.

CULTURE.

Le Guainier s'éleve très-aifément de femences : il vient bien
dans les terreins un peu fecs, pourvu que la terre y foit bonne.
Quand on le tond au cifeau & au croiffant, il branche beaucoup ; c'eft pourquoi on peut en faire des paliffades, des
boules, & en couvrir des tonnelles.

USAGES.

Le Guainier eft un arbre de moyenne grandeur, & des plus
beaux qu'on puiffe cultiver : j'en ai vu dont le tronc avoit au
moins neuf à dix pouces de diametre. Ses feuilles, qui font
grandes & fermes, font un très-bel effet ; elles ne font point
fujettes à être endommagées par les infectes.

C'eft principalement dans le mois de Mai que cet arbre eft
dans toute fa beauté, parce qu'alors il eft chargé d'une prodigieufe quantité de fleurs pourpres ou blanches, qui viennent
non-feulement fur les jeunes branches, mais auffi fur les plus
groffes, & même fur le tronc : ces fleurs confervent leur éclat
pendant près de trois femaines. Cet arbre doit donc faire une
des principales décorations des bofquets printaniers.

Son bois eft d'une affez belle couleur, médiocrement dur
& affez caffant.

On confit au vinaigre les boutons des fleurs : ils ont cependant peu de goût, & ils font ordinairement fort durs.

Les

Les fleurs font raffemblées à l'extrêmité des branches ; il en vient aussi, comme nous l'avons dit, de gros bouquets fur les principales branches & fur le tronc : elles paroissent avant les feuilles, & elles font presque entierement passées lorsque les feuilles font parvenues à leur grandeur naturelle.

Le Guainier de Canada n°. 3, est moins beau que l'espece n°. 1. Ses fleurs font plus petites, ses branches plus menues, & ses feuilles moins étoffées fe terminent plus en pointe que celles des deux autres especes.

Tome II. Pl. 70.

Smilax

SMILAX, TOURNEF. & LINN.

DESCRIPTION.

LES *Smilax* portent fur des individus différents des fleurs mâles & des fleurs femelles.

Les fleurs mâles (*a*) font compofées d'un calyce (*b*) d'une piece, ou, fi l'on veut, d'un pétale divifé en fix découpures longues & étroites. On trouve dans l'intérieur fix étamines terminées par des fommets oblongs.

Les fleurs femelles different des mâles en ce qu'on trouve dans la fleur, en place d'étamines, un piftil (*c*) qui eft formé par un embryon ovale & par trois ftyles courts, terminés par des ftigmates oblongs, velus & recourbés.

L'embryon devient une baie (*d*) fucculente, qui contient ordinairement deux femences rondes (*e*), dont il y a prefque toujours une qui avorte; alors la femence qui refte unique, eft ronde (*f*); mais lorfqu'il y en a deux, elles font applaties d'un côté (*g*).

Les *Smilax* font de petites plantes farmenteufes & épineufes, garnies de mains.

Les feuilles fe terminent en pointe comme un fer de lance; elles font pofées alternativement fur les branches.

ESPECES.

1. *SMILAX afpera fructu rubente.* C. B. P.
   SMILAX piquant à fruit rougeâtre.

2. *SMILAX afpera fructu nigro.* Cluf. Hift.
   SMILAX piquant à fruit noir.

L l ij

3. *SMILAX viticulis aſperis Virginiana, folio Hederaceo levi Zarza no-*
biliſſima. Pluk.
   SMILAX de Virginie à feuille de Lierre ; ou SARCE-PAREILLE.

4. *SMILAX Orientalis, ſarmentis aculeatis, excelſas arbores ſcandenti-*
bus, foliis non ſpinoſis. Cor. Inſt.
   SMILAX du Levant, qui s'éleve juſqu'à la cime des plus grands
   arbres.

Nous ſupprimons pluſieurs eſpeces qui ne peuvent ſubſiſter
en pleine terre : nous ne pouvons encore rien dire de quelques eſpeces que nous élevons des ſemences qui nous ont
été envoyées de Canada & de la Louyſiane , entre leſquelles
nous croyons qu'il y en a une qui eſt la vraie Sarce-pareille.

CULTURE.

Les *Smilax* s'accommodent de toutes ſortes de terreins ; ils
ſe multiplient aiſément par des drageons enracinés qui ſe trouvent auprès des gros pieds.

USAGES.

Cette plante n'eſt pas d'un grand uſage pour la décoration
des jardins ; on peut néanmoins en mettre quelques pieds dans
les boſquets d'automne : elle convient dans les remiſes où elle
fera des buiſſons très-touffus , qui ſerviront d'aſyle au gibier ;
d'ailleurs ſes ſemences y attireront les oiſeaux.
   Aux environs de Montpellier , on en fait des haies qui ne
ſont cependant gueres propres à protéger beaucoup les héritages.
   La racine de la plante n°. 1. paſſe pour être ſudorifique ;
c'eſt pour cela qu'on la nomme *fauſſe Sarce-pareille.*

Solanum.

SOLANUM, TOURNEF. & LINN. MORELLE.

DESCRIPTION.

LA Morelle porte des fleurs (*b*) dont le calyce (*a e*), qui subfiste jufqu'à la maturité du fruit, eft d'une feule piece découpée en cinq parties pointues.

Ce calyce porte un pétale divifé en cinq, & qui repréfente une étoile ou une rofette dont les dents font longues & pointues.

On apperçoit au milieu de la fleur cinq étamines (*d*) courtes, terminées par des fommets affez longs (*c*), & qui fe rapprochent tellement les uns des autres, qu'ils forment tous enfemble une pyramide (*d*), dans l'axe de laquelle eft pofé le piftil formé d'un embryon arrondi, & d'un ftyle terminé par un ftigmate obtus.

Cet embryon devient une baie (*f*) fucculente, liffe, arrondie & terminée par un petit bouton; elle contient grand nombre de fémences (*g*) qui font ordinairement applaties.

Les feuilles qui ont des figures très-variées, fuivant les efpeces, & même fur un feul pied, font pofées alternativement fur les branches.

ESPECES.

1. SOLANUM fcandens; feu Dulcamara. C. B. P.
MORELLE grimpante; ou VIGNE DE JUDÉE des Jardiniers.

2. SOLANUM fcandens; feu Dulcamara foliis variegatis. H. R. Par.
MORELLE grimpante à feuilles panachées.

3. SOLANUM fcandens; feu Dulcamara flore albo. C. B. P.
MORELLE grimpante à fleurs blanches.

4. SOLANUM fcandens; feu Dulcamara flore pleno. Inft.
MORELLE grimpante à fleurs doubles.

5. *SOLANUM lignosum ; seu Dulcamara marina.* Raii. Sinopf.
   MORELLE ligneuse & maritime.

6. *SOLANUM fruticosum, bacciferum.* C. B. P.
   MORELLE en arbrisseau ; dit AMOMUM.

7. *SOLANUM Bonariense arborescens, Pappas floribus.* Dill.
   SOLANUM de Buenos-aires, qui a les fleurs comme le Solanum,
   dit PALATTES.

Nous ne comprenons point dans ce catalogue plusieurs especes de *Solanum* qui perdent leurs tiges en hyver, ou qui font trop délicats pour être elevés en pleine terre.

CULTURE.

Les Morelles grimpantes, n°. 1, 2, 3 & 4, se multiplient aisément par des drageons enracinés qui se trouvent auprès des gros pieds, & elles viennent très-bien dans toutes fortes de terreins. Les *Solanum*, n°. 6 & 7, s'élevent par les semences ; mais ils font un peu délicats à la gelée, & je ne les ai compris dans ce catalogue, que parce qu'ils ont passé l'hyver de 1753 en pleine terre, ayant été simplement couverts de litiere.

USAGES.

Les *Solanum* grimpants, n°. 1, 2, &c. portent de jolies grappes de fleurs d'un beau bleu ou blanches : ils font chargés en automne de grappes de fruits d'un beau rouge : l'espece, n°. 2, mérite outre cela d'être cultivée à cause de la panache de ses feuilles. Je n'ai point vu l'espece n°. 4. Ces plantes peuvent servir à garnir des terrasses basses ; l'on fera bien aussi d'en mettre dans les remises.

L'espece appellée *Amomum*, n°. 6, fait un joli arbuste quand il est chargé de ses fleurs blanches ; & encore plus en automne, lorsqu'il est garni de ses fruits, qui font gros comme des Cerises, & d'un fort beau rouge : il est commun d'en voir dans les orangeries.

Le *Solanum* de Buenos-aires, n°. 7, est charmant : ses feuilles font grandes, aussi-bien que les fleurs, dont il est couvert pendant les mois de Juin, Juillet & Août. Cette espece ayant perdu ses tiges dans l'hyver de 1754, les racines en ont produit de nouvelles au printemps suivant.

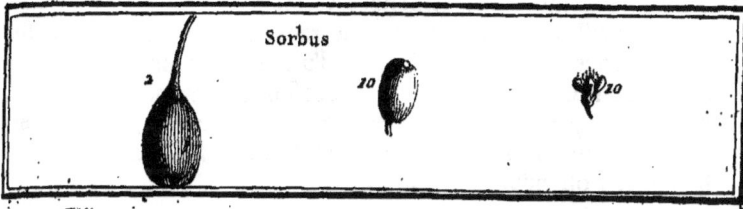

Sorbus

SORBUS, Tournef. & Linn. SORBIER, ou vulgairement CORMIER.

DESCRIPTION.

LE calyce de la fleur du Cormier eſt d'une ſeule piece; diviſé en cinq par les bords; il forme un godet évaſé; il ſupporte cinq pétales arrondis, creuſés en cuilleron: on apperçoit dans l'intérieur environ vingt étamines qui portent des ſommets arrondis; le piſtil, qui occupe le milieu, eſt formé d'un embryon qui fait partie du calyce, & de trois ſtyles qui ſont terminés par des ſtigmates arrondis.

L'embryon devient un fruit charnu, preſque rond dans quelques eſpeces, & dans d'autres en forme de poire; l'un & l'autre ſont couronnés par les échancrures du calyce. On trouve dans l'intérieur de cet embryon, trois loges qui contiennent ordinairement chacune un pepin.

On voit qu'il y a peu de différence entre la fleur & le fruit du Cormier, & la fleur & le fruit du Poirier: la plus frappante conſiſte en ce que dans la fleur du Poirier, on trouve cinq ſtyles, & dans ſon fruit cinq loges qui renferment chacune deux pepins; au lieu que dans les Cormiers il n'y a que trois ſtyles & trois loges qui contiennent chacune un pepin.

Le *Cratægus* ne differe du Cormier, qu'en ce que le fruit du Cormier contient ordinairement trois ſemences; au lieu que le plus ſouvent le *Cratægus* n'en contient que deux; mais je crois que cette différence ne fait pas une regle générale; & que le nombre des femences varie.

Les feuilles des Cormiers font rangées alternativement fur les branches, & font compofées d'un nombre de folioles longues, pointues, dentelées affez profondément par les bords, & rangées par paires fur une nervure commune, qui eft terminée par une foliole unique: à l'infertion des feuilles fur les branches, on apperçoit des ftipules.

ESPECES.

1. *SORBUS fativa.* C. B. P.
    CORMIER OU SORBIER cultivé.

2. *SORBUS fativa magno fructu turbinato, pallidè rubente.* Inft.
    CORMIER cultivé à gros fruit rouge & figuré en poire.

3. *SORBUS fativa magno fructu, nonnihil turbinato, rubro.* Inft.
    CORMIER cultivé à gros fruit rouge pâle, qui approche de la figure d'une poire.

4. *SORBUS fativa fructu Pyriformi, medio rubente.* H. Cathol.
    CORMIER cultivé, dont le fruit eft rouge d'un côté, & qui a la forme d'une poire.

5. *SORBUS fativa fructu ovato, medio rubente.* H. Cathol.
    CORMIER cultivé, dont le fruit eft en partie rouge, & qui eft ovale.

6. *SORBUS fativa fructu ferotino minori, turbinato, rubente.* Inft.
    CORMIER cultivé à petit fruit rougeâtre, tardif, & qui a la figure d'une poire.

7. *SORBUS fativa fructu turbinato, omnium minimo.* Inft.
    CORMIER cultivé à très-petit fruit.

8. *SORBUS filveftris, foliis domefticæ fimilis.* C. B. P.
    CORMIER des bois, qui reffemble au cultivé.

9. *SORBUS filveftris, foliis ex luteo variegatis.* M. C.
    CORMIER des forêts, dont les feuilles font panachées de jaune.

10. *SORBUS aucuparia.* J. B.
    CORMIER dont les fruits arrondis & d'un beau rouge, viennent par bouquets; ou COCHESNE.

CULTURE.

CULTURE.

On trouve des Cormiers qui viennent naturellement dans les forêts ; leurs fruits, lorfqu'ils tombent d'eux-mêmes, fe pourriffent fur terre; alors les pepins germent, & ils fourniffent du jeune plant qu'on éleve en pépiniere: on peut greffer les efpeces rares fur celles qui fe trouvent dans les bois.

Les Cormiers aiment les terres fubftancieufes, qui ont beau-coup de fond; ils craignent les expofitions brûlées du foleil.

USAGES.

On peut ranger les Sorbiers ou Cormiers en deux claffes; favoir, ceux qui portent des fruits femblables à de petites Poi-res, & ceux qui produifent des fruits d'un beau rouge orangé & raffemblés par bouquets : les Bucherons appellent les pre-miers *Cormiers*, & les autres *Cochênes*. Toutes ces efpeces croif-fent lentement ; le Cochêne néanmoins vient affez prompte-ment dans les terreins qui lui conviennent.

Tous les Cormiers font de beaux arbres : leurs tiges font droites; leurs branches fe foutiennent bien ; leur tête forme une pyramide très-garnie de feuilles qui font dans la plupart des efpeces d'un verd argenté; elles ont d'ailleurs l'avantage d'être rarement endommagées par les infectes. Dans le mois de Mai ils font quelquefois tout couverts de fleurs blanches. Si l'on a des terreins où les Cormiers fe plaifent, on pourra en décorer les bofquets du printemps, & en garnir de petites allées.

On voit auprès de Limoges de belles allées de Cochênes qui ont été plantés par M. de Tourny, Intendant de la Province.

Les fruits des Cormiers font une bonne nourriture pour les bêtes fauves & pour les oifeaux; ceux du Cochêne rendent les arbres très-agréables en automne; ils attirent les grives.

Le bois des Cormiers eft le plus dur de tous les arbres que nos forêts produifent : les Menuifiers le recherchent pour monter leurs rabots & la plupart de leurs autres outils ; les Tonneliers en font leurs colombes, & les Ebéniftes l'emploient à plufieurs

Tome II. M m

ouvrages. On préfere ce bois à tout autre pour faire des vis de preffoir & de preffes, des rouleaux pour différents métiers, des fufeaux & des aluchons pour les moulins ; enfin on en met dans les parties des machines qui font expofées à de grands frottements : ce bois eft malheureufement un peu fujet à fe tourmenter.

On peut faire avec le fuc des Sorbes ou des Cormes infu-fées dans l'eau, une affez bonne boiffon : fi l'on a cependant affez de ces fruits pour fe paffer du fecours de l'eau, on en obtient un cidre plus fort que celui de Pommes. On cueille les Cormes en automne ; on les conferve fur la paille ; & quand elles font molles, elles font alors préférables aux meilleures Neffles. Avant qu'elles foient parvenues à une parfaite maturité, on les emploie en Médecine pour arrêter le flux de fang & les dévoiements.

Spartium
a   b   c   d   e   f   g   h   i

SPARTIUM, Tournef. GENISTA, Linn.

DESCRIPTION.

LES *Spartium* de M. de Tournefort font de vrais Genêts, avec cette différence, que les fleurs qui font légumineu-fes, font ordinairement fort petites, & que le pavillon (*vexillum*) au lieu d'être étendu & renverfé en arriere, eft rabattu en gouttiere fur les aîles (*alæ*) & fur la nacelle (*carina*) ; outre cela le fruit eft une filique courte qui ne renferme qu'une feule femence.

Les *Spartium* pouffent de longues branches menues, fouples, blanchâtres & pliantes.

ESPECES.

1. *SPARTIUM flore albo*. C. B. P.
SPARTIUM à fleurs blanches.

2. *SPARTIUM alterum Menifpermum, femine reni fimili*. C. B. P.
SPART. UM à fleurs jaunes.

M. Linneus a compris dans fes *Spartium*, qui font les Gé-*nifta* de M. de Tournefort, les Cytifes épineux.

CULTURE.

Les *Spartium* s'élevent de femences comme les Genêts : il fera bon de ne les mettre en pleine terre que quand ils feront un peu gros, parce qu'ils craignent les grandes gelées.

Mm ij

USAGES.

Quoique les fleurs des Spartium foient fort petites; ces arbuftes font affez jolis dans le temps qu'ils fleuriffent, parce
qu'ils portent une prodigieufe quantité de fleurs.

On dit que les fommités & les fleurs de cette plante font
très-purgatifs.

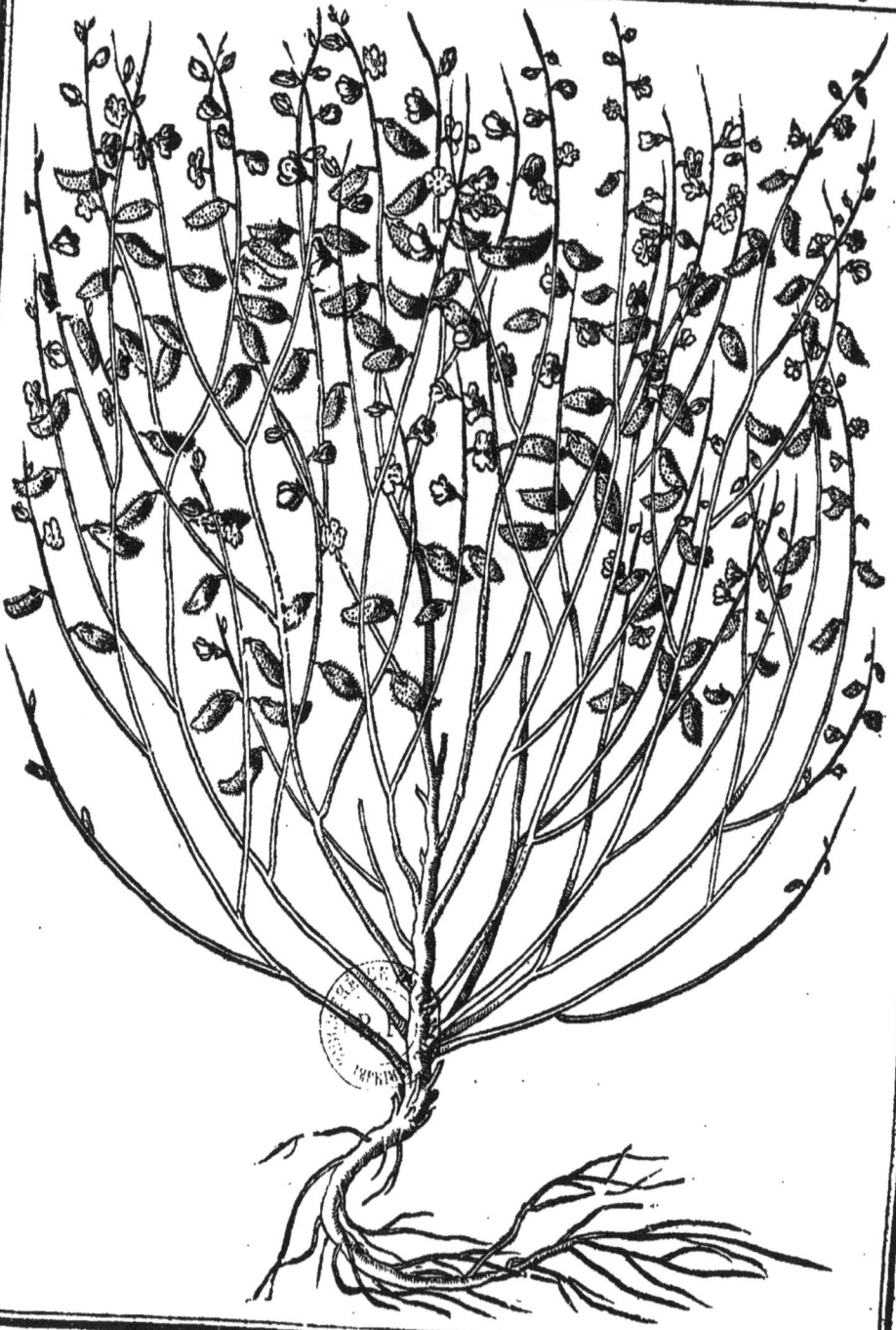

SPIRÆA, TOURNEF. & LINN.

DESCRIPTION.

LES fleurs (*a b*) du *Spiræa* font compofées d'un calyce (*c d*) applati, divifé en cinq longues découpures pointues; il fubfifte jufqu'à la maturité du fruit: ce calyce porte cinq pétales ronds, environ vingt étamines affez courtes & chargées de fommets arrondis.

Le piftil eft formé de trois ou cinq embryons, & d'un pareil nombre de ftyles. Ces embryons deviennent un fruit (*e*) compofé de cinq capfules (*f*) applaties, oblongues, qui fe terminent par une pointe, & qui renferment (*g*) quelques femences menues & pointues (*h*).

Les feuilles ont des formes très-différentes, fuivant les efpeces; mais elles font pofées alternativement fur les branches.

ESPECES.

1. *SPIRÆA Salicis folio.* Inft.
  SPIRÆA à feuilles de Saule.

2. *SPIRÆA Americana, floribus coccineis.* D. Mitchel.
  SPIRÆA d'Amérique à fleurs rouges.

3. *SPIRÆA Hyperici folio, non crenato.* Inft.
  SPIRÆA à feuilles de Mille-pertuis, qui ne font point découpées par le bout.

4. *SPIRÆA Hispanica, Hyperici folio crenato.* Inft.
  SPIRÆA d'Efpagne à feuilles de Mille-pertuis, dentelées par le bout.

5. *SPIRÆA Opuli folio.* Inst.
　Spiræa à feuilles d'Obier.

6. *SPIRÆA Pentocarpos, integris, serratis foliis parvis, subtùs incanis; vel Ulmaria.* Virg. Pluk.
　Petit Spiræa de Virginie à feuilles entieres, dentelées & blanches par deffous.

CULTURE.

Les *Spiræa* fe multiplient très-facilement par les marcottes; & fouvent on trouve des drageons enracinés auprès des gros pieds: au refte, ils ne font pas délicats, & ils réuffiffent à merveille, même dans des terreins un peu fecs, pourvu que la terre y foit bonne.

Le *Spiræa Opuli folio*, n°. 5, fe plaît beaucoup dans les terres humides: l'efpece *Salicis folio*, n° 1, ne fait que languir dans les terreins fecs & trop expofés au foleil.

Les *Spiræa*, n°. 1 & 5, font très-communs en Canada: M. Sarazin nous a écrit qu'il y avoit trouvé deux fois dans les prés, l'efpece, n°. 6, qui ne s'éleve qu'à un pied ou un pied & demi de terre.

USAGES.

Quoique les efpeces, n°. 1 & n°. 2, foient nommées à feuilles de Saule, leurs feuilles cependant reffemblent peu à celles de cet arbre; elles font larges vers la queue, longues, fort pointues, & dentelées affez profondément fur les bords; les branches font terminées par des épis de fleurs purpurines, fort jolies, & qui s'épanouiffent dans le mois de Juin.

Le *Spiræa Opuli folio*, n°. 5, a fes feuilles femblables à celles du Grofeiller à grappes, & fi reffemblantes à celles de l'Obier, qu'on auroit peine à diftinguer ces deux arbriffeaux, quand ils n'ont ni fleur ni fruit, fi l'on ne faifoit pas attention que les feuilles du *Spiræa* font pofées alternativement fur les branches, au lieu que celles de l'*Opulus* font oppofées: peut-être que par la fuite, en examinant de plus près cet arbriffeau, on le retranchera du nombre des *Spiræa*. Ses fleurs viennent en bouquets, & font affez jolies.

Les *Spiræa*, n°. 3 & 4, ont de petites feuilles ovales, non dentelées par les bords, affez femblables à celles du Mille-pertuis : l'efpece, n°. 4, a feulement quelques découpures ou crénelures au bout des feuilles.

Les fleurs de toutes les efpeces de cet arbufte font blanches, affez femblables à de petites fleurs d'Aube-pin : elles viennent tout le long des branches, & forment de longs épis ou bour-dons d'un pied & demi ou deux pieds de longueur : ces ar-buftes font en pleine fleur au commencement de Mai.

On voit par ce que nous venons de dire, que les *Spiræa*, n°. 3, 4 & 5, doivent fervir à la décoration des bofquets du premier printemps, d'autant que les efpeces, n°. 3 & 4, fleu-riffent au commencement de Mai ; & celles, n°. 5, vers la fin. A l'égard des efpeces, n°. 1 & 2, comme elles ne fleu-riffent qu'en Juin, elles doivent être placées dans les bofquets du commencement de l'été.

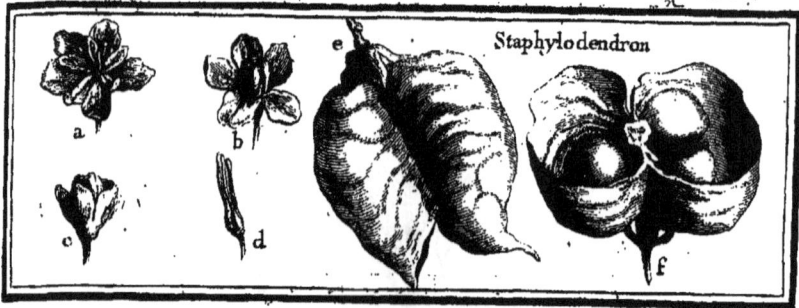

Staphylodendron

STAPHYLODENDRON, Tournef.
STAPHYLÆA, Linn. NEZ-COUPÉ.

DESCRIPTION.

LES fleurs (*b*) du Nez-coupé viennent par grappes pendantes: elles ont un calyce (*c*) divisé en cinq parties
aſſez grandes, colorées, arrondies, creuſées en cuilleron. Ce
calyce porte cinq pétales ordinairement moins grands que les
découpures du calyce. Les fleurs ſont longuettes, diſpoſées
en roſe; mais elles ne forment point un diſque ouvert: on
trouve dans leur intérieur cinq étamines (*a*) aſſez longues, &
un piſtil (*d*) compoſé d'un embryon aſſez gros, diviſé en deux
ou en trois, avec autant de ſtyles.

L'embryon devient un fruit (*e*) membraneux, ou plutôt une
veſſie remplie d'air, diviſée en deux ou en trois par des cloiſons membraneuſes. On trouve dans l'intérieur du fruit deux
ou trois noyaux arrondis, fort durs, dans leſquels eſt une
amande.

Les feuilles de cet arbriſſeau ſont compoſées de trois ou
cinq folioles ovales, attachées à une nervure commune: elles
ſont oppoſées ſur les branches.

ESPECES.

1. *STAPHYLODENDRON.* Math.
Nez-coupé, ou Faux-pistachier.

2. *STAPHYLODENDRON Virginianum triphyllum.* Inst.
Nez-coupé de Virginie, dont les feuilles sont composées de trois folioles.

CULTURE.

Pour peu que la terre soit bonne, le Nez-coupé vient très-bien : on pourroit le multiplier par les semences ; mais on a coutume d'en tirer des marcottes qui poussent aisément des racines.

Si l'on a soin de couper avec la serpette les branches qui poussent avec trop de vigueur, les Nez-coupés forment d'eux-mêmes des buissons fort jolis.

USAGES.

Comme les Nez-coupés sont en fleurs au mois de Mai, & dans le même temps que les Cytises des Alpes, on ne peut mieux faire que de planter ensemble ces deux arbres : l'un porte des grappes blanches, & l'autre des grappes jaunes ; ce qui fait un très-agréable effet dans les bosquets du printemps.

Les fruits du Nez-coupé mûrissent si mal dans ce pays-ci, & les amandes en sont si petites, qu'on n'en peut faire usage ; mais dans les climats plus chauds, on dit que l'huile qu'on retire par expression des amandes du Nez-coupé, est résolutive : les enfans mangent ces amandes, quoiqu'elles aient un goût desagréable.

Les Religieuses font des chapelets avec les noyaux du Nez-coupé, qui ressemblent au bois de Coco.

L'espece du *Staphylodendron*, n°. 2, croît en Canada, & elle commence à se multiplier en France. Elle differe de celle de Mathiole, par ses feuilles qui ne sont formées que de trois folioles, & par ses fruits qui sont divisés en trois loges ouvertes par un bout.

Stewartia

STEWARTIA, Linn.

DESCRIPTION.

LE calyce (*d*) de la fleur (*a*) du *Stewartia* eſt d'une ſeule piece, diviſé en cinq parties creuſées en cuilleron & évaſées. Il porte cinq grands pétales ovales, arrondis par le bout, & diſposés en roſe : il ſubſiſte juſqu'à la maturité du fruit.

On apperçoit dans le diſque une houppe d'étamines aſſez longues, qui ſont terminées par des ſommets arrondis.

Le piſtil eſt formé d'un embryon ovale & velu, qui eſt recouvert par les étamines : au milieu de ces étamines, on apperçoit le ſtyle couronné par un ſtigmate charnu, diviſé en cinq.

L'embryon devient un fruit ſec (*b*), qui s'ouvre en cinq parties, & qui a cinq loges, dans chacune deſquelles on trouve une ſemence (*e*) ovale & applatie.

Les feuilles ſont grandes, ovales, dentelées par les bords, terminées en pointe, & poſées alternativement ſur les branches.

ESPECE.

STEWARTIA. Linn. Act. Upf.

CULTURE.

Cet arbriſſeau croît en Virginie & en Canada ; c'eſt tout ce que nous en pouvons dire, parce qu'il eſt encore fort rare en France & en Angleterre.

USAGES.

Comme le *Stewartia* porte de grandes fleurs blanches, ainſi que celles du *Ketmia*, il doit faire un bel effet dans le temps de ſa fleur.

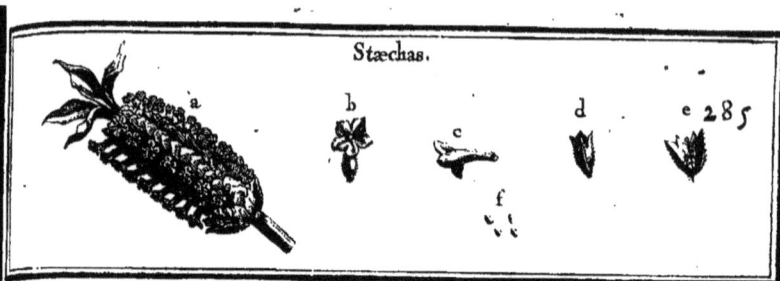

Stœchas.

a   b   c   d   e 285

f

STŒCHAS, Tournef. *LAVANDULA*, Linn.

DESCRIPTION.

LA fleur (*b*) du *Stœchas* eſt labiée: ſon calyce (*d*) eſt petit, d'une ſeule piece, & diviſé en cinq par les bords.

Cette fleur n'a qu'un pétale (*c*) diviſé en deux levres principales: la ſupérieure eſt relevée & ſubdiviſée en deux; l'inférieure eſt partagée en trois: cependant comme ces découpures ſont preſque égales, on prendroit preſque cette fleur pour un tuyau diviſé en cinq, plutôt que pour une fleur labiée.

On trouve dans l'intérieur de la fleur quatre étamines qui n'excedent pas le pétale, & dont deux ſont plus petites que les deux autres.

Le calyce donne naiſſance à un piſtil (*e*) formé d'un ſtyle aſſez court, qui n'excede pas le pétale, & qui eſt implanté ſur un embryon arrondi, qui ſe change en quatre ſemences (*f*), auxquelles le calyce même ſert d'enveloppe.

La forme des feuilles du *Stœchas* varie, ſuivant les eſpeces: elles ſont oppoſées ſur les branches.

On voit par cette deſcription, que les parties de la fructification de cet arbuſte, ſont ſemblables à celles de la Lavande. M. de Tournefort en avoit déja averti les Botaniſtes; & en conſéquence il avoit établi la différence de ces deux genres, ſur ce que la fleur de la Lavande forme des épis ſimples, au lieu que celles du *Stœchas* ſont rangées par bandes (*a*) régulieres autour d'une eſpece de colonne qui eſt ſurmontée de quelques feuilles. Nous jugeons cependant, ainſi que M. Linneus, qu'on peut, ſans difficulté, réunir les différentes eſpeces de *Stœchas* au même genre que la Lavande; & en cela nous ne nous écartons pas du ſentiment de M. de Tournefort. Voyez *LAVANDULA*.

STYRAX, TOURNEF. & LINN.

DESCRIPTION.

LE calyce (d) des fleurs (a b) du *Styrax* est d'une seule
piece, figuré en tuyau, divisé en cinq par les bords : le
pétale (c) est figuré en entonnoir dont le bord est divisé en
cinq grandes découpures oblongues : du bout inférieur du pé-
tal, s'élevent environ douze étamines terminées par des sommets allongés. Au milieu est un pistil (e) composé d'un embryon arrondi & d'un style. Cet embryon devient une baie (f)
un peu charnue, dans laquelle (i) on trouve ordinairement
deux noyaux (g) qui contiennent une amande (k) assez grosse :
ces noyaux sont applatis du côté qu'ils se touchent, & convexes de l'autre : la figure (h) représente la coquille d'un
noyau.

Les feuilles du *Styrax* sont simples, ovales, point dentelées,
couvertes d'un duvet très-fin, posées alternativement sur les
branches.

ESPECE.

STYRAX *folio Mali Cotonei.* C. B. P.
STYRAX, ou STORAX, à feuilles de Coignassier : en Provence,
ALIBOUFIER.

CULTURE.

Le *Styrax* peut se multiplier par marcottes ou par semences, mais on ne parviendra gueres à en élever qu'en les tenant à l'ombre fous de grands arbres. Cet arbre croît naturellement en Syrie, en Cilicie, & en Provence dans les bois de la Chartreufe de Montrieu.

Au Levant on cultive, aux environs de Stanchir, les arbres qui donnent le Storax, & on les multiplie par marcottes.

Cet arbre croît auffi à la Louyfiane, d'où on en a envoyé des fruits & des branches à M. de Juffieu; mais les noyaux de cette efpece étoient plus petits que ceux qui croiffent en Provence.

USAGES.

Les *Styrax* font de grands arbriffeaux fort jolis, fur-tout au printemps, quand ils font chargés de leurs fleurs : mais cet arbre eft encore plus eftimable par le baume d'une odeur fort agréable, qui découle des incifions qu'on fait à fon tronc & à fes branches. Ce baume eft une gomme-réfine qu'on vend dans les boutiques fous le nom de *Storax*. Pour être réputée bonne, cette réfine doit être nette, mollaffe, graffe, d'une odeur douce & agréable : elle eft réfolutive, & on l'emploie comme aromate.

Je trouve dans quelques Lettres d'un Voyageur avec lequel j'ai été en correfpondance, que l'arbre qui donne le Storax croît dans l'Ethiopie & dans la Syrie, où ce Voyageur dit qu'il en a vu plufieurs pieds. Il ajoute que cet arbre eft de la hauteur d'un Coignaffier, auquel il reffemble; que les feuilles en font cependant plus petites; qu'elles font blanchâtres en deffous; que fes fleurs font blanches comme celles de l'Oranger; que fes fruits font femblables à de petites Avelines, couverts d'une peau lanugineufe, blanchâtre; & qu'enfin la femence eft contenue dans ce fruit.

Cette defcription ne permet pas de douter que l'arbre de Syrie ne foit notre *Styrax folio Mali Cotonei*. Un petit vermiffeau, dit encore notre Voyageur, s'attache à cet arbre, ronge fon écorce, & laiffe, en fe retirant, un trou qui donne iffue au Storax en larme, qui, par cet accident, découle de l'arbre, tout couvert d'une fubftance farineufe.

Les Habitants falfifient le Storax, en mêlant celui qui eft le
plus

plus gras avec une portion de cire, & ils expofent ce mélange pendant plufieurs jours à l'ardeur du foleil : quand ces deux fubftances font bien incorporées, & dans l'inftant que cette matiere eft toute chaude, ils la paffent par le tamis, & ils la reçoivent dans de l'eau fraîche.

L'odeur du Storax eft fi forte, qu'on a peine à s'apperce-voir de cette fraude, fur-tout quand il eft nouveau.

J'ai trouvé en Provence, près de la Chartreufe de Montrieu, fur de gros Aliboufiers, des écoulements affez confidérables d'un baume très-odorant. Il n'eft pas douteux, ce me femble, que ces Aliboufiers ne fourniffent du Storax ; néanmoins, fi l'on veut confulter ce que nous avons dit da ns l'article *LIQUIDAMBART*, on ne pourra s'empêcher de conclure que ce dernier n'en fourniffe également : il fe peut bien faire cependant, qu'en comparant les baumes produits par ces deux différents arbres, on y découvriroit quelques différences.

Nous croyons devoir joindre ici ce que M. Cartheufer a dit fur ce fujet dans fon excellent Traité de la Matiere médicale : *LIQUIDAMBARUM, five ambra liquida ejufdem fermè odoris quo Styrax folida, arbor quæ vulnerata hunc balfamum fundit, in America crefcit, & à Botanicis nuncupatur.....PLATANUS Virginiana, Styracem fundens ; five STYRAX Mexicana Aceris folio.* Cartheufer, de Materia medica, feĉt. 12, cap. 37, lin. 10.

Voici encore ce qu'il ajoute fur le Styrax : *STORAX, five STYRAX in folidam & liquidam dividitur, arbor quæ Styracem folidam largitur, Malo Cotoneæ non diffimilis eft, & à Botanicis nuncupatur......STYRAX folio Mali Cotonei crefcit in Syria Perfia, in America, & non nullis traĉtibus Europæ meridionalis ; tamen ex Afia tantùm affertur : olim calamis feu fiftulis inclufa advehebatur ; huic Styracis calamita nomen adepta eft.* Ibid. feĉt. 12, cap. 34, 14.

On voit par ces textes que nous venons de rapporter, que M. Cartheufer s'accorde affez à penfer la même chofe que nous fur le *Liquidambart* & le *Styrax* ; favoir que le *Liquidambart Aceris folio*, fournit un baume qu'on appelle quelquefois *Liqui-dambart*, & quelquefois *Styrax* liquide ; & comme nous avons dit qu'il croît au Levant un arbre peu différent de celui qui vient à la Louyfiane, il pourroit être que les baumes que

fourniffent ces deux arbres, fuffent auffi un peu différents l'un
de l'autre ; en forte que le baume de celui de la Louyfiane fe
nommeroit *Liquidambart.* Ce que nous pouvons affurer , c'eft
que nous avons vu de ce baume dont l'odeur eft très-agréable.
À l'égard de l'arbre du Levant, nous favons de M. Peyffonel,
qu'il fournit une efpece de *Styrax* que nous croyons être liquide : nous en ferons plus certains dans peu, parce que M.
Peyffonel nous en doit encore envoyer. J'ai dit que les femences que ce zélé Correfpondant nous a envoyées, ont bien levé
dans nos jardins ; je dois ajouter qu'il nous a depuis envoyé
des feuilles de cet arbre , & que ces feuilles reffemblent entierement à celles de l'Erable, ou au *Liquidambart* de la Louyfiane. Quant au *Styrax* folide , il eft très-probable que c'eft
une production du *Styrax folio Mali Cotonei* , dont nous avons
parlé dans cet article.

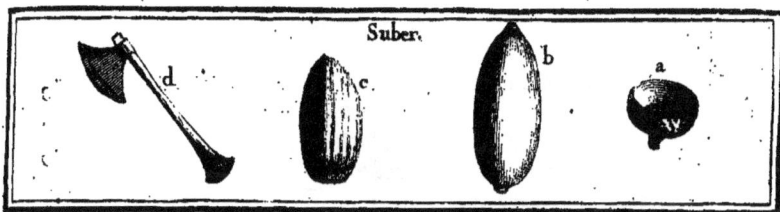

Suber.

SUBER, TOURNEF. QUERCUS, LINN. LIEGE.

DESCRIPTION.

IL n'y a aucune différence par les parties de la fructification, entre le Chêne, le Chêne-verd & le Liege : ces arbres portent des fleurs mâles rassemblées en chatons composés d'un calyce découpé en quatre ou cinq parties, entre lesquelles on voit des étamines fort courtes.

Les fleurs femelles des mêmes arbres font formées par un calyce charnu plus ou moins raboteux, fans découpures ; elles ont un piftil formé d'un embryon & de plufieurs ftyles.

Les fruits des Lieges (*b*) font pareillement des Glands en-châffés dans un calyce (*a*) formé en coupe : ils contiennent une amande (*c*). Les feuilles du Liege font entierement fem-blables à celles du Chêne-verd. On peut donc conclure que les Lieges font de véritables Chênes-verds, dont l'écorce eft flexi-ble, légere & fpongieufe. Voyez ILEX.

Les fleurs femelles du Liege & du Chêne-verd ont trois fty-les ; & celles des Chênes ordinaires n'en ont qu'un : cette dif-férence eft affez légere.

ESPECES.

1. SUBER latifolium, perpetuò virens. C. B. P.
LIEGE à feuilles larges, toujours verd.

2. SUBER angustifolium non serratum. C. B. P.
LIEGE à feuilles étroites, non dentelées.

Oo ij

C U L T U R E.

Les Lieges, ainſi que le Chêne-verd, ne s'élevent que de
ſemences : ils ſe plaiſent ſingulierement dans les terres ſabloneuſes. L'écorce des Lieges plantés dans des terres fortes,
n'eſt pas ordinairement ſi eſtimée.

Cet arbre ne vient point ſous la Zone torride; il eſt ſi ſen-
ſible au froid, qu'il ne peut ſupporter les gelées des Provinces
ſeptentrionales de la France. On n'en trouve point en Suéde,
ni en Dannemarck : nous en avons cependant élevés ici qui
ſubſiſtent en pleine terre depuis près de douze ans: on en trouve
une grande quantité dans les pays de Condom, de Nerac, &
dans les Landes de Bazas, qui s'étendent juſqu'à Bayonne :
on en voit encore en Eſpagne, en Italie, en Provence & en
Languedoc. Dans la plupart de ces Provinces, tous les Lieges furent gelés lors du grand hyver de 1709 ; mais peu à peu
ce dommage s'eſt réparé, & les Lieges y ſont maintenant
auſſi communs qu'ils l'étoient avant cet accident.

Nous avons dit qu'on ſemoit les Glands de Liege comme
les autres eſpeces de Chêne. Si on les cultive, ils croiſſent
plus vîte, & donnent plus promptement leur écorce; mais
auſſi elle eſt moins parfaite que lorſque, ſans leur donner aucune culture, on les abandonne à eux-mêmes.

Il eſt bon d'élaguer les jeunes Lieges pour leur former une
tige unie de dix à douze pieds de hauteur; après quoi il faut
les laiſſer croître tout naturellement.

On prétend que le retranchement de l'écorce de cet arbre,
bien loin de lui faire tort, lui eſt en quelque façon néceſſaire.

U S A G E S.

Comme les Lieges ne perdent point leurs feuilles pendant
l'hyver, on pourra en mettre avec des Chênes-verds dans les
boſquets de cette ſaiſon. Les Glands des Lieges paſſent pour
être aſtringents: le bois de cet arbre peut être employé aux
mêmes uſages que celui du Chêne-verd; mais la partie la plus
utile de cet arbre, eſt, ſans contredit, ſon écorce extérieure;

on en fait des bouchons de bouteilles, des feaux pour rafraîchir le vin, des talons de fouliers, des bouées pour les vaiffeaux, des chapelets pour foutenir les filets des Pêcheurs à la
furface de l'eau, & quantité d'autres ufages. On brûle encore
cette écorce dans des vaiffeaux bien fermés, pour en obtenir
une poudre noire qui s'emploie dans les arts: c'eft ce qu'on
nomme *Noir d'Efpagne.* Son Gland fert à la nourriture du
bétail & de la volaille; & comme il eft affez doux, les hommes
mêmes s'en font quelquefois nourris dans les années de difette :
on prétend que les Éfpagnols le mangent grillé comme les
Châtaignes. Il ne nous refte plus qu'à expliquer comment on
détache l'écorce extérieure de cet arbre : on nomme cette écorce *Liege,* ainfi que l'arbre même.

Lorfque les Lieges ont atteint l'âge de douze à quinze ans,
on peut faire la premiere *tire,* c'eft-à-dire, enlever l'écorce
pour la premiere fois; alors elle n'eft propre qu'à brûler. Sept
ou huit ans enfuite on fait une feconde *tire*; mais cette écorce
ne peut fervir qu'à faire des bouées ou à d'autres ufages
groffiers. La troifieme *tire* fe fait encore au bout de huit autres années, ou plutôt, fi l'écorce fe trouve avoir acquis affez
d'épaiffeur pour en faire des bouchons; c'eft le temps où elle
commence à être de bonne qualité : l'écorce des arbres les
plus vieux, eft la meilleure de toutes.

Un arbre qu'on écorce ainfi tous les huit, neuf ou dix
ans, peut durer cent cinquante ans & plus ; ce qui prouve
que le retranchement de cette écorce ne lui eft nullement
préjudiciable.

La véritable faifon pour enlever l'écorce, eft pendant la feconde
feve de Juillet & d'Août. Alors avec une petite coignée (*d*),
dont le manche fe termine en coin par le bout, on fend
l'écorce des Lieges, à commencer vers les branches jufqu'auprès des racines; enfuite on termine ces extrêmités par une
coupe circulaire. Suivant que l'arbre eft plus ou moins gros,
on fait trois ou quatre incifions longitudinales ; enfuite, avec
le dos ou la douille de la coignée, on frappe fur l'écorce pour
l'aider à fe détacher, & l'on achève de l'enlever en introdui-
fant l'extrêmité du manche de la coignée entre le bois & l'é-
corce,

Il faut fur-tout prendre garde de ne pas endommager une peau fine qui eſt adhérente au corps de l'arbre: les Bayonnois appellent cette peau *le Lard*; c'eſt ce que l'on peut nommer *Liber*: cette peau produit le Liege; ſi elle étoit enlevée, il ne pourroit plus s'en former juſqu'à ce que ce *Lard* ſe fût rétabli; mais pour cela il faut attendre pluſieurs années.

On raccourcit ces planches de Liege à la longueur d'environ quatre à cinq pieds; puis on en coupe les bords avec un couteau propre à cela, & on les gratte enſuite avec une eſpece de plaine ſemblable à celle dont ſe ſervent les Boiſſeliers, afin d'en rendre la ſuperficie plus unie. Enfin on les flambe avec le mauvais Liege qu'on deſtine à brûler: on prétend que cette derniere opération reſſerre les pores du Liege, & contribue beaucoup à ſa bonne qualité. On lave enſuite toutes les planches; on les range de plat les unes ſur les autres, puis on les charge avec des pieces de bois ou avec des pierres pour les redreſſer.

On prépare quelquefois le Liege ſans le faire paſſer par le feu; on le met alors ſimplement tremper dans l'eau pour le redreſſer; mais ce Liege, qu'on appelle en cet état *Liege blanc*, eſt beaucoup moins eſtimé que celui que l'on nomme *Liege noir*, à cauſe de la couleur que le feu du charbon a communiqué à ſa ſuperficie. Le Liege, pour être de bonne qualité, doit être ſouple, ployant ſous le doigt, élaſtique, point ligneux ni poreux, & de couleur rougeâtre: celui dont la couleur tire ſur le jaune eſt moins bon; le blanc eſt de la plus mauvaiſe qualité.

Outre la conſommation du Liege que l'on fait dans le Royaume, on en envoye beaucoup en Hollande, en Angleterre & dans les autres pays du Nord.

Le charbon du Liege broyé avec le Sain-doux, eſt recommandé pour les hémorroïdes: on eſt dans l'uſage d'attacher des colliers de Liege aux chiennes & aux autres animaux à qui l'on veut faire perdre le lait.

Tome II. Pl. 81.

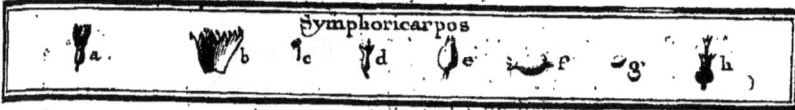

Symphoricarpos

a. *b.* *c.* *d.* *e.* *f.* *g.* *h.*

SYMPHORICARPOS, Dill. *LONICERA*, Linn.

DESCRIPTION.

LES parties de la fructification du *Symphoricarpos*, ressemblent beaucoup à celles du *Periclymenum* ; c'est pour cela que M. Linneus a compris ces deux genres dans celui qu'il nomme *Lonicera*.

La fleur (*a d*) est composée d'un petit calyce divisé en cinq, & d'un pétale (*b*) dont les bords ont cinq divisions égales comme le *Periclymenum* ; ce pétale représente presque une cloche ouverte ; cinq étamines (*c*) partent de ses parois intérieures ; on apperçoit un pistil (*h*) au milieu de la fleur : ce pistil est composé d'un embryon arrondi & d'un style ; l'embryon, qui fait partie du calyce, devient une baie (*e f*) divisée intérieurement en deux par une cloison : il n'y a qu'une semence (*g*) dans chaque loge.

Le *Symphoricarpos* n'est point une plante rempante ; c'est un assez grand arbuste : ses feuilles sont de médiocre grandeur, presque rondes, opposées deux à deux sur les branches : les fleurs qui ont peu d'apparence viennent par petits bouquets aux aisselles des feuilles, & se recourbent vers le bas : les fruits sont de petites baies rouges.

ESPECE.

SYMPHORICARPOS foliis alatis. Dill. Hort. Elth.

CULTURE.

Cet arbuste se multiplie très-aisément par les marcottes : il n'est point délicat. Il nous a été apporté de la Caroline & de la Virginie.

USAGES.

Le *Symphoricarpos* fait un joli buisson : on peut le tondre en boule ; il fleurit dans le mois de Septembre , & ses fruits viennent en maturité en Octobre : il peut servir à la décoration des bosquets d'automne.

a   b   c   d   e   f   g   Syringa h

SYRINGA, Tournef. PHILADELPHUS, Linn. SERINGA.

DESCRIPTION.

LE calyce (*b*) de la fleur (*a*) du Seringa eft d'une feule piece divifée en quatre parties; il fubfifte jufqu'à la maturité du fruit.

Ce calyce qui eft affez grand, porte quatre grands pétales arrondis & difpofés en rofe : on apperçoit dans la fleur environ vingt étamines affez longues, terminées par des fommets découpés en quatre parties : du milieu de ces étamines s'élève le piftil compofé d'un embryon affez gros, & de quatre ftyles (*c*).

L'embryon qui fait partie du calyce, devient une capfule (*d e*) ronde, entourée vers fon grand diametre par les échancrures du calyce (*d*); cette capfule eft divifée intérieurement en quatre loges (*f*); elle s'ouvre en quatre par la pointe, & l'on trouve dans l'intérieur beaucoup de femences (*h*) menues & longuettes.

Les feuilles du Seringa font fimples, affez grandes, terminées en pointe, dentelées par les bords, & oppofées fur les branches.

On voit que les parties de la fruêtification du Seringa, different peu de celles du *Cratægus*, du *Sorbus*, du *Mefpilus*, & même du *Pyrus*; c'eft pour cela que nous avons fait remarquer que le Seringa a quatre ftyles, & que fon fruit contient beaucoup de femences menues & oblongues.

ESPECES.

1. *SYRINGA alba; five PHILADELPHUS Athanei.* C. B. P.
SERINGA à fleurs blanches.

2. *SYRINGA flore albo pleno.* C. B. P.
SERINGA à fleurs blanches doubles.

3. *SYRINGA flore albo fimplici, foliis ex luteo variegatis.* M. C.
SERINGA à feuilles panachées de jaune.

4. *SYRINGA nana, nunquam florens.* M. C.
SERINGA nain qui ne porte point de fleurs.

5. *SYRINGA Caroliniana, flore albo majore, inodoro: Vel PHILADELPHUS foliis integerrimis.* Linn. Spec. Plant.
SERINGA de la Caroline à grandes fleurs blanches fans odeur.

CULTURE.

Cet arbriffeau n'eft point délicat fur la nature du terrein; il fe multiplie par des drageons enracinés qui fe trouvent auprès des gros pieds.

USAGES.

Les Seringa à fleurs doubles que j'ai vus, n'avoient que quelques pétales de plus que ceux à fleurs fimples; ainfi l'efpece, n°. 2, eft une variété qui n'a rien d'ailleurs d'eftimable.

L'efpece, n° 1, fleurit à la fin du mois de Mai : fes fleurs raffemblées par bouquets font un très-joli effet; de plus, elles répandent une odeur affez agréable de loin; mais elle eft trop forte quand on la fent de près.

L'efpece, n°. 3, a l'avantage d'avoir fes feuilles panachées : l'efpece, n°. 4, n'a aucun mérite qui la rende particulierement eftimable.

Il eft, je penfe, inutile de dire que ces arbriffeaux doiyent fervir à la décoration des bofquets du printemps.

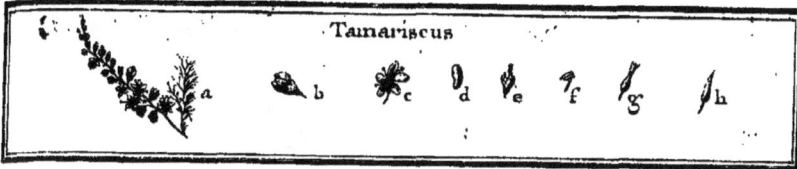

Tamariscus

TAMARISCUS, Tournef. TAMARIX, Linn. TAMARISC.

DESCRIPTION.

LE calyce (b) des fleurs (c) du Tamarisc, est petit, d'une seule piece, divisé en cinq.; il subsiste jusqu'à la maturité du fruit: il porte cinq pétales (d) ovales, creusés en cuilleron, & disposés en rose (c). On trouve dans l'intérieur, suivant les especes, cinq ou dix étamines (f) surmontées de sommets arrondis: au milieu de la fleur est placé le pistil (e) formé d'un embryon pointu, surmonté immédiatement de trois stigmates (g) oblongs & velus.

L'embryon devient une capsule (h) triangulaire, oblongue, dans laquelle on trouve des semences menues & garnies d'une membrane.

Les fleurs sont blanches ou purpurines; elles sont rassemblées par bouquets ou épis (a).

Les Tamariscs poussent de longues branches menues, pliantes, chargées de petites feuilles longues, rondes, menues & un peu ressemblantes à celles du Cyprès; mais elles sont d'un verd blanchâtre: ces feuilles sont posées alternativement sur les branches.

ESPECES.

1. *TAMARISCUS. Germanica* Lob. *TAMARIX fruticosa, folio crassiore; sive Germanica.* C. B. P.
TAMARISC d'Allemagne.

2. *TAMARISCUS Narbonensis.* Lob. T A M A R I X *altera folio tenuiori* five *Gallica.* C. B. P.
TAMARISC ordinaire, ou de France.

CULTURE.

Quoique les Tamarifcs foient des arbriffeaux maritimes, ils s'élevent cependant très-bien dans nos jardins. On les multiplie ordinairement par boutures ou par marcottes: ils fe plaifent dans les terres légeres, qui ont beaucoup de fond, & qui ne font point trop feches; celui d'Allemagne aime fur-tout les lieux humides.

USAGES.

Les Tamarifcs font de grands arbriffeaux; ils ont un port fingulier: leurs branches menues, pendantes, peu garnies de feuilles, n'offrent rien de fort agréable à la vue, fi ce n'eft au printemps où ils font en fleur. Comme ils ne quittent point leurs feuilles, on peut les placer dans les bofquets d'hyver.

On fait des taffes avec le bois du Tamarifc; & l'on prétend que fi l'on s'en fert pour boire, elles préviennent les opilations de la rate.

Les feuilles du Tamarifc paffent pour être antihyftériques; le fel lixiviel de cet arbre eft d'un affez grand ufage en Médecine.

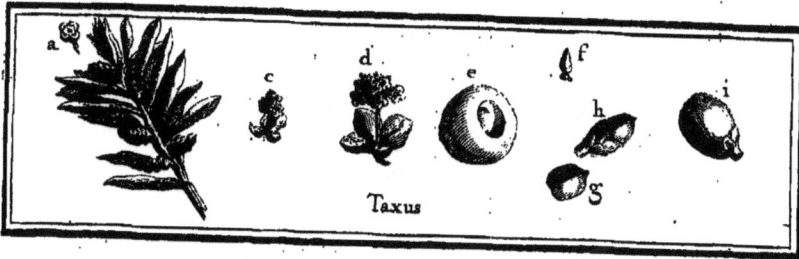

Taxus

TAXUS, Tournef. & Linn. IF.

DESCRIPTION.

L'IF porte des fleurs mâles & des fleurs femelles sur différentes parties du même arbre.

Les fleurs mâles (*c d*) n'ont pour calyce que les écailles du bouton dont elles sortent ; ce calyce est composé de quatre feuilles, & il renferme quantité d'étamines qui sont toutes rassemblées par le bas, où elles forment comme une colonne ; les sommets (*a*) ressemblent à des rosettes octogones.

Les fleurs femelles ont au lieu des étamines dont nous venons de parler, un pistil (*f*) composé d'un embryon ovale, sur lequel est un stigmate obtus, sans style.

Cet embryon devient une baie (*i*) succulente, dans laquelle est un noyau (*g*) ; mais ce qu'il y a de singulier, c'est que la chair de cette baie est ouverte par le bout du fruit (*e*), & laisse voir le noyau à nud, de sorte que la chair forme un corps qui reçoit le noyau ; quelquefois même le noyau est retenu dans cette chair comme un gland l'est dans sa cupule : on voit ce noyau en (*h*).

Les feuilles des Ifs (*k*) sont étroites, longues, presque semblables à celles du Sapin, & rangées, ainsi que les barbes d'une plume, aux deux côtés d'une petite branche.

TAXUS, If.

ESPECES.

1. *TAXUS.* J. B. *Taxus foliis approximatis.* Linn. Spec. Plant.
If ordinaire.

2. *TAXUS foliis variegatis.* H. R. Par. App.
If à feuilles panachées.

CULTURE.

Les Ifs s'élevent de femences & de boutures; ceux-ci ne montent jamais bien droits; ils fe courbent tantôt d'un côté, tantôt de l'autre; les autres au contraire s'élevent très-droits, & font une belle tête bien touffue: ainfi, quand on veut tailler des Ifs en boule ou en pyramide, il faut en choifir qui foient venus de femences. Au refte les Ifs ne font point délicats, & ils s'accommodent affez bien de toutes fortes de terres; mais ils fe plaifent à l'ombre.

Quoique l'on ait vu des Ifs endommagés par l'hyver de 1709, ils fupportent affez bien les grands hyvers: fuivant M. Sarazin, on en trouve en Canada; cependant l'If n'eft point connu aux environs de Quebec, ni à Montréal. Cet arbre eft commun en France.

USAGES.

Comme l'If ne quitte point fes feuilles, il convient d'en mettre dans les bofquets d'hyver: mais le verd de fes feuilles eft foncé & obfcur.

On fait qu'il n'y a point d'arbre qui fe taille mieux au cifeau; & dans tous les grands parterres, on voit de petites pyramides & de petites boules d'If qui font un affez joli effet. On s'en fert encore pour revêtir les murailles, fur-tout celles qui font à l'expofition du Nord; car, comme nous l'avons dit, cet arbre fe plaît à l'ombre: ces paliffades d'If ont cette incommodité, qu'elles forment des retraites aux limaçons qui dévorent toutes les plantes qui font aux environs.

On fera bien de mettre des Ifs dans les remifes: leur

fruit attire les oiseaux, qui d'ailleurs profitent de leur abri pendant l'hyver.

On dit que les feuilles & les fleurs de l'If sont un poison; & que ses fruits causent la dyssenterie à ceux qui en mangent; j'ai cependant vu des enfans en manger quantité sans en être incommodés.

Le bois de l'If est très-dur & très-pliant; il prend un fort beau poli; il est d'une très-belle couleur rouge, & nous n'avons pas de bois qui ressemble plus au bois des Isles.

Comme les jeunes branches de l'If sont très-flexibles, on peut en faire des harts ou liens excellents.

Il faut, pour la représentation du fruit, préférer celle qui est gravée dans la vignette, à celle de la planche, où sa concavité n'est point marquée.

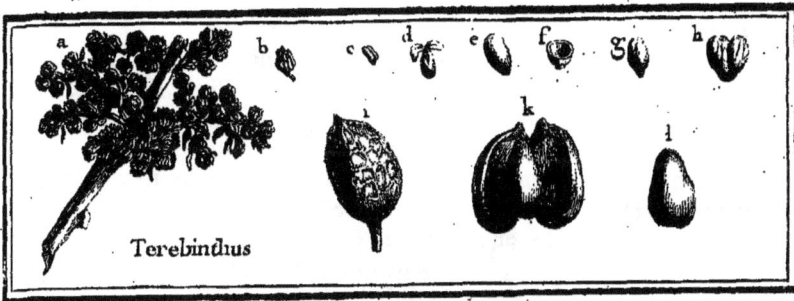

Terebinthus

TEREBINTHUS, Tourner. PISTACHIA, Linn.
TEREBINTHE ou PISTACHIER.

DESCRIPTION.

L'Arbre qui fournit les amandes qu'on nomme *Pistaches*, est du même genre que ce qu'on appelle en Provence *Térébinthe*, lequel effectivement produit aussi des pistaches qui ne sont pas plus grosses que des pois. La différence qu'il y a donc entre M. de Tournefort & M. Linneus, est que l'un a choisi le nom de l'espece sauvage pour tout le genre, & que l'autre a préféré pour le nom générique celui qu'on donne aux especes cultivées.

Les fleurs mâles viennent sur des arbres différents de ceux qui portent des fleurs femelles; ainsi l'on doit distinguer dans ces arbres les individus mâles d'avec les individus femelles. M. Cousineri, Correspondant de M. Peyssonel, dit qu'il y a aussi des especes hermaphrodites; mais ces arbres jusqu'à présent nous sont inconnus.

Les fleurs mâles viennent en grappe (*a*); & outre un calyce commun qui est composé de petites écailles, chaque fleur a un petit calyce qui lui est propre; il est d'une seule piece, divisé en cinq. Les parties les plus apparentes de la fleur (*b*), sont cinq petites étamines (*c*) chargées de gros sommets qui ressemblent à des prismes quadrangulaires,

Tome II.　　　　　　　　　　Q q

Cet arbre fleurit ici en Mai; & à Chio, au commencement d'Avril.

Les fleurs femelles viennent pareillement en grappe; chaque fleur a fon petit calyce particulier, qui eft divifé en trois, avec un piftil (*d*) qui eft formé d'un gros embryon ovale & d'un ftyle court, chargé de gros ftigmates velus.

L'embryon devient un fruit ovale (*e*) formé par un noyau (*f*), dans lequel eft contenue une amande (*g*); il eft recouvert d'une chair qui fe deffeche en mûriffant, & qui ne laiffe qu'une peau ridée, peu épaiffe (*i*); le bois qu'elle recouvre eft affez mince, mais flexible, comme corné, difficile à rompre. Ce noyau fe partage en deux coquilles qui reffemblent affez bien à une moule (*k*). L'amande eft verte, & quelquefois couverte d'une peau d'un fort beau rouge: de ce nombre eft la Piftache cultivée (*l*). Il fe trouve quelques fruits qui ont deux cavités (*h*). Si l'on examine attentivement les Piftaches, on apperçoit prefque toujours auprès du gros fruit, deux autres petits & avortés. Si cette circonftance étoit reconnue générale, elle fourniroit un moyen de diftinguer les Térébinthes des Lentifques.

Les feuilles des Térébinthes font compofées de folioles affez grandes, qui font attachées deux à deux fur une nervure terminée par une feule; c'eft ce qui fert à diftinguer les Térébinthes des Lentifques qui n'ont point de folioles uniques: les feuilles de ces deux arbres font pofées alternativement fur les branches.

ESPECES.

1. *TEREBINTHUS vulgaris*. C. B. P. *mas & fœmina.*
   TEREBINTHE ordinaire; ou PISTACHIER fauvage.

2. *TEREBINTHUS peregrina*, *fructu majore*, *Piftaciis fimili eduli*. C. B. P. *mas & fœmina.*
   TEREBINTHE à gros fruit; ou PISTACHIER.

3. *TEREBINTHUS Indica Theophrafti*. PISTACIA *Diofcoridis*, *mas & fœmina.*
   TEREBINTHE des Indes; ou PISTACHIER cultivé.

4. *TEREBINTHUS feu* PISTACIA *trifolia*. Inft. *mas & fœmina.*
   PISTACHIER à trois feuilles.

5. *TEREBINTHUS Cappadocica.* H. R. *mas & fœmina.*
Terebinthe de Cappadoce.

CULTURE.

Les Térébinthes & les Piftachiers s'élevent très-aifément de
femences, quoique ces arbres viennent de pays plus tempérés que le nôtre; favoir, Chypre, l'Ifle de Chio, l'Efpagne,
le Languedoc, le Dauphiné & la Provence : ils fupportent
beaucoup mieux la gelée que les Lentifques ; néanmoins il
convient de les fêmer dans des terrines, & de les élever dans
les orangeries jufqu'à ce qu'ils aient acquis une certaine groffeur : j'en ai cependant élevé tout-à-fait en pleine terre ; mais on
court rifque de les perdre, fi dans la premiere ou la feconde
année les hyvers font fort rudes. Si l'on a la précaution de
ne les mettre en pleine terre que lorfqu'ils font un peu gros,
ils réuffiffent très-bien : quand les individus mâles & femelles
fe trouvent plantés les uns près des autres, tous les Térébinthes donnent du fruit.

Il eft bon d'être prévenu que les Piftaches que l'on achete
chez les Epiciers, levent très-bien, quand elles font nouvellement arrivées.

USAGES.

Le bois des Térébinthes eft fort dur & très-réfineux : cet
arbre fournit la réfine qu'on nomme *Térébenthine de Chio* ou
Scio, qui eft fort rare & très-eftimée. Il fe forme à l'extrêmité
des branches du Térébinthe, n°. 1, des veffies remplies d'infectes : on trouve dans ces veffies quelque peu d'une térébenthine fort claire & de bonne odeur : j'en ai vu fur ceux de
Provence.

Un Médecin qui a long-temps demeuré à Chio, nous a
écrit que la térébenthine de cette Ifle fe retire d'une efpece
de Lentifque. Cela ne contredit pas ce que nous venons de
dire ; car les Lentifques reffemblent tellement aux Térébinthes
que M. Linneus, comme nous l'avons dit, n'en a fait qu'un
même genre. Le Médecin déja cité, ajoute qu'on fofiftique

à Chio même cette térébenthine, en la mêlant avec celle de Ve-
nife, qui, en la rendant plus claire, en augmente la quantité:
comme la térébenthine que l'on tire du Térébinthe eft rare
même dans cette Ifle, ceux qui connoiffent cette fraude donnent
la préférence à la térébenthine qui eft la plus épaiffe & la plus
gluante: on verra un plus grand détail à ce fujet, en lifant
ci-après les éclairciffements que M. Coufineri nous a envoyés
fur le Térébinthe.

On attribue à l'écorce & aux feuilles du Térébinthe, une
vertu aftringente & diurétique: la térébenthine que l'on en
tire, s'emploie comme celle de l'*Abies Taxi folio.*

Tout le monde fait que les amandes des Piftachiers, n°. 3.;
font agréables à manger; qu'on en fait grand ufage dans les
offices pour la préparation de plufieurs mets, & qu'on en fait
de très-bonnes dragées.

Suivant une Lettre que j'ai reçue d'un Voyageur, habile ob-
fervateur, le baume blanc ou baume de la Meque, découle
d'un petit Térébinthe ou d'un Lentifque.

*Je ne puis mieux terminer cet article qu'en plaçant ici un Mé-
moire très-détaillé, que M. Coufineri a bien voulu nous envoyer.*

Le Terebinthe appellé en grec τέρμινθος ou τερέβινθος;
eft un arbre de la grandeur d'un Orme; il a la feuille petite;
fept ou neuf folioles rangées par paires & terminées par une
feule, forment la feuille: ces feuilles tombent en hyver.

Il y a trois fortes de Térébinthes, un mâle, un femelle &
un androgyne. Ils fleuriffent tous au commencement d'Avril.

Le Térébinthe femelle porte un fruit en forme de grappe
de Raifin, rougeâtre au commencement, & qui devient, en
mûriffant, d'un verd bleuâtre; quand le fruit eft en cet état,
on le fale pour le conferver & en pouvoir manger plus long-
temps.

La pulpe ou chair qui couvre le noyau, eft fort mince;
l'amande qu'on y trouve après l'avoir caffé, reffemble par le
goût, & encore plus par fa couleur, à la Piftache. J'ai demandé aux Médecins du pays s'ils employoient ce fruit dans
quelque remede; mais j'ai apperçu par leur réponfe, que l'ufage
leur en étoit inconnu. Si on ne cueille point ce fruit quand

il eſt en état d'être ſalé, il brunit un peu & tombe bientôt de lui-même; ce qui arrive au mois d'Octobre. A Chio on nomme ce fruit τξικουδον *Tchicoudon*, à cauſe du bruit qu'il fait ſous la dent, quand on l'y preſſe pour le caſſer: ce nom pourroit convenir également aux Piſtaches & à beaucoup d'autres fruits. Les Payſans appellent le Térébinthe, τξικουδία; *Tchicoudia*; ce qui, ſuivant le génie de la Langue grecque, ſignifie, arbre qui porte le fruit appellé τξικουδον, *Tchicoudon*: pour parler correctement, on doit dire, τξικουδον τῆς τερμίνθꙋ, *Tchicoudon tês Terminthou*; c'eſt-à-dire, graine de Térébinthe.

Le Térébinthe mâle ne porte aucun fruit; ſes fleurs tombent à la fin d'Avril. Le Térébinthe androgyne a des fleurs mâles & des fleurs femelles dans le même temps, & en égale quantité: les fleurs femelles tombent les premieres, & il ne reſte à leur place que les grappes où le fruit commence à paroître; les fleurs mâles tombent environ quinze jours plus tard, ſans laiſſer aucune marque de fruit. Les graines du Térébinthe androgyne, ſont plus petites que celles du Térébinthe femelle; & parmi ces dernieres, il y en a qui en portent de plus groſſes que d'autres du même genre.

Les gens du pays ſont dans l'opinion que le Térébinthe ne peut être reproduit par ſon fruit, ſi on le ſeme ſelon la méthode ordinaire pour en former des pépinieres; mais ils diſent que les grives, les merles & autres oiſeaux qui s'en ſont nourris, laiſſent tomber leur fiente dans les champs, & qu'il en croît des Térébinthes. En examinant des graines qui étoient tombées d'elles-mêmes d'un de ces arbres femelles, j'en ai trouvé deux qui avoient germé ſur terre; je les ai envoyées ſéparément à M. Peyſſonel, Conſul de France à Smyrne: elles étoient dans un paquet qui contenoît de pareilles graines choiſies au même endroit: M. Peyſſonel m'a fait l'honneur de m'écrire dernierement, que trois de ces graines qu'il avoit ſemées ſur ſa terraſſe, y ont fort bien pris, & qu'elles y font des progrès ſurprenans. On ne croit pas non plus que ces arbres puiſſent être plantés de boutures.

Parmi les Térébinthes qui croiſſent d'eux-mêmes, il s'en trouve plus de mâles que d'autres: on les ente à la broche pour avoir de leur fruit, dont les Habitants de la campagne font quelque cas. Les Térébinthes femelles qui ne font point entés, ne portent pas des graines aussi grosses que ceux qui ont été entés.

Ces arbres ne demandent aucune culture; & ils donnent également de la térébenthine fans qu'on puisse y remarquer aucune différence, ni dans la quantité, ni dans la qualité.

Il ne faut pas beaucoup d'art, ni un grand travail, pour extraire cette résine; il ne s'agit que d'entamer l'écorce de l'arbre, & c'est ce qu'on peut faire très-facilement avec une petite hache: chaque coup de cet outil fait à l'arbre une blessure suffisante pour procurer l'écoulement de cette substance. Les attentions qu'il faut apporter pour cette opération, sont de très-peu d'importance: on tient la hache de la main droite, & on donne le coup de haut en bas, de façon que le fer de la hache fasse, avec le tronc de l'arbre, un angle d'environ quarante-cinq degrés: ces blessures doivent être à trois pouces de distance l'une de l'autre; on les dispose autour du tronc, & depuis le bas du même tronc jusqu'aux branches, qu'on ne doit point blesser, à moins qu'elles n'aient quinze ou dix-huit pouces de circonférence: on place autour du pied de l'arbre des pierres plates d'un pied en quarré ou plus, & de deux ou trois pouces d'épaisseur, & on remplit les intervalles qu'elles laissent nécessairement entr'elles, avec de petites pierres qu'on ajuste le mieux qu'il est possible. Le premier lit de ces pierres étant achevé, on en forme un second en procédant de la même maniere que pour le premier; on observe seulement de placer les pierres du second lit de façon qu'elles recouvrent entiere-ment les jointures de l'autre, afin que si par hazard il tomboit de la résine dans quelque jointure, elle fût reçue sur le plein de la pierre du premier lit, qui n'est mise là que pour l'em-pêcher de couler jusqu'à terre. Les pierres qu'on emploie à cet usage, sont les mêmes que celles dont on couvre les toîts des maisons de la campagne dans quelques Provinces du Royaume.

On commence à blesser les Térébinthes le 25 du mois de Juillet: la résine commence à en découler le premier du mois d'Août, & elle continue ainsi jusqu'à la fin de Septembre: les pluies de l'automne déterminent le temps auquel elle cesse de couler.

On amaſſe cette réſine tous les matins avant le lever du ſoleil, parce que la fraîcheur de la nuit lui donne la conſiſtance néceſſaire pour pouvoir être détachée de la pierre, avec une ſpatule de bois ou la lame d'un couteau dont le tranchant doit être émouſſé : non-ſeulement on amaſſe la réſine qui eſt tombée ſur les pierres, mais on enleve encore avec le même inſtrument, celle qui eſt reſtée adhérente au tronc de l'arbre. Quelque précaution que l'on prenne, on ne peut empêcher qu'il ne ſe mêle dans cette réſine des brins d'écorce, & la pouſſiere qui ſe détache des pierres. Pour la purifier, on la met dans de petits paniers de trois ou quatre pouces de diametre, & d'autant de profondeur ou environ; on expoſe ces paniers au ſoleil; ſa chaleur liquefie la réſine, au point qu'elle paſſe à travers le tiſſu des paniers; elle ſe filtre ainſi & tombe dans plat de terre, placé au deſſous pour la recevoir : pour faire cette opération, on peut ſuſpendre les paniers avec des ficelles, ou les placer chacun ſur deux baguettes parallelement poſées ſur les bords d'un plat.

Les Térébinthes ne croiſſent que dans la partie orientale de l'Iſle, aux environs de la Ville de Chio; ils ne s'étendent point au-delà de deux lieues ou deux lieues & demie; ils ne croiſſent pas au même endroit que les Lentiſques dont on extrait le maſtic. J'ai parcouru en chaſſant à ce deſſein, tout le pays des Térébinthes, & je puis aſſurer qu'on n'y trouve pas même un Lentiſque ſauvage. Je n'ai pû viſiter auſſi exactement le territoire des Villages du maſtic; il feroit trop périlleux de le tenter; mais je n'ai point encore vu de Térébinthe aux endroits où j'ai été; & tous ceux à qui j'ai fait des queſtions à ce ſujet, m'ont aſſuré qu'on n'y en trouvoit pas un ſeul.

Le produit du Térébinthe en réſine eſt bien peu de choſe, relativement à ſa grandeur : quatre de ces arbres âgés de ſoixante ans, & à peu près égaux, dont les troncs ont cinq pieds de circonférence & environ dix pieds de hauteur, n'ont donné l'année derniere 1753, qu'une ocque de réſine; l'ocque eſt un poids d'environ deux livres neuf onces ſix gros, poids de marc; elle ſe vend une piaſtre ou trois livres de notre monnoie : chaque Térébinthe n'a donc rendu que quinze ſols en réſine.

Il faut ajouter à ce produit, celui du fruit; mais comme il n'y a gueres que les Payfans qui en mangent, on en porte très-rarement au marché, où à peine trouveroit-on à le vendre à un prix qui pût dédommager de la peine de le cueillir. Ceux qui en recueillent beaucoup, le falent, & en font des envois à Conftantinople, où il fert de nourriture aux pauvres Marchands Turcs qui expofent aux coins des rues des marchandifes de vil prix : leur repas ne confifte le plus fouvent qu'en une poignée de ces graines falées, ou d'olives noires préparées de la même façon, un morceau de pain de la valeur d'un fol, & une bardaque d'eau.

Il y a un moyen affuré d'augmenter le rapport des Térébinthes, c'eft d'enter le Piftachier fur le Térébinthe qui ne donne pour cela pas moins de réfine; on y trouve cet avantage que les Piftaches en font beaucoup plus belles, & l'on m'a affuré que ces Piftachiers duroient plus long-temps que les autres; ce qui eft bien probable. On choifit pour cette opération un Térébinthe de fept à huit ans, fort haut de tige; alors, fans raccourcir cette tige, on ente deux ou trois des branches principales à quelques pouces du tronc; ou bien on raccourcit la tige, mais fort peu, & l'on procede à la ente, comme on a coutume de faire celle des Oliviers. Ce fut chez M. Grimaldy, Conful de Naples, que je vis pour la premiere fois de ces Piftaches; je fus furpris de leur beauté: il me montra dans fon jardin l'arbre qui les avoit portées; il étoit enté fur Térébinthe, & il m'affura que ces Piftachiers donnoient toujours de plus beau fruit que les autres.

Depuis ce temps j'en ai vu plufieurs autres, & je fuis étonné qu'ils ne foient pas multipliés autant qu'ils devroient l'être : j'en ai demandé la raifon à des perfonnes de toutes conditions, qui ont des Térébinthes dans leurs domaines; mais je n'en ai pu découvrir d'autre que leur propre nonchalance.

Matthiole dit, dans fon Commentaire fur Diofcoride, que le Térébinthe produit certains étuis figurés comme des cornes de chevre, & que dans ces étuis on trouve des moucherons avec une certaine liqueur. Je ne fais s'il veut défigner par-là des efpeces de baies qu'on trouve autour d'une partie des feuilles de quelques-uns de ces arbres; elles font rondes, d'un

très-beau

très-beau rouge, & prefque auffi groffes que le fruit : on en trouve quelquefois deux autour d'une feuille, quelquefois quatre, & j'en ai compté jufqu'à dix ; ces baies font fouvent féparées les unes des autres ; mais plus fouvent encore elles fe touchent, & ne forment enfemble qu'un même corps continu, fur lequel on peut diftinguer les grains dont il a été formé. D'autres fois ce n'eft qu'un feul grain long d'un pouce, un peu plus mince aux extrêmités que vers fon milieu, où il a environ une ligne & demie d'épaiffeur : cette efpece de bourrelet eft un peu courbe, & eft attaché à la feuille par toute la longueur d'un de fes côtés. Les feuilles autour defquelles font ces baies & ces bourrelets, n'ont plus confervé leur forme naturelle ; il femble qu'une partie a été employée pour les former, d'autant que cette portion y manque. Le bourrelet eft quelquefois placé au bout de la feuille, alors il femble qu'elle ait été roulée jufques vers fon milieu ; le bourrelet eft fouvent appliqué à un des côtés, & alors ce côté de la feuille fe trouve mutilé. En ouvrant ces bourrelets, on trouve dans leur capacité de petits infectes de couleur rouffe, un peu moins gros que les poux qui s'attachent aux hommes mal propres. On m'a affuré que ces excroiffances étoient une maladie propre au Térébinthe : cela peut être vrai ; car je me fuis apperçu que ceux qui en étoient atteints, étoient dépouillés de la plupart de leurs feuilles ; mais ils étoient d'ailleurs auffi chargés de fruit que les autres, & ils ne m'ont pas paru donner moins de réfine, puifque cette maladie n'avoit pas empêché les Propriétaires de les faigner.

On trouve fur cet arbre une autre production à laquelle peut fe rapporter encore ce que dit Matthiole ; cette production eft attachée tantôt à une partie, tantôt à une autre de la feuille : c'eft une efpece de fac formé d'une peau épaiffe, & affez ferme pour ne pas fléchir fous les doigts, quel que fortement qu'on la preffe ; cette excroiffance eft de la groffeur d'une petite Noix ; elle eft jaune & de diverfes figures ; quelques-unes font faites comme des Poires, & d'autres comme les Courges dans lefquelles les Bergers tiennent leur boiffon. Si on les ouvre avec un couteau, on y trouve les mêmes infectes que dans les gouffes rouges : peut-être que dans une autre faifon

Tome II.   R r

ces excroiſſances prennent la figure d'une corne de chevre :
au reſte elles ſe trouvent ſur les Térébinthes de tous les genres, mais cependant ſur les rouges plus rarement que ſur les
jaunes.

Il n'y a point de ſi mauvais terrein où le Térébinthe ne
puiſſe croître ; il croît entre les pierres & ſur les rochers comme
le Pin : ainſi en Provence on ne manque pas de terrein convenable pour l'y tranſplanter. Quoique le terrein où croiſſent ordinairement les Térébinthes ſoit pierreux, j'ai cependant obſervé qu'on ne voit point de ces arbres au plus haut des montagnes, ſoit qu'ils craignent d'être trop expoſés au vent, ou
que le hazard ſeul en ait décidé. La plaine où ils ſont plantés,
eſt occupée par des Orangers, au-delà deſquels on trouve des
vignes qui s'étendent juſqu'au quart ou au tiers de la montagne
au plus ; ces vignes ſont bornées par un cordon de Térébinthes : au-delà de ce cordon, on trouve d'autres Térébinthes
épars çà & là ſans aucun ordre, & preſque toujours fort
éloignés les uns des autres ; ils s'étendent ainſi juſqu'aux deux
tiers ou aux trois quarts de la hauteur de la montagne. Ceci
doit s'entendre du gros des Térébinthes ; car on en trouve
quelques-uns dans les vignobles, & même dans les orangeries,
mais en très-petite quantité ; & c'eſt ſur ces derniers qu'on
ente les Piſtachiers.

L'endroit de Provence qui paroîtroit le plus convenable
pour y planter ces arbres, ſeroit l'étang de Berre, qui s'avance
à trois lieues dans les terres, & qui eſt entouré d'une plaine
bornée de tous les côtés par des montagnes : on trouve dans
cette plaine des prairies, des terres de labour, des Mûriers &
des Oliviers. Ces terres ne ſont labourées que juſqu'au tiers
des montagnes ou environ, le reſte eſt inculte, & ne ſert qu'à
y faire paître le bétail : ſans rien changer à cette deſtination,
on pourroit fort bien y planter des Térébinthes qui y croî-
troient auſſi-bien qu'à Chio ; car il y gele moins ſouvent, il y
tombe beaucoup plus rarement de la neige, & en été il y fait
des chaleurs exceſſives.

J'ai fait ce que j'ai pu pour découvrir la quantité de réſine
que donnent chaque année les Térébinthes de l'Iſle de Chio ;
mais je n'ai encore découvert aucun moyen qui ait pu me

conduire à cette connoiſſance. Le premier qui ſe préſentoit
étoit de connoître combien il en ſortoit de cette Iſle dans le
courant d'une année ; parce que comme elle eſt aſſujettie à un
droit de ſortie, il étoit naturel d'avoir recours à la Douane
pour fixer cette quantité ; mais j'ai trouvé que le Douanier ne
conſerve point les regiſtres des droits qu'il perçoit ; il ſe contente de les écrire ſur un cahier, qu'il renouvelle toutes les
ſemaines après avoir rendu compte de ſa recette au Muſſelin
à qui elle appartient depuis deux ans, & le Muſſelin déchire
ces cahiers dès qu'il les a vérifiés. Je n'ai pu rien apprendre
de certain des Marchands même que j'ai interrogés ſur ce ſujet. Cependant, en faiſant attention au petit nombre de Térébinthes qu'il y a dans le canton de l'Iſle qui leur eſt affecté,
on peut juger que la quantité de réſine qu'ils peuvent donner,
doit à peine aller à deux milliers peſant, poids de marc : je
crois même évaluer trop ce produit ; car j'ai trouvé pluſieurs
perſonnes qui la fixoient à treize cens peſant ou environ.
Toute cette térébenthine, à peu de choſe près, eſt envoyée
par les Marchands de Chio à leurs correſpondants Grecs établis à Veniſe, & delà elle eſt diſtribuée dans toute l'Europe
ſous le nom de *Térébenthine de Veniſe.* C'eſt avec raiſon qu'on
lui a donné ce nom ; car alors elle eſt ſi fort ſophiſtiquée,
qu'il ne s'y trouve peut-être pas une vingtieme partie de celle
de Chio ; & il faut bien que cela ſoit, puiſque je n'ai payé
cette térébenthine à Marſeille que quinze ſols la livre, dans
l'année même qu'elle en valoit vingt-quatre à Chio. Il eſt vrai
qu'on y en vend auſſi ſous le nom de *Térébenthine de Chio,* que
l'on m'a fait payer vingt ſols ; mais elle n'étoit différente de
celle de Veniſe, qu'en ce qu'elle étoit enfermée dans des pots
ſemblables à ceux dont on ſe ſert dans cette Iſle. On pourroit dire que le prix n'eſt pas une preuve de la fraude que les
Marchands pratiquent, attendu que l'on voit ſouvent que la
même marchandiſe eſt à Marſeille à un prix bien au deſſous
de celui qu'elle a été achetée dans le pays étranger ; les cot-
tons nous en fourniſſent journellement un exemple : un Né-
gociant qui en a acheté au Levant pour trois cens piſtoles,
s'eſtime heureux, s'il peut revendre la même quantité à un
tiers de perte à Marſeille ; mais il eſt bon d'obſerver que cela

n'arrive jamais fur les drogues , ou du moins que ce cas eſt très-rare.

Nota. M. Peyſſonel, Conful de France à Smyrne, nous a envoyé des branches deſſéchées des Térébinthes mâles & femelles de Chio : leurs feuilles reſſemblent beaucoup à ceux que j'ai vus fur les montagnes de Provence.

Les embryons deviennent autant de femences rondes (*g*);
auxquelles le calyce (*f*) fert d'enveloppe.

La figure des feuilles varie fuivant les efpeces; elles font
oppofées fur les branches.

Si l'on veut conferver la diftinction que M. de Tournefort a
mife entre le *Teucrium* & le *Chamædris*, on remarquera, 1°. que
le calyce du *Teucrium* eft de la forme d'une cloche, au lieu
que celui du *Chamædris* eft plus allongé & en forme de tuyau:
2°. les fleurs du *Chamædris* viennent dans les aiffelles des feuilles, comme verticillées, & formant des efpeces d'épis; celles
des *Teucrium* viennent affez éloignées les unes des autres & le
long des tiges.

ESPECES.

1. *TEUCRIUM.* C. B. P. *Chamædris frutefcens : Teucrium vulgo.*
Inft.
TEUCRIUM; ou GERMENDRÉE en arbriffeau.

2. *TEUCRIUM Bæticum.* C. L. Hift.
TEUCRIUM d'Efpagne.

Nous fupprimons plufieurs efpeces de *Teucrium* & de *Chamædris*, qui perdent leurs tiges toutes les années.

CULTURE.

On peut multiplier les *Teucrium* par les femences, & auffi
en faifant des marcottes: celui d'Efpagne, n°. 2, fouffre quand
les hyvers font rudes.

USAGES.

J'ai vu ces petits arbuftes faire un affez joli effet en les pa-
liffant fur des treillages fort bas.

Mais les fleurs de l'efpece, n°. 1, qui fe deffechent fur la
plante au lieu de tomber, rendent cet arbufte affez défagréable
quand la fleur en eft paffée: il faut alors couper les tiges.

Ces plantes paffent pour déterfives, réfolutives & apéritives.

Thuya.

THUYA, Tournef. & Linn. ARBRE DE-VIE.

DESCRIPTION.

LES *Thuya* portent des fleurs mâles & des fleurs femelles sur les mêmes pieds.

Les fleurs mâles sont rassemblées sur un filet commun; elles forment de petits chatons ovales & écailleux; entre ces écailles on a peine à découvrir quatre étamines qui appartiennent à chaque fleur, car les sommets de ces étamines sont presque attachés à la base des écailles.

Les fleurs femelles paroissent dans les aisselles des feuilles, ou à l'extrêmité des rameaux, sous la forme de petits boutons (*b*) terminés en couronne, dans le milieu desquels on apperçoit des pistils (*c*), ordinairement au nombre de deux, attachés à des écailles; ces pistils sont formés d'un embryon & d'un petit stigmate; ils deviennent autant de semences oblongues, bordées dans leur longueur d'une aîle membraneuse: toutes ensemble forment un fruit (*E e*) qui a la figure d'un cône écailleux, dont les écailles sont relevées d'une bosse vers leur extrêmité.

Les feuilles sont petites, comme articulées les unes aux autres, & elles ressemblent à celles du Cyprès : elles sont posées les unes sur les autres ainsi que des écailles attachées à des tiges applaties. Le *Thuya* de la Chine porte des fruits ronds, composés d'écailles relevées vers leur extrêmité d'une boffe plus faillante & plus pointue que les fruits du *Thuya* de Canada.

J'avertis que les figures de la vignette, qui font indiquées par les lettres majufcules, appartiennent au *Thuya* de Canada; & que les autres ont été deffinées fur le *Thuya* de la Chine.

ESPECES.

1. *THUYA Theophrasti.* C. B. P. THUYA *strobilis lævibus, fquamis ob-tufis.* Hort. Cliff. ARBOR-VITÆ *Clufii.*
THUYA de Canada; ou ARBRE-DE-VIE.

2. *THUYA Theophrasti, foliis eleganter variegatis.* M. C.
THUYA de Canada à feuilles panachées.

3. *THUYA strobilis uncinatis, fquamis reflexo-acuminatis.* Roy. Lugd. B.
THUYA de la Chine.

CULTURE.

Toutes les efpeces de *Thuya* fe peuvent élever de femences; celles des n°. 1 & 2 fe multiplient par les marcottes.

Quoique les *Thuya* viennent affez bien dans les terreins fecs, les efpeces, n°. 1 & 2, fe plaifent fingulierement dans les terres fort humides.

USAGES.

Comme les *Thuya* confervent leurs feuilles pendant l'hyver, on doit les mettre dans les bofquets de cette faifon: l'efpece, n°. 3, qui vient de la Chine, fait un bien plus bel arbre que celles du Canada, n°. 1 & n°. 2.

Il fort des *Thuya* de Canada, des grains de réfine, jaunes & tranfparents comme de la copale; mais cette réfine n'eft point dure; & en la brûlant, elle répand une odeur de ga-lipot.

Quoique le bois de cet arbre foit moins dur que le Sa-pin, il eft néanmoins d'un bon ufage; il eft prefque incor-ruptible.

En Canada on emploie le bois de cet arbre pour paliffa-
der

der les fortifications & pour faire les clôtures des jardins ; parce qu'il résiste plus long-temps aux injures de l'air, & qu'il n'est pas si sujet à la pourriture que tout autre bois : en le travaillant, il répand une mauvaise odeur.

On lui attribue en Médecine une vertu sudorifique : ses jeunes branches & ses feuilles qui ont une odeur assez forte, produisent à peu près les mêmes effets que la Sabine.

On a représenté dans la planche une branche de *Thuya* de Canada, chargée de fleurs mâles & de fleurs femelles ; & dans le bas de la même planche, on a placé deux petites branches de *Thuya* de la Chine, l'une chargée de fleurs mâles, & l'autre garnie de fruits.

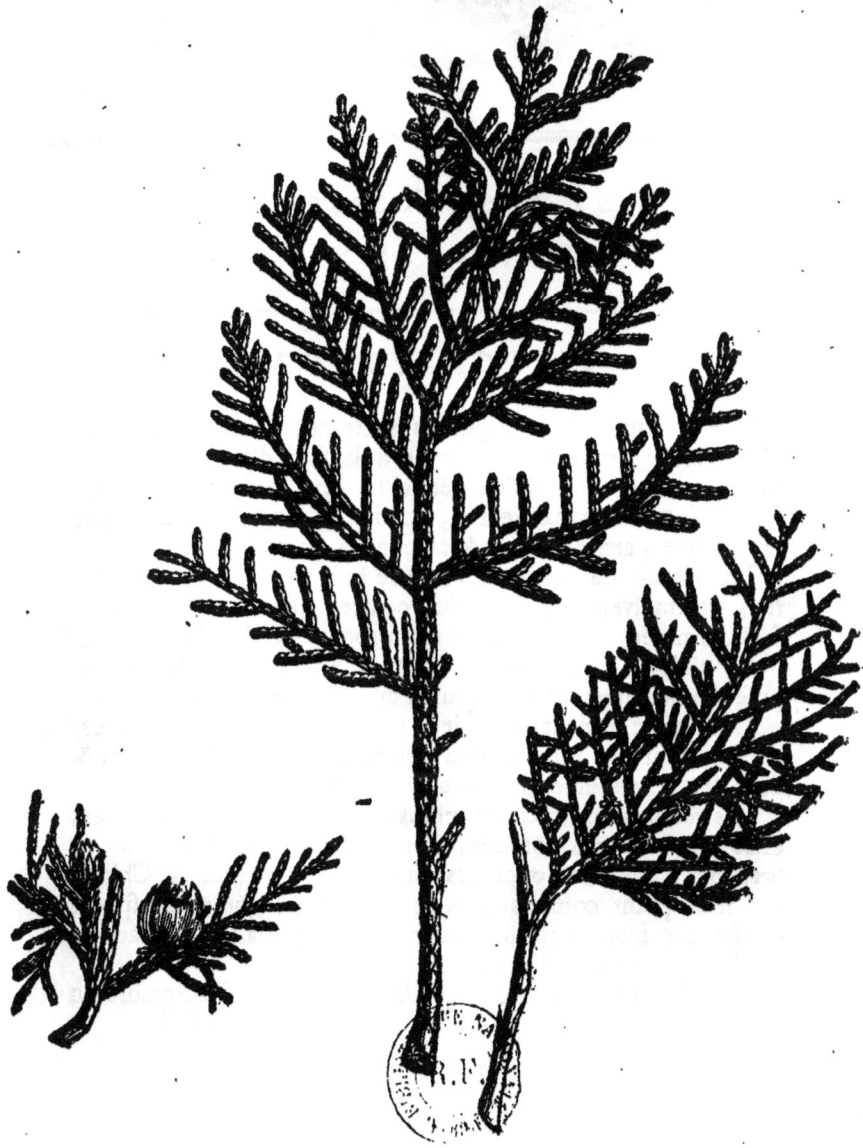

Thymelæa.

THYMELÆA, Tournef. DAPHNE, vel PASSERINA, Linn. GAROU.

DESCRIPTION.

LES fleurs (*b*) du *Thymelæa* n'ont point de calyce ; elles sortent ordinairement trois à la fois d'un même bouton (*a*) ; elles n'ont qu'un pétale (*c*) en forme de tuyau qui n'est point ouvert par le bas, & dont l'extrêmité est divisée en quatre parties ovales & terminées en pointe.

En ouvrant ce tuyau, on trouve huit étamines, dont quatre, alternativement, sont plus courtes que les autres ; elles sont terminées par des sommets arrondis & divisés en deux.

Le pistil est formé par un embryon arrondi, sur lequel repose immédiatement un stigmate applati & sans style.

L'embryon devient un fruit (*d*) qui, dans quelques especes, est succulent, & qui, dans d'autres, est sec : dans les uns & dans les autres est contenue une semence ovale (*e*).

Les feuilles sont plus ou moins longues, suivant les especes ; elles sont toujours entieres, & posées alternativement sur les branches ; elles sont opposées dans le *Thymelæa* de la Chine, qui n'est point compris dans ce catalogue : quelques especes conservent leurs feuilles pendant l'hyver ; mais la plupart les perdent dans cette saison.

M. Linneus divise les *Thymelæa* de M. de Tournefort en

S s ij

deux genres qu'il nomme *Daphne* & *Passerina.* Les différences qu'on trouve entre ces deux genres, sont celles-ci :

1°. Au *Daphne* il sort trois fleurs d'un même bouton ; au *Passerina,* une seule.

2°. Le tuyau qui forme le pétale du *Passerina,* est renflé par le bas, les échancrures sont creusées en cuilleron ; au lieu que le tuyau du *Daphne* est menu, & les échancrures sont plates & ouvertes.

3°. Les filets des étamines du *Daphne* sont plus courts qu'au *Passerina* : les sommets du *Daphne* sont arrondis ; les sommets du *Passerina* sont fort ovales : enfin au *Daphne,* les étamines prennent naissance de l'intérieur du pétale ; & au *Passerina,* elles sont attachées à l'extrêmité supérieure du pétale.

4°. Le style du *Daphne* est fort court, & le stigmate applati ; au lieu que le style du *Passerina* est de la longueur du tuyau, & le stigmate en forme de tête velue.

5°. Au *Daphne,* l'embryon devient une baie qui contient une semence arrondie ; la semence du *Passerina* est ovale, terminée en pointe, & renfermée dans une enveloppe coriacée.

M. Linneus a encore établi un genre qu'il appelle *Struthia :* ce genre ne diffère du *Passerina* que parce que la fleur est composée de quatre petits pétales qui tombent dès que la fleur se passe.

Nous allons ranger les *Thymelæa* en deux articles, suivant la distinction de M. Linneus.

E S P E C E S.

I. D A P H N E.

1. *THYMELÆA Lauri folio, semper virens ; seu L A U R E O L A, mas.* Inst. D A P H N E *racemis axillaribus, foliis lanceolatis, glabris.* Linn. Spec. Plant.
G A R O U à feuilles de Laurier, qui ne tombent point en hyver ; ou L A U R E O L E.

2. *THYMELÆA Lauri folio, semper virens, foliis ex luteo variegatis.* M. C. D A P H N E. Linn.
G A R O U à feuilles de Laurier, qui ne tombent point en hyver.

& qui font panachées de jaune; ou L A U R E O L E à feuilles panachées.

3. *THYMELÆA Lauri folio deciduo; five L A U R E O L A fœmina.* Inft.
*D A P H N E floribus feffilibus, ternis, caulinis, foliis lanceolatis, deci-
duis.* Linn. Spec. Plant.
G A R O U à feuilles de Laurier, qui tombent en hyver; ou M E-
Z E R E O N; ou B O I S-G E N T I à fleurs rouges.

4. *THYMELÆA Lauri folio deciduo, flore albido, fructu flaveſcente.*
Inft. *D A P H N E.* Linn.
G A R O U à feuilles de Laurier, qui tombent en hyver, dont
les fleurs font blanches & les fruits d'un jaune pâle; ou M E-
Z E R E O N; ou B O I S-G E N T I à fleurs blanches.

5. *THYMELÆA Lauri folio deciduo, foliis ex albo variegatis.* M. C.
D A P H N E. Linn.
G A R O U à feuilles de Laurier, qui tombent en hyver, & qui
font panachées de blanc; ou B O I S-G E N T I à feuilles panachées de blanc.

6. *THYMELÆA Lauri folio deciduo, flore rubente.* M. C. *D A P H N E.*
Linn.
G A R O U à feuilles de Laurier, qui tombent en hyver, dont les
fleurs font d'un rouge-pâle; ou B O I S-G E N T I à fleurs rouges-
pâles.

7. *THYMELÆA foliis Polygala-glabris.* C. B. P. *D A P H N E floribus
feffilibus, axillaribus, foliis lanceolatis, caulibus fimpliciffimis.* Linn.
Spec. Plant.
G A R O U à feuilles de Polygala, qui ne font point velues.

8. *THYMELÆA foliis candicantibus, & ferici inftar mollibus.* C. B. P.
*D A P H N E floribus feffilibus aggregatis, axillaribus, foliis ovatis,
utrinque pubeſcentibus, nervoſis.* Linn. Spec. Plant.
G A R O U à feuilles blanchâtres & foyeuſes: on l'appelle en Provence, T A R T O N-R A I R E.

9. *THYMELÆA Pontica, Citrei foliis.* Cor. Inft. *D A P H N E pedun-
culis lateralibus bifloris, foliis lanceolato-ovatis.* Linn. Spec. Plant.
G A R O U Pontique, à feuilles de Citronnier.

10. *THYMELÆA Cantabrica, Juniperi folia, ramulis procumbentibus.*
Inft. *An C H A M E L Æ A Alpina, folio utrinque incano?* C. B. P.

DAPHNE floribus feſſilibus, aggregatis, lateralibus, foliis lanceolatis, obtuſiuſculis, ſubtùs tomentoſis. Linn. Spec. Plant.
GAROU de Navarre à feuilles de Genevrier, dont les rameaux ſont pendants.

11. *THYMELÆA Pyrenaica, Juniperi folia, ramulis ſurrectis.* Inſt. *DAPHNE.* Linn.
GAROU des Pyrénées à feuilles de Genevrier, dont les rameaux ſe ſoutiennent droits.

12. *THYMELÆA foliis Lini.* C. B. P. *DAPHNE panicula terminali, foliis linearii-lanceolatis, acuminatis.* Linn. Spec. Plant.
GAROU à feuilles de Lin.

13. *THYMELÆA Alpina, Lini-folia, humilior, flore purpureo odoratiſſimo.* Inſt. *CNEORUM.* Matth. *DAPHNE floribus congeſtis, terminalibus, feſſilibus, foliis lanceolatis, nudis.* Linn. Spec. Plant.
GAROU des Alpes à fleurs pourpres & odorantes.

14. *THYMELÆA Alpina latifolia, humilior, flore albo odoratiſſimô* Inſt. *DAPHNE.* Linn.
CNEORUM à fleurs blanches; ou GAROU des Alpes à fleurs blanches & odorantes.

II. PASSERINA.

15. *THYMELÆA tomentoſa, foliis Sedi minoris.* C. B. P. *PASSERINA foliis carnoſis, extùs glabris, caulibus tomentoſis.* Linn. Spec. Plant.
GAROU velu à feuilles de petit Sedum.

16. *THYMELÆA foliis Chamelæa minoribus hirſutis.* C. B. P. *PASSERINA foliis lanceolatis, ſubciliatis, erectis, ramis nudis.* Linn. Spec. Plant.
GAROU à feuilles de *Chamelæa*, mais plus petites, & velues.

CULTURE.

Les Garou, n°. 1 & 2, ſe multiplient d'eux-mêmes dans les bois par les ſemences qui ſe répandent à terre. On a coutume de multiplier les Mezereon ou Bois-genti, n°. 3, 4, 5, & 6, par les marcottes, & même par des boutures.
Tous ces petits arbuſtes ſe plaiſent à l'ombre.

USAGES.

Comme les Garoux, n°. 1 & 2, ne perdent point leurs feuilles en hyver, on peut les mettre dans les bofquets de cette faifon.

Le Bois-genti annonce le printemps par fes fleurs qui font très-jolies, & qui s'épanouiffent dès le commencement du mois de Mars.

Tous les *Thymelæa* font de violents purgatifs dont on ne fait prefque plus d'ufage en Médecine.

L'écorce de l'efpece, n°. 12, appliquée fur le bras, fait l'effet d'un cautere : on perce quelquefois les oreilles, & on y introduit un petit morceau de bois de cet arbufte pour attirer des férofités.

THYMELÆA. GAROU. N°. 12. *Page 328 **

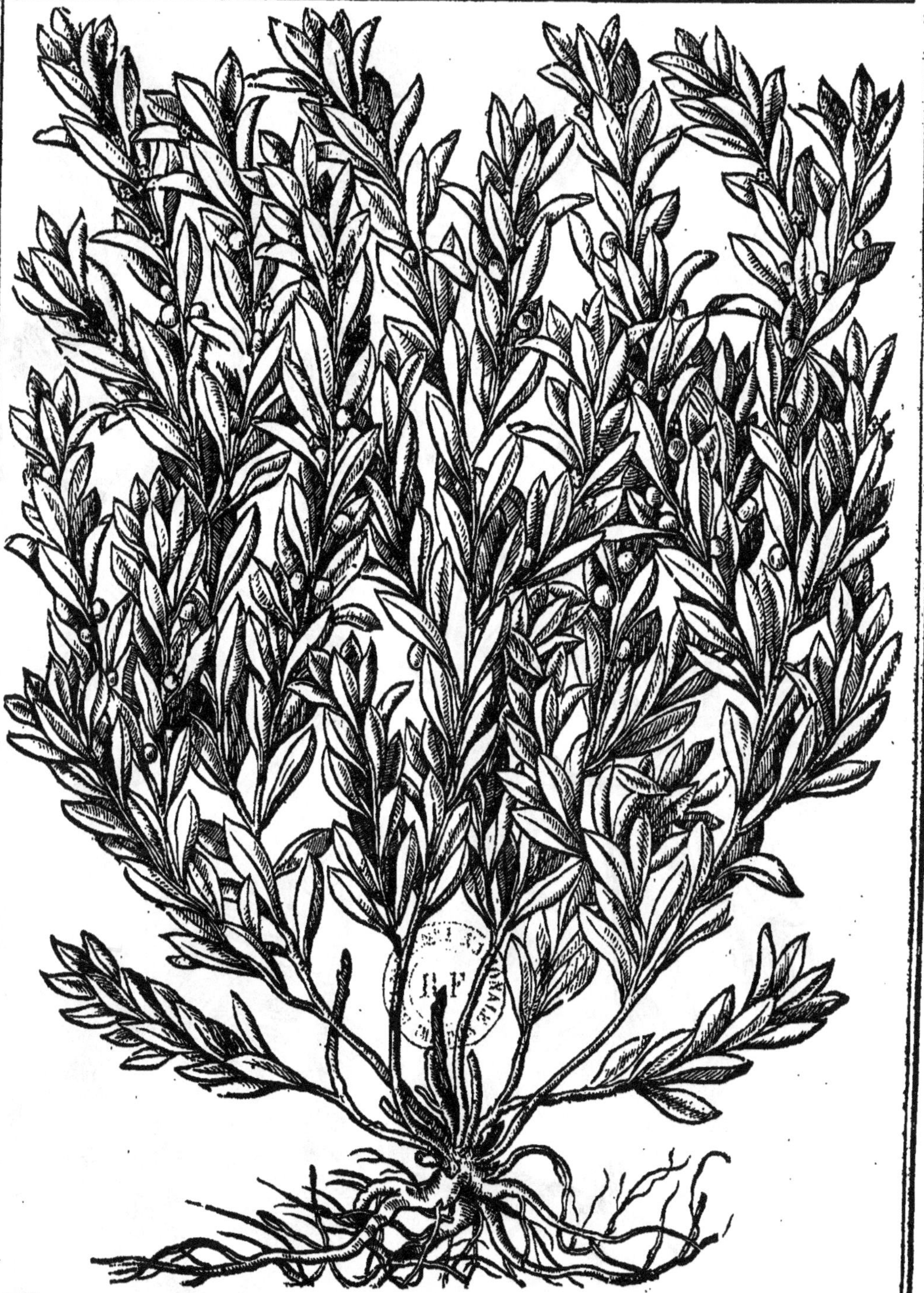

Tome II. Pl. 93.

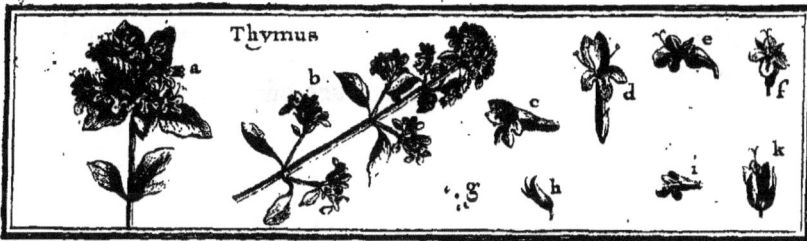

Thymus

a b c d e f g h i k

THYMUS, Tournef. & Linn. THYM.

DESCRIPTION.

LA fleur (*d e f*) du Thym eſt dans le genre des fleurs labiées : ſon calyce eſt d'une ſeule piece , diviſé en deux
parties principales ; la ſupérieure eſt ſubdiviſée en trois , &
l'inférieure en deux.

Le pétale (*c i*), ainſi que dans toutes les labiées , eſt diviſé en deux levres, dont la ſupérieure eſt courte , ouverte ,
relevée, arrondie & échancrée : la levre inférieure eſt plus
grande, ouverte, diviſée en trois parties qui ſont arrondies ;
la piece du milieu eſt plus grande que les autres.

On trouve dans l'intérieur quatre étamines très-courtes ,
terminées par de petits ſommets; deux de ces étamines ſont
plus courtes que les deux autres.

Le piſtil (*k*) eſt compoſé d'un embryon diviſé en quatre,
& d'un ſtyle menu qui eſt terminé par un ſtigmate fourchu :
l'embryon ſe change en quatre petites ſemences (*g*) rondes ,
qui n'ont point d'autre enveloppe que le calyce même (*h*),
lequel, en ſe rétreciſſant au deſſus des ſemences, forme une
eſpece de capſule.

Les Thyms ſont de très-petits arbuſtes; ils pouſſent quantité de rameaux menus, durs, ligneux, & garnis de petites
feuilles étroites, ovales , d'un verd brun par deſſus, & blanchâtres en deſſous, oppoſées ſur les branches qui ſont termi-

nées par des épis ou des bouquets de fleurs (*a b*) entremêlées de feuilles.

La plupart de ces plantes ont une odeur forte & agréable.

E S P E C E S.

1. *THYMUS capitatus*, *qui Dioscoridis.* C. B. P.
Th ym qui porte ses fleurs ramassées en tête.

2. *THYMUS vulgaris*, *folio latiore.* C. B. P.
Th y m ordinaire à feuilles larges.

3. *THYMUS vulgaris*, *folio tenuiore.* C. B. P.
Th y m ordinaire à feuilles étroites.

4. *THYMUS inodorus.* Inst.
Th y m qui n'a aucune odeur.

C U L T U R E.

Le Thym vient sur les montagnes de Provence ; dans les lieux les plus arides ; il n'est point délicat, & il s'éleve aisément dans nos jardins : il suffit de l'arracher de temps en temps, pour diviser les pieds en plusieurs touffes, qu'on replante plus avant en terre qu'elles ne l'étoient ; parce que cet arbuste poussant toujours de nouvelles racines à la surface du terrein, les anciennes meurent ; & si l'on n'a pas soin de le replanter de temps en temps, il périt dans les sécheresses.

U S A G E S.

Quoique le Thym ne perde point ses feuilles pendant l'hyver, il ne fait pas un grand effet dans les bosquets de cette saison. On en forme des bordures que l'on tond au ciseau ; elles font un très-joli effet vers le milieu de Juin, quand cet arbuste est en fleur.

L'odeur de ses fleurs se marie très-bien avec celle des roses ; aussi l'on en fait des bouquets d'une agréable odeur.

On distile les fleurs du Thym avec le vin & l'eau-de-vie ;

pour en obtenir ce qu'on appelle *Esprit-de-Thym* , dont l'odeur
est auſſi gracieuſe que l'eau de la Reine de Hongrie ou l'eſ-
prit de Lavande.

Le Thym étant appliqué extérieurement, paſſe pour être
réſolutif & fortifiant : pris intérieurement, il atténue la limphe,
il diſſout les glaires ; par cette raiſon il ſoulage les Aſthmati-
ques & ceux qui ſont attaqués de coliques venteuſes : il paſſe
auſſi pour être antihyſtérique.

On nous apporte du Levant, & particulierement de l'Iſle
de Candie, des filaments longs & aromatiques, qu'on nomme
Epithyme ; c'eſt une plante paraſite comme la Cuſcutte, qui
croît ſur pluſieurs plantes : on prefere celle qui vient ſur le
Thym, & on l'ordonne en poudre ou en infuſion pour purifier
le ſang ; elle a encore la propriété de lâcher le ventre.

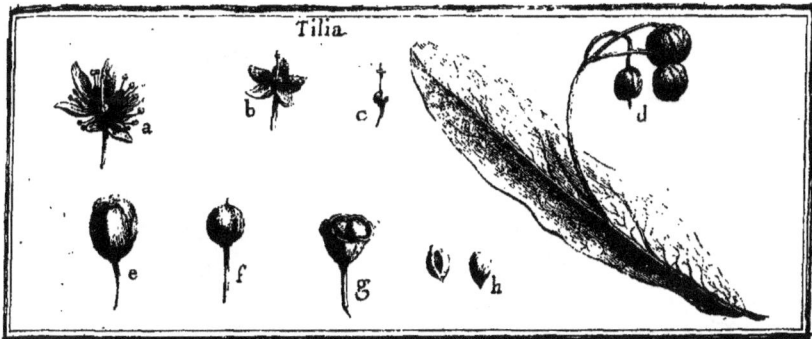

Tilia

TILIA, Tournef. & Linn. TILLEUL.

DESCRIPTION.

LE calyce (*b*) de la fleur (*a*) du Tilleul eſt diviſé en cinq grandes découpures colorées, arrondies & creuſées en cuilleron.

Ce calyce porte cinq pétales ovales, un peu allongés, & dentelés par le bout. On apperçoit dans le milieu environ trente étamines aſſez longues.

Le piſtil (*c*) eſt compoſé d'un embryon arrondi, d'un ſtyle aſſez long, & d'un ſtigmate obtus & pentagonal.

L'embryon devient une capſule (*ef*) dure, à peu près arrondie, diviſée intérieurement en cinq loges (*g*): elle devroit renfermer cinq ſemences (*h*) rondes; mais on n'y en trouve le plus ſouvent qu'une; les autres avortent.

Les fruits tiennent ordinairement à un pédicule aſſez long (*d*); qui part du milieu d'une feuille particuliere, longue, étroite & colorée.

Les feuilles des Tilleuls ſont à peu près rondes, dentelées par les bords, & terminées en pointe; elles ſont ſoutenues par de longues queues, & poſées alternativement ſur les branches : quelquefois elles font chargées d'une galle qui diminue beaucoup de leur agrément.

Les fleurs du Tilleul paroiffent dans le mois de Juin ; elles répandent alors une odeur douce & agréable.

E S P E C E S.

1. *TILIA fœmina folio minore.* C. B. P.
  TILLEUL à petites feuilles ; ou TILLEUL DES BOIS ; par les Payfans, TILLAU.

2. *TILIA fœmina folio majore.* C. B. P.
  TILLEUL à grandes feuilles ; ou TILLEUL DE HOLLANDE.

3. *TILIA fœmina folio majore variegato.* M. C.
  TILLEUL à grandes feuilles panachées.

4. *TILIA foliis molliter hirfutis, viminibus rubris, fructu tetragono.* Raï. Sinopf.
  TILLEUL dont les feuilles font légerement velues, les jeunes branches teintes de rouge, & le fruit triangulaire.

5. *TILIA foliis majoribus mucronatis.* Gron.
  TILLEUL à grandes feuilles qui fe terminent par une pointe affez longue : on croit que cette efpece eft un des Tilleuls à grandes feuilles, dont il eft fait mention ci-après en parlant des ufages.

C U L T U R E.

On peut élever les Tilleuls de femences : fi l'on conferve la graine pour ne la mettre en terre qu'au printemps, elle ne leve fouvent que dans la feconde année ; mais fi on la mêle, auffi-tôt qu'elle eft mûre, avec du fable ou de la terre pour la femer au printemps fuivant, elle leve fouvent dès la premiere année.

Comme les Tilleuls élevés de femences font long-temps à parvenir à une grandeur convenable pour être plantés en avenues, les Jardiniers ont coutume de les élever de marcottes ; pour cet effet ils coupent au raz de terre un gros Tilleul ; alors la fouche pouffe quantité de jets vigoureux, & en couvrant enfuite cette fouche avec de la terre, tous ces jets pouffent des racines & fourniffent du plant en abondance. Les Tilleuls souffrent très-bien d'être tondus au croissant ou avec le ciseau : c'est maintenant l'arbre à la mode ; & depuis qu'on s'est dégoûté des Maronniers d'Inde, on n'en plante pas d'autres dans tous les jardins.

Les Tilleuls se plaisent principalement dans les terres qui ont beaucoup de fond, plus légeres que fortes, & un peu humides.

U S A G E S.

Le Tilleul forme une très-belle tige ; il soutient bien ses branches, & sa tête prend naturellement une belle forme : de plus, comme on peut sans danger le tondre avec le croissant ou les ciseaux, on en fait de beaux portiques, des boules en forme d'Orangers, &c.

L'espece, n°. 1, se trouve naturellement dans nos forêts ; où l'on en voit qui ont jusqu'à neuf pieds de circonférence sur trente ou quarante pieds de hauteur.

Le Tilleul vient naturellement à la Louysiane & en Canada : nous en avons deux especes de ce pays, qui ont les feuilles beaucoup plus grandes que celles du Tilleul de Hollande.

On préfere, pour planter des sales dans les parcs, les especes, n°. 2 & 4, parce que leurs feuilles sont beaucoup plus belles : l'espece, n°. 3, est singuliere à cause de la panache de ses feuilles.

Le bois des Tilleuls est blanc, léger ; il n'a pas beaucoup de dureté ; mais il est liant, & il n'est pas trop exposé à être piqué des vers : les Menuisiers en font quantité d'ouvrages légers ; les Tourneurs le recherchent ; & les Sculpteurs le préferent à tous autres, quand le Noyer leur manque.

Quand on a mis rouir ou tremper dans l'eau les Tilleuls, leur écorce se détache par lames minces ; on en fabrique des cordes qui s'emploient à Paris pour garnir les puits.

Les fleurs du Tilleul en infusion sont recommandées en Médecine pour les affections du cerveau, contre l'épilepsie, les vertiges & les étourdissements ; les feuilles & l'écorce de cet arbre passent pour être détersives & apéritives ; & les semences, pour être astringentes : on en fait respirer par le nez pour arrêter les hémorrhagies de cette partie.

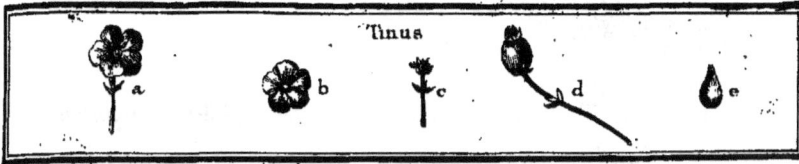

Tinus

a   b   c   d   e

TINUS, Tournef. & Linn. *Gen. Plant.* *VIBURNUM*, *Spec. Plant.* LAURIER-TIN.

DESCRIPTION.

LES fleurs (*a*) du Laurier-Tin font raffemblées en omebelle fortant d'une enveloppe générale, qui eft compofée de feuilles fort étroites: chaque fleur a un calyce particulier; ce calyce eft petit, divifé en cinq; il fubfifte jufqu'à la maturité du fruit.

Les fleurs n'ont qu'un pétale (*b*) figuré en cloche, divifé en cinq parties qui font arrondies & terminées par une pointe obtufe.

On trouve cinq étamines affez longues dans l'intérieur de ces fleurs.

Le piftil (*c*) eft compofé d'un embryon arrondi, qui forme la partie inférieure du calyce; au lieu de ftyle, on apperçoit une glande figurée en poire, & furmontée de trois ftigmates obtus.

L'embryon devient une baie (*d*) charnue, terminée par un umbilic que les échancrures du calyce couronnent; cet embryon contient une feule femence (*e*) prefque ronde.

Les feuilles du Laurier-Tin font fimples, entieres, ovales, terminées en pointe, fermes, luifantes, d'un verd foncé, oppofées fur les branches: elles ne tombent point pendant l'hyver.

M. Linneus, dans fes *Species Plantarum*, a réuni les *Lauriers-Tins* aux *Viburnum*.

ESPECES.

1. *TINUS prior*. Cluf. *LAURUS filveftris*, *Corni femina foliis fubhirfutis.*

C.B.P. *Viburnum foliis integerrimis, ovatis, ramificationibus fub tùs villofo-glandulofis.* Linn. Spec. Plant.
LAURIER-TIN ordinaire.

2. *TINUS alter.* Cluf.
LAURIER-TIN à feuilles allongées, veinées & à fleurs purpurines.

3. *TINUS tertius.* Cluf.
LAURIER-TIN nain à petites feuilles.

4. *TINUS prior Clufii, folio atroviridi fplendente.* M.C.
LAURIER-TIN ordinaire, dont les feuilles font brillantes & d'un verd foncé.

5. *TINUS prior Clufii, foliis ex albo variegatis.* M.C.
LAURIER-TIN ordinaire, dont les feuilles font panachées de blanc.

6. *TINUS alter Clufii, foliis ex luteo variegatis.* M. C.
LAURIER-TIN à feuilles veinées & panachées de jaune.

CULTURE.

Les Lauriers-Tins peuvent fe multiplier par les femences, par marcottes & par des drageons enracinés qui fe trouvent auprès des gros pieds.

Ces arbriffeaux ne font point délicats fur la nature du terrein; mais ils craignent les grandes gelées: nous en avons néanmoins dans des bofquets d'hyver, qui y fubfiftent depuis dix ans, fans autre précaution que de jetter dans l'automne un peu de litiere fur leurs racines.

On a coutume de les cultiver en caiffe: ils ornent les orangeries, parce qu'ils font en fleur pendant l'hyver.

USAGES.

Les Lauriers-Tins font de très-jolis arbriffeaux; ils font ornés de fleurs en ombelle, qui fubfiftent prefque pendant toute l'année; on doit, pour cette raifon, les mettre dans les bofquets d'hyver. Si des gelées trop fortes font périr les branches, la fouche repouffera bientôt de nouveaux jets, fur-tout fi l'on a foin de la protéger avec un peu de litiere.

Les baies des Lauriers-Tins font très-purgatives: mais on n'en fait pas d'ufage.

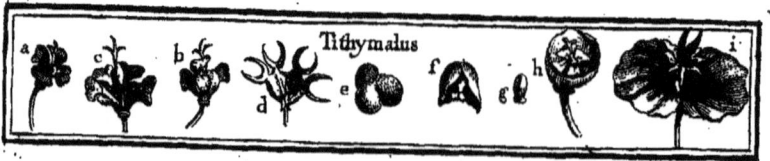

Tithymalus

TITHYMALUS, Tournef. EUPHORBIA, Linn.

TITHYMALE.

DESCRIPTION.

LE Tithymale a une fleur (*a*) formée, suivant M. de Tournefort, d'un pétale en cloche, dont les bords sont différemment découpés, suivant les especes. M. Linneus regarde cette partie comme un calyce coloré, qui est découpé en quatre & quelquefois en cinq pieces; il subsiste jusqu'à la maturité du fruit: aux angles de ces découpures, on apperçoit de petites feuilles, ou, suivant M. Linneus, quatre ou cinq pétales épais, dont la figure varie beaucoup dans les différentes especes.

On apperçoit dans la fleur douze étamines ou environ, qui paroissent successivement; elles excedent le disque de cette fleur, & elles prennent leur origine du bas de l'embryon: leurs sommets sont arrondis. Au milieu s'éleve le pistil (*b c d*) formé d'un style terminé par trois stigmates, & d'un embryon ordinairement triangulaire. Cet embryon devient un fruit à trois loges (*e*), chacune desquelles (*f*) contient une semence (*g*).

Plusieurs especes ont leurs fleurs entourées de deux feuilles qui leur forment une espece de soucoupe (*h i*) plus ou moins creusée.

Les feuilles des Tithymales sont unies, non dentelées, succulentes, plus ou moins allongées, suivant les especes, presque toujours d'un verd tirant sur le bleu; elles sont posées alternativement sur les branches: toutes les parties de la plante rendent une liqueur laiteuse.

Vu ij

ESPECE.

TITHYMALUS Characias, rubens peregrinus. C. B. P.
TITHYMALE en arbriſſeau, dont les feuilles prennent une teinte
rougeâtre.

Nous ſupprimons quantité d'eſpeces de Tithymales, qui
pourroient ſervir à la décoration des jardins; mais comme ces
eſpeces perdent leurs tiges en hyver, elles ne peuvent faire
des arbriſſeaux.

CULTURE.

On pourroit élever les Tithymales de ſemence; mais la plupart fourniſſent abondamment des drageons enracinés: pluſieurs ſe plaiſent aſſez à l'ombre; & l'on peut dire en général
qu'ils ne ſont point délicats: on en voit quelquefois de très-
beaux pieds dans des terreins très-arides.

USAGES.

Comme l'eſpece, n°. 1, ne perd ni ſes branches, ni ſes
feuilles pendant l'hyver, on peut la placer dans les boſquets
de cette ſaiſon. Toutes les eſpeces de Tithymale ſont de violents purgatifs; & comme leur action laiſſe de fâcheuſes im-
preſſions dans l'eſtomac, on en fait très-rarement uſage.

Tome II. Pl. 97.

Toxicodendron

a   b   c   d

TOXICODENDRON, Tourner. *RHUS*, Linn.

DESCRIPTION.

LES fleurs (*a*) du Toxicodendron reſſemblent beaucoup à celles du Sumac : elles ſont compoſées d'un aſſez petit calyce (*b*) diviſé en cinq, & qui ſubſiſte juſqu'à la maturité du fruit ; de cinq pétales ovales, diſpoſés en roſe ; de cinq fort petites étamines, & d'un piſtil compoſé d'un embryon arrondi, couronné de trois petits ſtigmates ; on n'y apperçoit preſque pas de ſtyle.

L'embryon ſe change en une capſule (*c*) ſeche, liſſe & ſtriée : l'embryon du Sumac produit au contraire une baie couverte d'un peu de chair, & velue : la ſemence qu'on trouve dans l'intérieur de cette baie du Sumac, eſt ronde ; celle de la capſule du Toxicodendron eſt comprimée.

Les feuilles des Toxicodendron ſont poſées alternativement ſur les branches : celles des deux premieres eſpeces ſont compoſées de trois folioles ovales, attachées à l'extrêmité d'une queue commune ; celles de la troiſieme ſont formées d'un nombre de folioles longues, pointues, & attachées deux à deux ſur une nervure commune, qui eſt terminée par une foliole.

M. Linneus, dans ſon Livre des *Spec. Plant.* n'a fait qu'un ſeul genre du *Sumac*, du *Fuſtet* & du *Toxicodendron*, qu'il appelle *Rhus*.

ESPECES.

1. *TOXICODENDRON triphyllon, glabrum.* Inſt. Toxicodendron qui porte trois grandes folioles liſſes.

2. *TOXICODENDRON triphyllon, folio ſinuato pubeſcente.* Inſt. *Rhus.*

foliis ternatis, foliolis petiolatis, ovatis, acutis, pubescentibus, nunc in-
tegris, nunc sinuatis. Gron. Virg.

TOXICODENDRON qui porte trois folioles couvertes d'un duvet
fin & blanchâtre; ou HERBE A LA PUCE.

3. *TOXICODENDRON Carolinianum, foliis pinnatis, floribus minimis*
herbaceis. M. C. RHUS *foliis pinnatis, integerrimis.* Linn. Hort. Cliff.

TOXICODENDRON de Caroline, dont les feuilles sont conjuguées, les fleurs vertes & fort petites; ou VERNIS.

CULTURE.

Tous les Toxicodendron peuvent se multiplier de semences:
l'espece, n°. 1, trace beaucoup; nous avons des bois qui en
ont été entierement garnis par quelques pieds que nous y avons
autrefois plantés.

L'espece, n°. 2, qui a ses folioles beaucoup plus petites
que la précédente, & dont les folioles un peu velues sont d'un
verd blanchâtre, ne s'étend pas autant que la précédente en tra-
çant; elle forme au contraire un petit buisson composé de quantité de jets enracinés, de sorte qu'une seule touffe peut produire
une cinquantaine de pieds. Cette espece croît en Canada sur
les rochers, & elle ne craint point par conséquent nos hyvers.

L'espece, n°. 3, fait un joli arbuste, sur-tout en automne
où ses feuilles sont d'un très-beau rouge: je crois que celle-ci
ne trace point.

USAGES.

Les Toxicodendron font des arbustes de peu de mérite:
l'espece, n°. 3, appellée *Vernis,* a un assez beau feuillage;
elle mérite d'être multipliée, afin d'essayer si sa seve pourroit
fournir un beau vernis.

Tous les Toxicodendron sont réputés plantes mal faisantes:
on prétend qu'étant pris intérieurement, ils empoisonnent;
leur suc appliqué sur la chair, y cause des érésipelles; c'est ce
qui leur a fait donner le nom d'*Herbe à la Puce*: c'est traiter bien
favorablement une plante qui a causé plusieurs fois en Canada
des érésipelles très-fâcheuses.

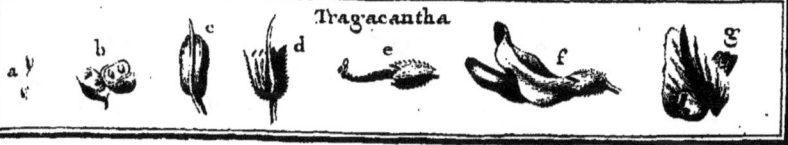

Tragacantha

TRAGACANTHA, Tournef. & Linn.
Gen. Plant. ASTRAGALUS, Linn. Spec. Plant.
BARBE-DE-RENARD.

DESCRIPTION.

LE calyce (g) de la fleur (f) de la Barbe-de-renard eſt d'une ſeule piece, diviſé en cinq par les bords : comme la fleur eſt du genre de celles qu'on nomme légumineuſes, elle a cinq pétales ; le pavillon (*vexillum*) eſt grand, ovale, échancré à ſon extrêmité ; à ſa naiſſance il enveloppe les aîles, puis il ſe releve par le bout.

Les aîles (*alæ*) ſont étroites, obtuſes, droites & preſque cachées par le pavillon.

La nacelle (*carina*) qui eſt compoſée de deux feuilles raſſemblées à leur origine l'une auprès de l'autre, s'écarte un peu vers le bout ; ces deux feuilles ſont aſſez étroites & relevées par leur bout qui eſt arrondi.

On trouve dans l'intérieur dix étamines (*e*) réunies, & qui forment une gaîne par leurs filets : elles ſont preſque droites, égales, & terminées par des ſommets arrondis.

Le piſtil (*d*) eſt compoſé d'un embryon oblong, terminé par une trompe, de laquelle ſort un filet, à l'extrêmité duquel on voit un très-petit ſtigmate.

L'embryon devient une ſilique (*c*) courte, diviſée en deux (*b*) ſuivant ſa longueur : on trouve dans l'intérieur de cette ſilique quelques ſemences (*a*) de la forme d'un rein.

La Barbe-de-renard fait un fort petit arbuſte qui pouſſe

plufieurs branches dures, velues & garnies d'épines longues & roides: fes feuilles font compofées de petites folioles blanchâ- tres, rangées deux à deux fur une nervure qui eft terminée par une pointe longue & dure: fes fleurs naiffent par bouquets placés au bout des branches.

M. Linneus, dans fes *Species Plantarum*, a réuni le *Traga- cantha* aux *Aftragalus*.

ESPECES.

1. *TRAGACANTHA Maffilienfis.* J. B. *ASTRAGALUS aculeatus, fruticofus, Maffilienfis.* Pluk.
BARBE-DE-RENARD de Marfeille.

2. *TRAGACANTHA altera, Poterium fortè Clufio.* J. B.
BARBE-DE-RENARD d'Efpagne, dont les filiques n'ont qu'une cavité.

3. *TRAGACANTHA Alpina, femper virens, floribus purpurafcentibus.* Inft.
BARBE-DE-RENARD à fleurs purpurines, & qui ne perd point fes feuilles en hyver.

4. *TRAGACANTHA Cretica, incana, flore parvo, lineis purpureis ftriato.* Cor. Inft.
BARBE-DE-RENARD de Crete, à petites fleurs ftriées de lignes purpurines; ou BARBE-DE-RENARD du Levant.

CULTURE.

La Barbe-de-renard de Marfeille, qui eft la feule que j'aie cultivée, vient naturellement dans des lieux incultes, au bord de la mer; elle fubfifte cependant très-bien dans nos jardins, où je l'ai multipliée par marcottes.

USAGES.

Cet arbufte ne peut fournir aucune décoration aux jardins; car il eft fort petit, & fes fleurs blanchâtres n'ont rien de fort brillant; d'ailleurs fes longues épines qui reffemblent à des bran- ches mortes, le défigurent.

Les

Les Barbes-de-renard croiſſent aux environs d'Alep, en Candie, en pluſieurs autres lieux, & particulierement, comme
l'a remarqué M. de Tournefort, ſur le mont Ida. Voyez ſon
Voyage, *tome I, in-8°. Lettre I, page 65,* où il dit en avoir
trouvé une grande quantité ſur les collines pelées des environs
de la bergerie. Au commencement de Juin, & dans les mois
ſuivants, ce petit arbuſte donne naturellement la *gomme adraganthe*; parce que dans ces temps de chaleur, le ſuc nourricier
de cette plante étant épaiſſi, fait crever les vaiſſeaux qui le
contenoient; ce ſuc s'accumulant, ſoit dans le cœur des tiges
& des branches, ſoit dans les interſtices des fibres qui ſont
diſpoſées en rayon, il ſe coagule dans les poroſités de l'écorce,
il s'échappe & s'endurcit à l'air ſous la forme de grumeaux
de la figure de vermiſſeaux, ou de lames tortuées plus ou moins
longues: j'en ai eu un morceau qui avoit à peu près quatre
lignes de largeur, une ligne & demie d'épaiſſeur, & plus de
deux pouces de longueur; au reſte, il eſt bien rare d'en trouver d'auſſi gros morceaux.

Cette gomme doit être blanche, luiſante, légere, en petits
morceaux de différentes figures; elle ne doit avoir ni goût,
ni odeur, & elle doit être exempte de toute ſorte d'ordures.

J'en ai vu un petit morceau ſorti de l'eſpece, n°. 1, dans le
jardin d'un Botaniſte de ma connoiſſance.

Quand on met tremper cette gomme dans l'eau, elle ſe
gonfle beaucoup, & elle paroît comme une eſpece de gelée,
belle, luiſante, un peu tranſparente: c'eſt ce mucilage de
gomme adraganthe, qui ſert en Pharmacie à donner du corps
à pluſieurs remedes dont on veut former des pillules.

Les Peintres en miniature rendent le vélin ſur lequel ils
veulent peindre, auſſi uni qu'une table d'yvoire, en le vernis-
ſant avec la gomme adraganthe; pour cela on met du mucilage de cette gomme dans un nouet de linge fin, & l'on en
frotte le vélin.

On mêle cette gomme avec le lait pour faire des crêmes
fouettées; les Pâtiſſiers l'emploient encore en place de blancs
d'œufs.

La colle de farine eſt beaucoup meilleure, quand on mêle

un peu de gomme adraganthe avec l'eau qui fert à délayer la farine; cette même gomme mêlée avec la colle forte, la rend plus tenace.

Employée feule en Médecine, elle eft humeĉtante, rafraîchiffante, incraffante; elle calme la toux, les douleurs de colique, les ardeurs d'urine, &c.

Comme pour tous les ufages que nous venons de détailler, il eft quelquefois néceffaire de la réduire en poudre, il eft à propos d'avertir que l'on ne peut y parvenir qu'en faifant chauffer le mortier dans lequel on veut la piler.

Les Teinturiers emploient cette gomme pour donner de l'apprêt à la foie qu'ils mettent en couleur.

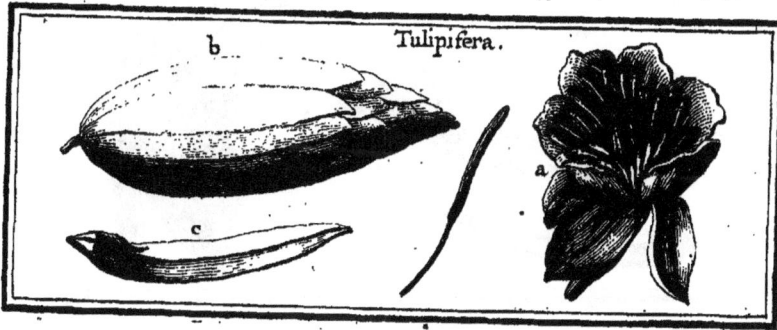

Tulipifera.

TULIPIFERA, Catesb. LIRIODENDRUM, Linn. TULIPIER.

DESCRIPTION.

LA fleur (*a*) du Tulipier eſt formée par un calyce qui porte trois feuilles ſemblables à des pétales ; elles ſont oblongues, creuſées en cuilleron, & elles tombent en même temps que les pétales qui ſont au nombre de ſix ou de neuf : ces pétales ſont grands, un peu allongés, arrondis par le bout, & diſpoſés en roſe.

On apperçoit dans l'intérieur de la fleur pluſieurs étamines qui prennent leur naiſſance à la baſe du piſtil ; elles ſont chargées de ſommets longs & étroits, qui tirent leur origine de la baſe du pétale.

Le piſtil eſt formé d'un grand nombre d'embryons rangés en forme de cônes, & ſurmontés de ſtyles fort courts.

Chaque embryon devient une capſule oblongue, étroite, renflée par ſa baſe, & qui ſe termine par un feuillet membraneux : on trouve une ſemence dans la baſe de cet embryon : toutes ces capſules réunies forment un fruit écailleux (*b*) qui a quelque rapport aux cônes des Sapins : les fleurs de cet arbre ont quelque reſſemblance à celles des Tulipes.

Les feuilles du Tulipier ſont grandes, fermes, unies, échan-

X x ij

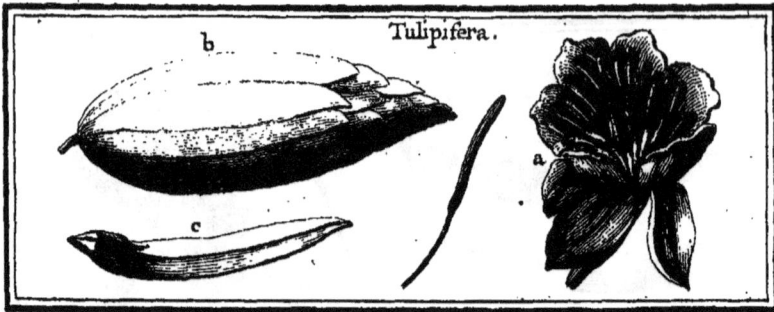

TULIPIFERA, Catesb. LIRIODENDRUM, Linn. TULIPIER.

DESCRIPTION.

LA fleur (*a*) du Tulipier eſt formée par un calyce qui porte trois feuilles ſemblables à des pétales; elles ſont oblongues, creuſées en cuilleron, & elles tombent en même temps que les pétales qui ſont au nombre de ſix ou de neuf: ces pétales ſont grands, un peu allongés, arrondis par le bout, & diſpoſés en roſe.

On apperçoit dans l'intérieur de la fleur pluſieurs étamines qui prennent leur naiſſance à la baſe du piſtil; elles ſont chargées de ſommets longs & étroits, qui tirent leur origine de la baſe du pétale.

Le piſtil eſt formé d'un grand nombre d'embryons rangés en forme de cônes, & ſurmontés de ſtyles fort courts.

Chaque embryon devient une capſule oblongue, étroite, renflée par ſa baſe, & qui ſe termine par un feuillet membraneux: on trouve une ſemence dans la baſe de cet embryon: toutes ces capſules réunies forment un fruit écailleux (*b*) qui a quelque rapport aux cônes des Sapins: les fleurs de cet arbre ont quelque reſſemblance à celles des Tulipes.

Les feuilles du Tulipier ſont grandes, fermes, unies, échan

X x ij

crées; d'un beau verd ; comme il femble qu'elles foient coupées par le bout, & perpendiculairement à la nervure du milieu, cela leur donne une forme très-finguliere; elles font fup-
portées par de longues queues affez fortes pour les foutenir
fans qu'elles pendent ; deux grandes ftipules ovales accom-
pagnent ces feuilles à leur infertion fur les branches, fur lefquelles elles font pofées alternativement.

ESPECE.

1. *TULIPIFERA Virginiana, tripartito Aceris folio, media lacinia
veluti abfcifa.* Pluk. Alm.
   Tulipier de Virginie à feuilles d'Erable, qui femblent coupées par le bout: en Canada, Bois-Jaune.

TULIPIFERA Virginiana, &c. Pluk. Voyez *Magnolia.*

CULTURE.

Les Tulipiers s'élevent ici des graines qui nous font envoyées de Canada & de la Louyfiane; on peut encore multiplier ces arbres par des marcottes, ainfi que les Tilleuls.
  Cet arbre fe plaît particulierement dans les terreins humides,
& il ne vient que très-lentement dans les lieux fecs.

USAGES.

  Le Tulipier eft un des plus beaux arbres qu'on puiffe cultiver: il vient d'une hauteur & d'une groffeur furprenante ; fes
feuilles font auffi belles que celles des Platanes d'Occident ;
fes fleurs font grandes & belles; il eft donc convenable de multiplier beaucoup cet arbre pour en planter dans les maffifs des
bois, & pour en faire de fuperbes avenues.
  Les Tulipiers que nous élevons font encore trop jeunes pour
que nous puiffions rien dire de certain fur la qualité de leur
bois. Nous fommes cependant affurés que dans quelques
endroits du Canada, ce bois paffe pour être le meilleur que
l'on puiffe employer pour faire des pirogues ou canots d'une
feule piece.

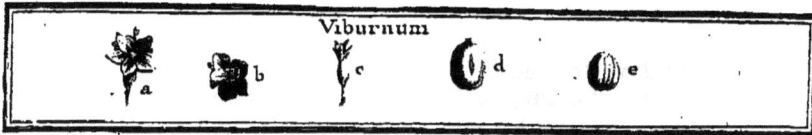

Viburnum

VIBURNUM, TOURNEF. & LINN. VIORNE.

DESCRIPTION.

LA Viorne porte ſes fleurs en ombelle; chaque bouquet de fleurs ſort d'une enveloppe colorée, qui tombe avant la formation du fruit. Chaque fleur (a) a un petit calyce (c) d'une ſeule piece, diviſé en cinq, & qui ſubſiſte juſqu'à la maturité du fruit. Le pétale (b) eſt en forme de cloche diviſée en cinq parties arrondies: on trouve dans l'intérieur de ces fleurs cinq étamines aſſez longues, terminées par des ſommets arrondis.

Le piſtil eſt formé par un embryon qui fait partie du calyce: au lieu de ſtyle on trouve une eſpece de glande formée en poire, couronnée de trois petits ſtigmates.

L'embryon renfermé dans le calyce, devient une baie (d) charnue, arrondie, applatie, & qui renferme un noyau (e) applati, dur & ſtrié; cette baie eſt couronnée par les échancrures du calyce.

Les feuilles de la Viorne, n°. 1, ſont entieres, ovales, aſſez grandes, épaiſſes & relevées en deſſous de groſſes nervures, creuſées & ſillonnées par le deſſus, légerement velues, mais plus en deſſous qu'au deſſus, d'un verd terne par deſſus, & blanchâtre par deſſous; enfin elles ſont oppoſées ſur les branches.

Les feuilles des eſpeces, n°. 4 & 5, ſont moins grandes, mais d'un verd plus brillant.

ESPECES.

1. *VIBURNUM*. Matth.
  VIORNE ordinaire; ou COUDRE-MOINSINNE: quelques-uns difent MANSIENNE.

2. *VIBURNUM folio variegato*. M. C.
  VIORNE ordinaire à feuilles panachées.

3. *VIBURNUM Canadenfe præcox*.
  VIORNE de Canada à feuilles liffes & qui fleurit de bonne heure.

4. *VIBURNUM Canadenfe, glabrum*. Vaill. Act. Acad. *Vel VIBURNUM foliis fubrotundis, crenato-ferratis, glabris*. Gron. Fl. Virg.

5. *VIBURNUM Phyllirea foliis Americanum*. VIORNE d'Amérique à feuilles de Filaria. *CASSINE vera perquàm fimilis arbufcula, Phyllirea foliis antagoniftis, ex Provincia Caroliniana*. Pluk. Matt. VIORNE en arbufte, qui reffemble au vrai *Caffine*, & qui a les feuilles oppofées comme le *Filaria*; ou THÉ de Caroline.

6. *VIBURNUM foliis ovatis, dentato-ferratis*. Linn. Spec. Plant.
  VIORNE à feuilles ovales, dentelées.

7. *VIBURNUM foliis ovatis integerrimis*. Linn. Hort. Upf.
  VIORNE à feuilles ovales, fans dentelures.

M. Linneus, dans fes *Spec. Plant.* a réuni aux *Viburnum* les *Tinus* & les *Opulus*.

CULTURE.

La Viorne fe multiplie aifément par les femences, par les marcottes, & même par les boutures : on trouve l'efpece, n° 1, dans les haies & dans les bois, où ces arbuftes viennent fans aucune culture.

L'efpece, n°. 5, peut être élevée en efpalier, fi l'on a foin de la couvrir légérement pendant l'hyver.

Toutes les autres efpeces fupportent très-bien les gelées de notre climat.

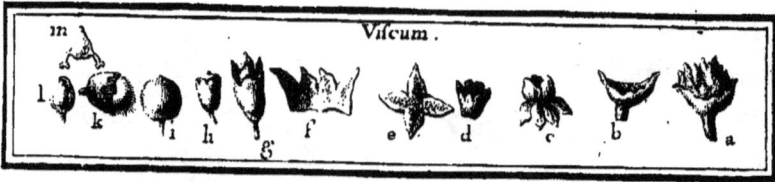

VISCUM, Tournef. & Linn. GUI.

DESCRIPTION.

ON apperçoit dans ce genre des individus mâles qui ne portent que des fleurs, & des individus femelles qui donnent des fruits.

Les fleurs mâles (*c d*) ont un calyce ou pétale d'une feule piece divifée en quatre parties épaiffes, ovales & égales.

Quatre étamines (*e f*), ou plutôt quatre fommets, font immédiatement attachés aux échancrures de ce calyce.

Les fleurs femelles (*g*) font formées par l'embryon qui eft couronné de quatre petites feuilles : il importe peu qu'on les admette comme petales ou comme échancrures d'un calyce dont l'embryon feroit partie.

On apperçoit entre ces efpeces de pétales un ftigmate (*h*) immédiatement attaché à l'embryon; cet embryon devient une baie (*i*) ronde, molle, fucculente, & qui contient une fubftance gluante (*k*). On trouve dans l'intérieur une femence quelquefois ovale (*l*), le plus fouvent triangulaire (*m*), ou de quelque autre forme, fuivant la quantité de germes qu'elle contient : mais cette femence eft toujours applatie.

Les fleurs, foit mâles, foit femelles, font raffemblées par bouquets (*a*) dans les aiffelles des feuilles, ou aux extrêmités des branches : elles font contenues dans un calyce commun (*b*).

Les feuilles du Gui ne tombent point en hyver; elles font oppofées fur les branches, épaiffes & charnues fans être fucculentes; elles font entieres; elles paroiffent liffes & unies; mais quand on les examine avec attention, on apperçoit cinq

Tome II.   Y y

ou fix nervures qui partent du pédicule, & qui s'étendent jufqu'à l'extrêmité : leur forme eft un ovale très-allongé.

Les branches font droites d'un nœud à un autre ; mais à
chaque nœud elles perdent leur direction, & elles s'inclinent
en divers fens.

ESPECE.

1. *VISCUM baccis albis.* C. B. P. *mas & femina.*
Gu1 dont les baies font blanches.

CULTURE.

Le Gui ne peut s'élever fur la terre : je l'ai tenté inutilement ;
mais je l'ai femé & élevé fur différentes efpeces d'arbres.

Les radicules de cette plante fortent des femences comme
des efpeces de trompes (*m*) évafées par le bout ; elles fe recourbent & gagnent l'écorce de l'arbre où elles s'attachent &
où elles jettent des racines qui rampent dans le liber ou dans
la fubftance qui eft entre l'écorce & le bois, & qui doit de-
venir ligneufe ; & quand cette fubftance a acquis cet état,
alors les racines du Gui fe trouvent engagées dans le bois, &
elles le font d'autant plus qu'il s'eft formé un plus grand nombre de couches ligneufes. J'ai obfervé qu'il arrive quelquefois
que les gros pieds du Gui fe greffent fur les branches dont ils
tiroient leur nourriture par leurs racines ; dans ce cas les racines
de cette plante périffent, & l'arbufte fe nourrit, à la maniere
des arbres greffés, par un abouchement immédiat de fes vaiffeaux avec ceux de l'arbre auquel il eft attaché.

USAGES.

Quoique le Gui conferve fes feuilles pendant l'hyver, cette
plante parafite ne peut fervir à la décoration des jardins. Elle
fatigue les arbres auxquels elle s'attache, & préfente en hyver,
çà & là, des touffes vertes qui n'ont rien d'agréable. On faifoit
autrefois de la Glu avec le Gui ; mais on préfere maintenant
la fubftance que fournit l'écorce du Houx : voici comme on
fait la Glu du Gui.

Les Payfans prennent l'écorce du Gui, qu'ils pilent entre deux pierres, & ils en forment des boules de la groffeur d'un petit œuf, qu'ils lavent dans l'eau à plufieurs reprifes, en les preffant entre leurs doigts pour féparer les filaments de la fubftance glutineufe qui leur fert à prendre de petits oifeaux.

Les grives, les merles & quantité d'autres oifeaux fe nourriffent des baies du Gui pendant l'hyver.

On dit que les baies de cette plante, prifes intérieurement, purgent violemment; mais comme elles caufent des inflammations d'entrailles, on n'en fait point d'ufage en Médecine : les Chirurgiens appliquent de la Glu fur les tumeurs pour les conduire à fupuration.

Le bois du Gui, principalement de celui qui a crû fur le Chêne, eft recommandé pour les affections du cerveau, pour les vertiges, les étourdiffements, l'épilepfie, &c.

On a long-temps cru que les femences du Gui étoient incapables de germer, fi elles n'avoient auparavant paffé par l'eftomac des oifeaux qui fe nourriffent de leurs baies : cette opinion eft une erreur; car il ne faut qu'un degré convenable d'humidité pour exciter leur germination. J'en ai vu germer non feulement fur l'écorce de différents arbres, mais même fur des pieces de bois coupé, fur des tuiles, fur la terre, &c. Quand ces femences fe trouvent dans des circonftances convenables, les unes jettent un feul germe, d'autres en produifent deux, trois & même quatre. Ces germes fe montrent fous la forme de la trompe d'un infecte, & paroiffent en faire l'office: on voit en (m) deux de ces germes qui paroiffent comme une petite boule attachée à l'extrêmité d'un pédicule. Comme j'avois mis de ces femences à la partie fupérieure & au deffous de quelques branches qui étoient dans une pofition horizontale, j'ai été à portée d'obferver une fingularité qui eft bien digne de remarque.

On fait que dans quelque fituation que foit un gland, le germe ou la jeune racine defcend toujours vers le bas; il n'en eft pas de même de la femence du Gui; la jeune racine fe recourbe en tout fens pour atteindre le corps auquel la femence eft appliquée par fa fubftance vifqueufe; quand la boule touche au corps qui fupporte la femence, elle s'ouvre &

repréfente alors l'extrêmité d'un cor-de-chaffe, le deffous paroît comme glanduleux, & cette partie évafée s'applique exactement fur l'écorce de l'arbre; alors le corps de la femence
fe fépare en autant de parties qu'il y a eu de germes; ces
portions de femence fe redreffent & produifent en premier
lieu des feuilles, puis des branches qui ne paroiffent pas avoir,
comme celles des autres plantes, une difpofition à s'élever vers
le haut: fi le pied du Gui a pris naiffance fur une branche,
les tiges s'élevent; fi au contraire il eft placé au deffous de la
branche, les tiges defcendent.

Le Gui eft donc une plante parafite qui fe nourrit de la feve
des arbres où il eft attaché. Nous avons déja dit comment les
racines fe trouvent quelquefois engagées très-avant dans le
bois, fans pour cela qu'elles aient la force de pénétrer un
corps auffi dur. Nous ne nous arrêterons pas plus long-temps
fur la façon finguliere de végéter de cette plante, nous nous
contenterons de dire que nous en avons femé & élevé fur
des Pommiers, fur des Poiriers, fur de l'Epine-blanche, fur
des Saules, des Peupliers, des Tilleuls, des Pins, &c.

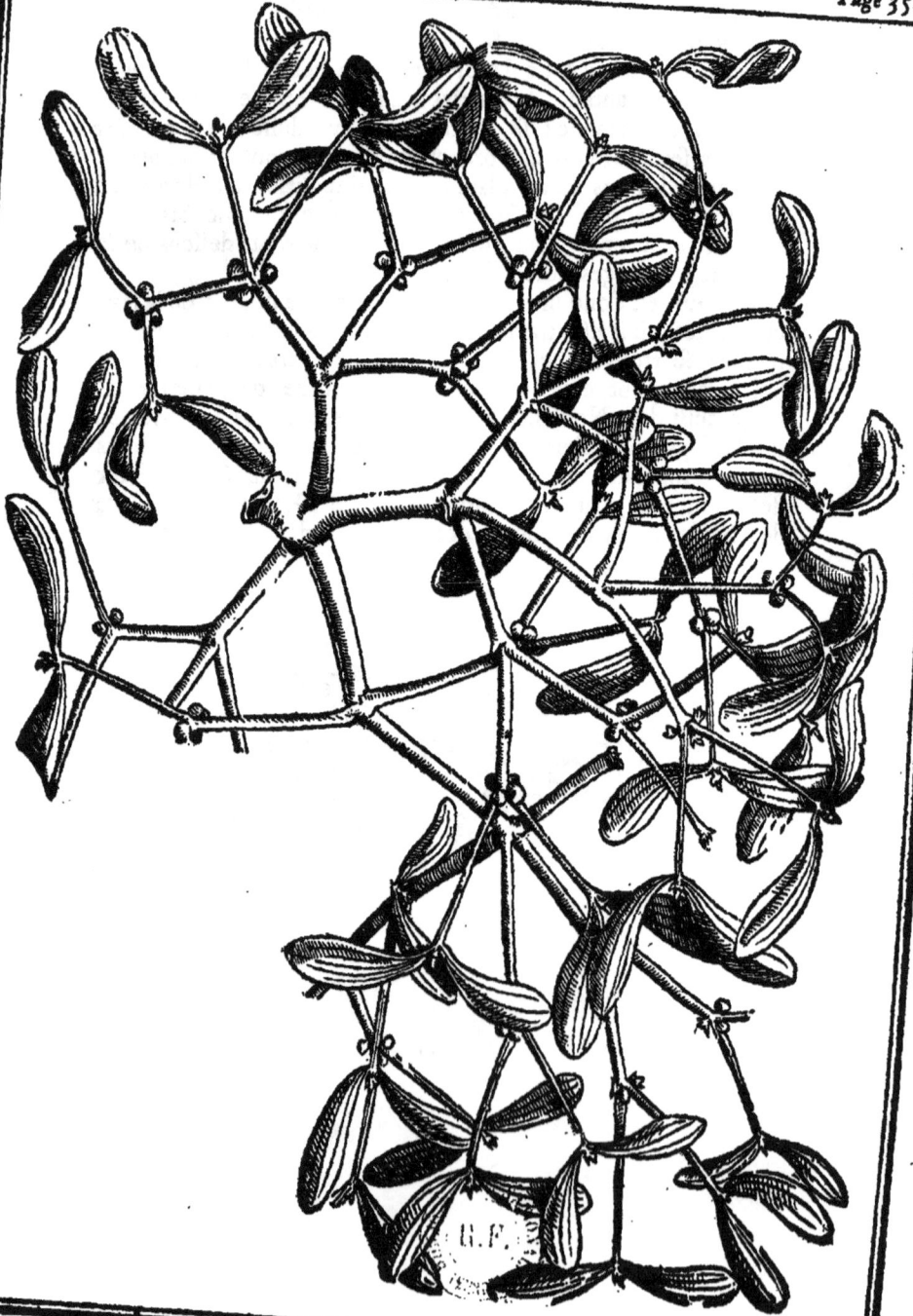

VITEX, Tournef. & Linn. ou *AGNUS-CASTUS.*

DESCRIPTION.

LE calyce de la fleur (*a*) du *Vitex* eſt d'une ſeule piece, figuré comme un cornet fort court, & diviſé en cinq ; cette fleur (*b*) n'a qu'un pétale (*c*) qui eſt en tuyau : ce pétale eſt diviſé en ſix par une de ſes extrêmités ; l'échancrure ſupérieure eſt large & courte, les quatre échancrures latérales ſe reſſemblent, & l'inférieure eſt plus grande & plus allongée que toutes les autres ; ce qui donne à cette fleur le port d'une fleur en gueule.

On trouve dans l'intérieur de cette fleur quatre étamines, dont deux ſont plus longues que les deux autres.

Le piſtil (*d*) eſt formé d'un embryon arrondi, & d'un ſtyle terminé par deux ſtigmates aſſez longs.

L'embryon devient un fruit rond (*e*) diviſé en quatre loges (*f*), dans leſquelles on trouve autant de ſemences.

Les fleurs raſſemblées à l'extrêmité des branches, forment des pyramides ou des épis qui ont quelquefois un pied de longueur.

Les feuilles ſont compoſées de folioles longues, étroites, pointues, dentelées par les bords, & ordinairement attachées trois ou cinq au bout d'une queue commune ; elles ſont d'un verd blanchâtre & oppoſées ſur les branches.

Toute la plante a une odeur aſſez forte.

ESPECES.

1. *VITEX latiore folio.* C. B. P.
VITEX à feuilles larges; ou AGNUS-CASTUS.

2. *VITEX foliis angustioribus , Cannabis modo dispositis.* C. B. P.
Vitex à feuilles de Chanvre.

3. *VITEX foliis angustioribus, Cannabis modo dispositis, floribus cæruleis.*
H. L. B.
Vitex à feuilles de Chanvre & à fleurs bleues.

4. *VITEX, sive Agnus flore albido.* H. R. Par.
Vitex à fleurs blanchâtres.

5. *VITEX, sive Agnus minor, foliis angustissimis.* H. R. Par.
Vitex à feuilles très-étroites.

CULTURE.

Le *Vitex* se multiplie très-facilement par les semences &
par les marcottes; il réussit assez bien dans toutes sortes de
terreins.

USAGES.

Les *Vitex* font de très-jolis arbrisseaux dans le mois de Juillet ; temps où ils font en fleurs ; l'extrêmité de toutes les
branches qui se répandent de côté & d'autre, est alors chargée de longs épis de fleurs qui font un fort bel effet. Ces
arbrisseaux doivent donc servir à la décoration des bosquets d'été.

Les feuilles du *Vitex* passent pour être émollientes ; & l'on
prétend que ses semences font un préservatif efficace contre
les mouvements de l'incontinence.

Toutes les parties de ces arbrisseaux répandent une odeur peu
agréable.

VITEX. N°. 1.

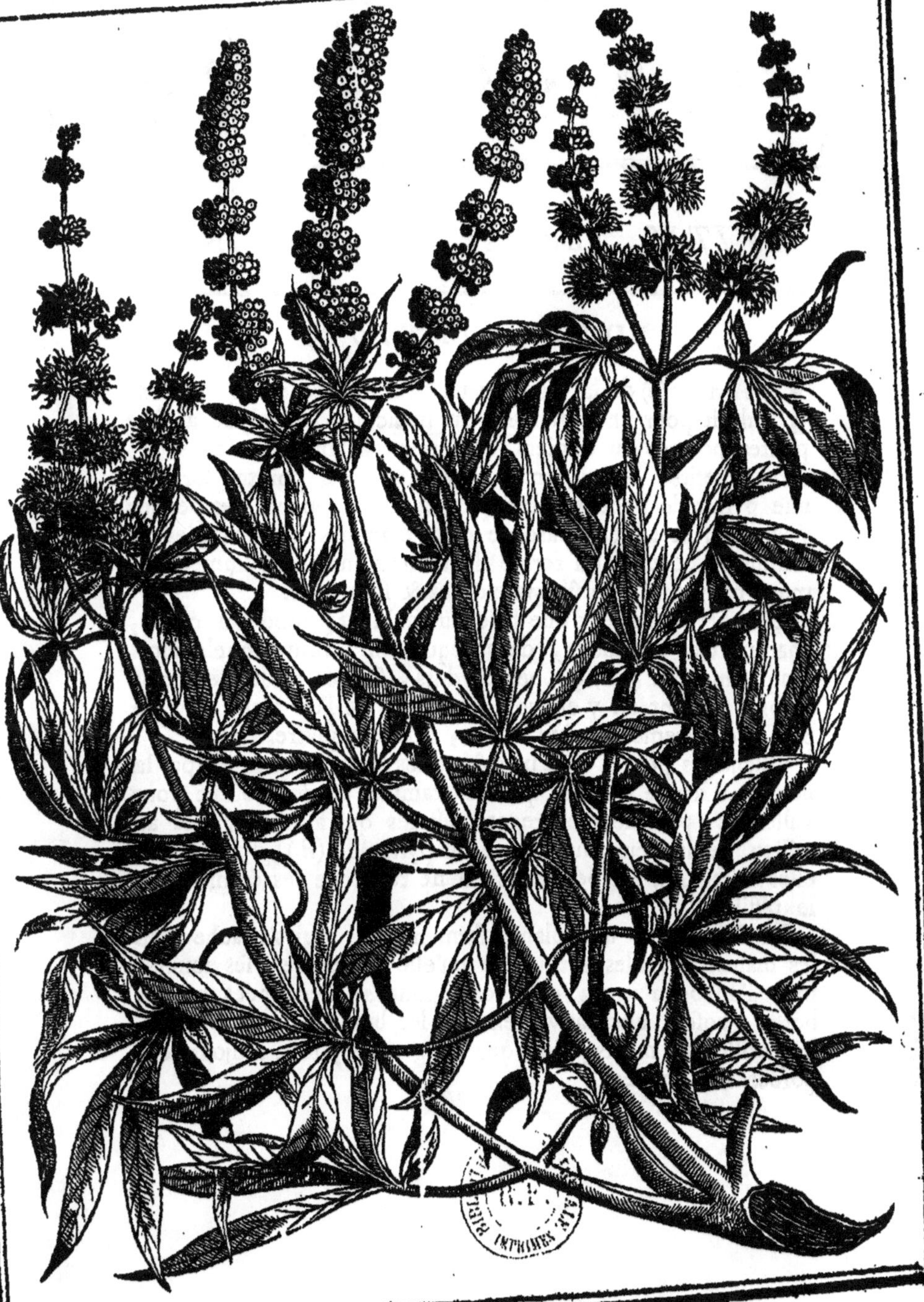

Tome II. Pl. 105.

Vitis

a   b   c   d   e   f   g   h

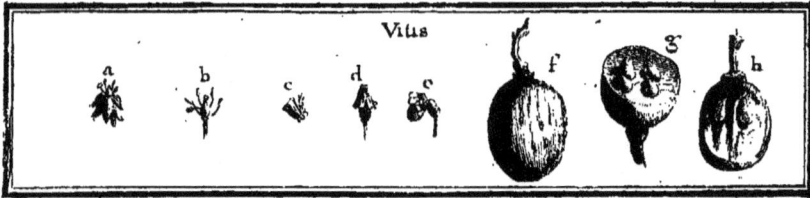

VITIS, Tournef. & Linn. VIGNE.

DESCRIPTION.

LA fleur (*a*) de la Vigne a un petit calyce que l'on prendroit pour un évafement du pédicule : ce calyce a cinq
petites pointes ou onglets, & il porte autant de pétales (*c*)
verds, petits, & qui, en fe réuniffant par la pointe, forment
une pyramide pentagonale: quelquefois cependant ces pétales
s'ouvrent, & laiffent paroître cinq étamines (*b*) chargées de
fommets, & un piftil formé d'un embryon ovale, immédiatement couronné d'un ftigmate obtus & fans ftyle.

L'embryon devient une baie ou grain (*f*) rond ou ovale,
charnu, très-fucculent, dans lequel on trouve quelquefois
cinq femences (*g h*) ou pepins durs, figurés en larmes; mais
le plus fouvent on y en voit d'avortés, & l'on n'en trouve le
plus ordinairement qu'un, deux, trois ou quatre.

Quand les pétales font unis & collés les uns aux autres par la
pointe, il arrive fouvent que les étamines qui font effort pour
s'allonger, paroiffent entre ces pétales qui alors forment au
milieu de la fleur une efpece de pyramide (*d*); d'autres fois
elles détachent les pétales, & il ne refte que les étamines &
le piftil.

La Vigne eft une plante farmenteufe, qui s'attache avec
fes mains ou vrilles à tout ce qu'elle rencontre : fes feuilles
font d'un beau verd; elles font grandes, découpées par les
bords, pofées alternativement fur les branches ou farments.
Les vrilles ou mains, ainfi que les grappes, font toujours oppofées aux feuilles.

ESPECES.

1. *VITIS vinifera.* C. B. P.
Toute efpece de VIGNE dont le fruit fert à faire du Vin.

2. *VITIS foliis laciniatis.* Cornu.
VIGNE à feuilles profondément découpées; ou CIOTAT.

3. *VITIS præcox Columellæ.* H. R. P.
VIGNE précoce de Columelle.

4. *VITIS quinquefolia Canadenfis fcandens.* Inft.
VIGNE de Canada à cinq feuilles; ou VIGNE-VIERGE.

5. *VITIS Virginiana filveftris.* Park.
VIGNE fauvage de Virginie.

6. *VITIS Virginiana alba vulpina.* Park.
VIGNE de Virginie à fruit blanc, dite VIGNE-DE-RENARD.

7. *VITIS Canadenfis Aceris folio.* Inft.
VIGNE de Canada à feuilles d'Erable.

8. *VITIS Petrofelini folio, Caroliniana.*
VIGNE de Virginie à feuilles de Perfil.

Nous croyons inutile de rapporter ici plufieurs autres efpeces de Raifins; les uns bons à faire du Vin, les autres qui
font excellents à manger.

Nous avons élevé de pepin une Vigne de Canada qui eft,
je crois, l'efpece, n°. 7: elle pouffe & fleurit plus de quinze
jours avant les autres Vignes; mais tout fon fruit coule: elle
fe dépouille auffi plutôt que nos Vignes de France.

Nous avons encore élevé de la même maniere une autre
efpece de Vigne de Canada, dont les feuilles font entieres
& affez femblables à celles du Mûrier à belles feuilles, & qui
n'a pas les feuilles découpées; mais les pieds de cette Vigne
font encore trop jeunes pour pouvoir nous donner du fruit.

CULTURE.

On ne s'avife point de femer les pepins des Raifins pour
multiplier

multiplier la Vigne; ce procédé feroit trop long. Nous avons confervé pendant douze à quinze ans un pied de Vigne élevé de pepin; il couvroit toute une muraille, & il ne nous a jamais donné un grain de Raifin. La Vigne fe multiplie très-aifément par marcottes & par boutures; on peut encore greffer la Vigne: c'eft tout ce que nous dirons ici de la culture de cette plante; car fi nous entreprenions de la détailler, nous aurions de quoi former un volume fur cette matiere.

La Vigne croît naturellement dans les bois de la Louyfiane & du Canada; elle s'y multiplie d'elle-même, peut-être quelquefois par rejettons; mais il eft vrai-femblable que c'eft le plus fouvent par femences, ce qui doit occafionner le grand nombre d'efpeces ou de variétés qu'on y rencontre: aucune de ces efpeces jufqu'à préfent n'a paru reffembler entierement à celles de France. On ne fait point de vin ni dans l'une ni dans l'autre de ces Colonies: en Canada on ne cultive pas même pour manger, aucune des efpeces du pays; on préfere celles de France, quoique difficiles à préferver des rigueurs de l'hyver de ce climat. Les Raifins du pays viennent rarement à maturité dans la faifon où l'on pourroit en faire ufage; on en a cependant vu à Quebec qui étoient mûrs à la fin du mois de Septembre; le grain en étoit très-petit, il avoit bon goût; mais la peau en étoit très-épaiffe: ils contenoient quantité de gros pepins & très-peu de jus d'un rouge très-foncé.

U S A G E S.

On fait qu'en écrafant & en exprimant fous des preffoirs le fuc des Raifins au fortir de la Vigne, on en obtient une liqueur ambrée, douce & très-fucrée; c'eft ce qu'on appelle *Vin doux* ou *Moût* (*Muftum*). On met enfuite cette liqueur dans des tonneaux, où, en fe fermentant & fe dépurant, elle acquiert de la force, & elle forme un Vin plus ou moins bon & plus ou moins fpiritueux, felon l'efpece de Raifin, la nature du fol & le degré de maturité du fruit qu'on y a employé. Si l'on diftille cette liqueur, on en retire une eau-de-vie ou un efprit-de-vin. Si le vin continuoit à fermenter, il deviendroit alors trop acide, & formeroit le vinaigre. Nous n'en dirons pas davantage fur cette matiere qui nous meneroit trop loin.

Abſtraction faite du Raiſin, qui, comme l'on fait, eſt un des meilleurs fruits de l'automne, toutes les eſpeces de Vignes portent un très-beau feuillage, & elles couvrent admirablement bien les murailles. L'eſpece, n°. 2, a un feuillage ſingulier. On ne cultive la Vigne-vierge, n°. 4, dont le fruit n'eſt d'aucun uſage, qu'à cauſe qu'elle couvre en peu de temps les murailles, & que l'on en peut faire des tonnelles pour l'ornement des jardins. En automne ſes feuilles rougiſſent, & alors un mur qui en eſt garni, paroît couvert d'une tapiſſerie d'une couleur vive : il eſt étonnant quelle étendue prend quelquefois un ſeul pied de Vigne-vierge.

Dans les pays de Vignobles, on trouve dans les haies des pieds de Vignes, qui n'étant point taillés, pouſſent de longs ſarments : les Pêcheurs du Bordelois ramaſſent avec ſoin ces ſarments ; ils les tordent ſur eux-mêmes comme des harts ; ils en réuniſſent enſuite pluſieurs enſemble, & en font des cordes qui ſervent à amarrer leurs canots & leurs filets.

On ſe chauffe avec les ſarments que l'on coupe dans le temps de la taille : la chaleur de ce feu paſſe pour être très-ſalutaire contre les rhumatiſmes.

Le marc qui ſort du preſſoir étant pourri en terre pendant un an, fournit aux Vignes un engrais qui n'altere point la qualité du vin. On aſſure qu'il eſt auſſi très-propre aux Aſperges. Le marc nouvellement exprimé s'échauffe beaucoup ; & comme il contient quantité de parties ſpiritueuſes, on l'emploie, comme un remede efficace, contre les rhumatiſmes & les engourdiſſements des membres : la façon d'appliquer ce remede eſt d'enfouir dans un tas de marc échauffé le membre affligé.

Si l'on veut faire promptement de bon vinaigre, il faut mettre du marc frais plein une futaille ; & quand ce marc eſt échauffé on l'arroſe de pluſieurs ſeaux de vin ; au bout de quelques jours le vin eſt converti en très-bon vinaigre. Enfin c'eſt avec la lie de vin, deſſéchée & brûlée, qu'on fait les Cendres gravelées.

Vitis-Idæa.

a   b   c   d   e   f

VITIS-IDÆA, Tournef. *VACCINIUM*, Linn.
AIRELLE *ou* MYRTILLE ; Lucet en Bretagne ;
Bluet en Canada ; Maurets en Normandie.

DESCRIPTION.

LE calyce de la fleur (*a*) de l'Airelle est petit ; dans quel-ques especes il est divisé en quatre, dans d'autres il n'a aucunes divisions. Le pétale est d'une seule piece en forme de cloche, ou plutôt de grelot, divisé en quatre parties qui sont quelquefois à peine sensibles.

Ce pétale (*b*) est percé d'un grand trou par en bas, & il tombe tout d'une piece.

On trouve ordinairement dans l'intérieur huit étamines char-gées de sommets fourchus.

Le pistil (*c*) est composé d'un embryon qui fait partie du calyce, d'un style & d'un stigmate obtus.

L'embryon devient une baie (*e*) succulente, ronde, terminée par un umbilic ; cette baie contient plusieurs semences me-nues (*f*).

Les feuilles de cet arbuste sont ovales, oblongues, un peu plus grandes que celles du Buis, mais moins fermes, dentelées par les bords, & posées alternativement sur les branches.

ESPECES.

1. *VITIS-IDÆA foliis oblongis albicantibus.* C. B. P.
Airelle à feuilles longues & blanchâtres.

Zz ij

2. *VITIS-IDÆA Canadensis, Myrti folio sarrac.* Inst.
AIRELLE de Canada à feuilles de Myrte ; en Canada BLUET.

3. *VITIS-IDÆA magna quibusdam; sive Myrtilus grandis.* J. B.
Grande AIRELLE ou grand MYRTILLE.

4. *VITIS-IDÆA foliis oblongis, crenatis, fructu nigricante.* C.B.P.
AIRELLE ou MYRTILLE des bois.

5. *VITIS-IDÆA Canadensis, Pyrola folio sarrac.* Inst.
AIRELLE de Canada à feuilles de Pyrolle.

6. *VITIS-IDÆA Canadensis, Alaterni folio.* Sarrac.
AIRELLE de Canada à feuilles d'Alaterne.

7. *VITIS-IDÆA folio subrotundo, non crenato, baccis rubris.* C. B. P.
AIRELLE à feuilles arrondies, non dentelées, dont les baies font rondes.

CULTURE.

Quand ces petits arbustes se plaisent dans un bois, ils s'y multiplient à l'excès ; mais on a bien de la peine à les élever dans les jardins.

USAGES.

La difficulté qu'il y a à élever les Myrtilles dans les jardins, fait qu'on n'en peut pas faire usage pour leur décoration.

L'espece, n°. 4, porte des baies violettes, qui font assez agréables à manger : on prétend qu'elles font propres à arrêter les dévoiements ; on les nomme en basse Normandie *Maurets*, & ailleurs *Bluets*.

Cet arbuste croît à une grande hauteur dans les forêts de la Louysiane ; son fruit y est estimé, & en l'écrasant dans de l'eau, on en fait une liqueur fort agréable.

On nous envoie de Canada sous le nom d'*Atoca* des fruits d'un petit arbuste qui est de même genre que l'*Oxicoccus*, *Canne-berge* de Tournefort. M. Rai l'a appellé, *Vitis-Idæa palustris Virginiana fructu majore*; ce petit arbuste est rampant, & vient dans des terreins tremblants & couverts de mousse.

au deſſus de laquelle il n'en paroît que de petites branches fort menues ; les feuilles, qui ſont très-petites & ovales, ſont alternes ; d'entre leurs aiſſelles naiſſent des pédicules longs d'un pouce, qui ſoutiennent une fleur à quatre pétales diſpoſés en roſe ; le calyce a la même figure, & renferme un piſtil dont la baſe devient un fruit rouge, gros comme une Ceriſe ; ce fruit contient des ſemences rondes ; il eſt acide & très-bon à manger en compote ; il a cet avantage, qu'il ſe conſerve très-long-temps ſans ſe gâter. Nous en avons reçu de Canada qui avoient été mis dans des pots ſans aucune précaution, & qui cependant étoient encore bons à faire des compotes vers le Carême.

Il eſt bon de faire remarquer que l'*Aralia* eſt un genre très-différent de ce qu'on appelle Airelle en François.

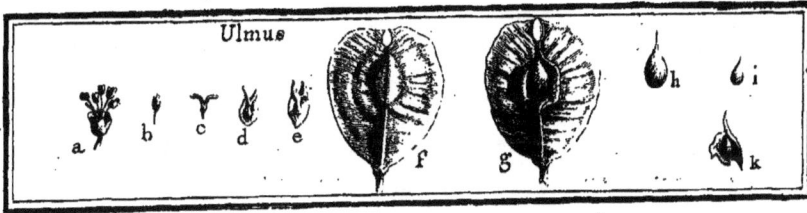

Ulmus

ULMUS, TOURNEF. & LINN. ORME.

DESCRIPTION.

LA fleur (*a*) de l'Orme a un calyce, ou, fi l'on veut, un pétale d'une feule piece, épais, figuré en cloche, divifé en cinq par les bords, verd en dehors, coloré en dedans : cette partie fubfifte jufqu'à la maturité du fruit. On apperçoit dans l'intérieur de cette fleur cinq étamines (*b*) affez longues, terminées par des fommets qui font divifés en quatre.

Le piftil (*c*) eft formé d'un embryon arrondi, de deux ftyles & de ftigmates velus.

L'embryon devient d'abord comme il eft repréfenté en (*d*) ou en (*e*) ; il forme enfuite un fruit membraneux, applati en feuillet prefque ovale, échancré pour l'ordinaire dans le haut, relevé vers le milieu, d'une boffe dans laquelle on trouve une capfule en poire (*g*) ; cette capfule (*h*) eft ordinairement membraneufe (*k*), & renferme une femence arrondie (*i*) & un peu applatie : ces femences tombent lorfque les feuilles commencent à fe développer.

Les feuilles de l'Orme font entieres, ovales, dentelées par les bords, relevées en deffous de nervures, fillonnées en deffus, fermes & plus ou moins rudes au toucher, fuivant les efpeces ; elles font alternativement pofées fur les branches.

ESPECES.

ULMUS campeftris & Theophrafti. C. B. P.
ORME fauvage.

2. *ULMUS folio latissimo scabro.* Ger. Emac.
Orme-Teille; sa feuille n'est pas si rude que celle de beaucoup d'autres espèces.

3. *ULMUS minor folio angusto, scabro.* Ger. Emac.
Orme nain à petites feuilles rudes; ou Ormille.

4. *ULMUS folio glabro.* Ger. Emac.
Orme à feuilles lisses.

5. *ULMUS minor folio variegato.* M. C.
Petit Orme à feuilles panachées de blanc.

6. *ULMUS folio glabro eleganter variegato.* M. C.
Orme à feuilles lisses, panachées de blanc.

7. *ULMUS minor foliis flavescentibus.* M. C.
Petit Orme à feuilles panachées de jaune.

8. *ULMUS major foliis exiguis, ramis compressis.*
Orme à petites feuilles, qui s'élève fort haut, & dont les branches sont rassemblées près de la tige; ou improprement Orme-Masle.

9. *ULMUS major ampliore folio, ramos extra se spargens.*
Orme à très-grandes feuilles, dont les branches s'étendent de côté & d'autre; ou improprement Orme-Femelle.

10. *ULMUS major Hollandia, angustis & magis acuminatis samaris; folio latissimo, scabro, variegato.* M. C.
Orme de Hollande à grandes feuilles panachées.

CULTURE.

On peut élever les Ormes par les semences; & pour cela, aussi-tôt qu'elles sont tombées, on les répand sur une terre bien labourée, & on les recouvre de l'épaisseur d'un doigt de terreau ou d'autre terre légere.

Les Ormes qu'on éleve de cette façon fournissent une quantité prodigieuse de variétés; car les uns ont des feuilles qui ne sont presque pas plus larges que l'ongle, & d'autres les ont plus grandes que la main; les uns portent des feuilles très-rudes, & d'autres plus molles; les uns croissent beaucoup
plus

plus haut que les autres; il s'en trouve qui rassemblent leurs
branches tout près les unes des autres, & d'autres qui les répandent plus ou moins de tous les côtés. Nous n'avons pas cru
devoir grossir notre catalogue d'une longue énumération de
toutes ces variétés; peut-être même jugera-t-on que nous aurions mieux fait de l'abréger encore.

Comme, suivant les différents usages qu'on se propose de
faire de ces arbres, il est souvent avantageux d'avoir une certaine quantité d'Ormes de la même espece; pour y parvenir,
nous greffons sur les autres, celles qui nous conviennent.

Tous les Ormes fournissent quantité de rejets qui sortent
de leurs racines; cela fournit encore un moyen facile de les
multiplier, il est même plus expéditif que par les semences;
d'ailleurs, comme ces rejets sont de la même espece que les
racines, on est dispensé de les greffer, quand ils se trouvent
être de l'espece qu'on desire.

On greffe ordinairement les Ormes en écusson à œil dor-
mant.

L'Orme peut être tondu aux ciseaux & au croissant. Cet
arbre s'accommode assez bien de toutes sortes de terreins; néanmoins, quand il est planté dans une terre trop grasse & un peu
humide, il arrive que dans le temps de la seve elle se porte
en si grande abondance entre le bois & l'écorce, que ces deux
substances se séparent par la rupture du tissu cellulaire, & alors
on voit plusieurs de ces arbres mourir subitement.

Quand on abat de gros Ormes répandus çà & là dans un
terrein, si l'on a intention de le garnir de nouveaux Ormes,
on fera ouvrir dans ce terrein plusieurs tranchées assez profondes pour qu'on soit obligé de couper toutes les racines que
l'on rencontre; on laissera ces tranchées ouvertes pendant
deux ou trois ans; alors toutes les racines coupées pousseront
de nouveaux jets: on remplira ensuite ces tranchées de la même
terre qu'on en avoit tirée; & si l'on a soin d'interdire l'accès
de ce champ aux bestiaux, il se trouvera par la suite suffisamment garni d'Ormes qui croîtront très-bien.

U S A G E S.

On peut faire de superbes avenues avec les Ormes à larges

feuilles de l'efpece, n°. 9. L'efpece à petites feuilles, n°. 8, eſt admirable pour former des liſieres. Les Ormes à très-petites feuilles ſervent ordinairement à faire de belles paliſſades : on peut les élever pour les tondre en boule comme des Orangers; on en forme encore des tapis ou maſſifs ſous les grands arbres dans les quinconces, en les tenant à trois pieds de hauteur; cet arbre enfin vient très-bien dans les futaies.

Le bois d'Orme ſe tourmente beaucoup; c'eſt pour cela que les Menuiſiers en font peu d'uſage : lorſqu'il eſt trop ſec, il eſt caſſant & ſujet à être piqué des vers; cette raiſon fait qu'on l'emploie rarement dans les charpentes; ce bois néanmoins eſt excellent pour les ouvrages de charronage: pluſieurs pieces des moulins, & preſque toutes celles qu'on emploie pour les preſſes & les preſſoirs, ſont faites d'Orme : les pompes pour la marine, & les tuyaux pour la conduite des eaux, ſont ſouvent faits avec le bois d'Orme.

Ce bois eſt de qualité très-différente, ſelon les eſpeces : l'eſpece, n°. 2, dont les feuilles ſont très-larges, & qui ne pouſſe point de rejets ſur le tronc ni ſur les groſſes branches, a le bois tendre, & preſque auſſi doux que le Noyer. L'eſpece, n°. 9, branche beaucoup, & fournit quantité de bois tortu, dont les courbes ſont bien néceſſaires aux Charrons ; cependant ſon bois n'eſt pas auſſi dur que celui de l'eſpece, n°. 8, Celui-ci eſt chargé de nœuds, & on le recherche par cette raiſon, pour en faire des moyeux de roues.

Les feuilles des Ormes ſont un peu mucilagineuſes, & paſſent pour être vulnéraires. Le mucilage que rend l'écorce des jeunes branches froiſſées dans l'eau, eſt un des meilleurs remedes qu'on puiſſe employer contre la brûlure.

Il ſe forme ſouvent ſur les feuilles des Ormeaux, des veſſies ou galles creuſes, dans leſquelles on trouve des inſectes & quelques gouttes d'une liqueur épaiſſe : on nomme cette liqueur *Baume d'Ormeau*, & on l'emploie avec ſuccès pour la guériſon des plaies récentes.

On nous aſſure que les Ormes croiſſent naturellement à la Louyſiane. On en trouve auſſi pluſieurs eſpeces ou variétés dans les forêts du Canada.

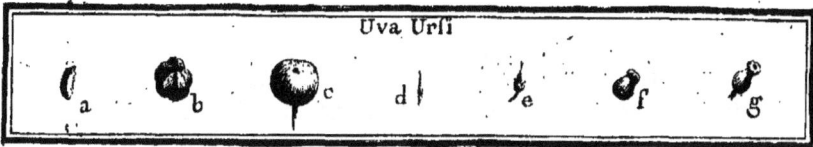

Uva Ursi

UVA-URSI, Tournef. ARBUTUS, Linn.

BUSSEROLLE.

DESCRIPTION.

LES fleurs (g) de l'*Uva-urfi* font formées d'un très-petit calyce (e) divifé en cinq; d'un pétale (f) figuré en grelot, percé par le bas, dans lequel on trouve environ dix étamines & un piftil (d) compofé d'un embryon arrondi, & furmonté d'un ftyle. L'embryon devient une baie (c) fucculente, dans laquelle font renfermés cinq offelets (b) arrondis fur le dos (a), & applatis du côté où ils fe touchent.

Les feuilles de l'*Uva-urfi* font ovales, longuettes, petites, fermes & rangées alternativement fur les branches.

ESPECE.

⌜ *UVA-URSI*. Cluf.
BUSSEROLLE.

CULTURE.

Ce petit arbufte ne s'éleve qu'à huit ou dix pouces de hauteur; il fe multiplie beaucoup dans les bois où il vient naturellement; mais on a bien de la peine à l'élever dans les jardins.

USAGES.

Les fleurs de l'*Uva-urfi* font rouges; elles viennent raffemblées

par bouquets au bout des branches, & elles sont assez jolies;
mais la difficulté qu'il y a à élever cet arbuste dans les jardins,
fait qu'on ne peut jouir du plaisir de le voir, que dans les
lieux où il croît naturellement; savoir en Espagne, &c.

Ses bayes sont très-astringentes. La plante en infusion est recommandée contre la pierre & la gravelle.

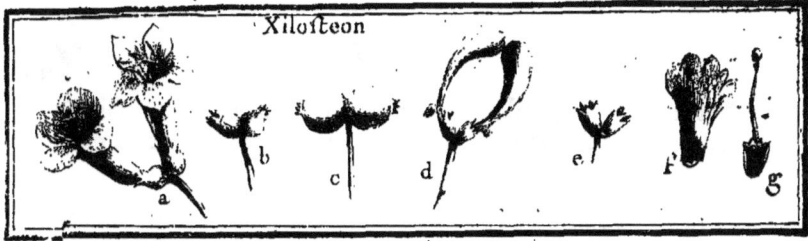

Xilofteon

XYLOSTEON, TOURNEF. LONICERA, LINN.

DESCRIPTION.

IL y a un grand rapport entre les parties de la fructification du *Xylosteon* & celle du *Periclimenum* & du *Symphoricarpos*. La fleur (*a d*) du *Xylosteon* a un petit calyce (*b e*) divisé en cinq, un pétale en tuyau divisé aussi en cinq, mais dont les échancrures font égales entr'elles; elles font inégales au contraire dans le *Chamæcerafus*. On peut remarquer au *Xylosteon*, ainsi qu'au *Chamæcerafus*, un renflement qui est au bas du pétale, & immédiatement au dessus du calyce. On trouve dans l'intérieur de la fleur cinq étamines (*f*) & un pistil (*g*) qui est composé d'un embryon arrondi, qui fait partie du calyce.

Cet embryon devient une baie (*c*) ronde, succulente, & terminée par un umbilic : ces baies, dans le *Xylosteon*, viennent toujours deux à deux.

Les feuilles de cet arbuste font ovales, plus larges vers leur extrêmité que du côté de la branche; elles font blanchâtres, unies & opposées fur les branches.

ESPECES.

1. *XYLOSTEON Pyrenaicum*. Inst.
   XYLOSTEON des Pyrénées.

2. *XYLOSTEON Canadenfe foliis latioribus*.
   XYLOSTEON de Canada à feuilles larges.

CULTURE.

J'ai multiplié cet arbuste par marcottes, & je crois qu'il reprendroit par boutures : je n'ai point encore essayé de le semer.

USAGES.

Cet arbuste est assez joli, sur-tout vers la fin de Mai, parce qu'alors il est chargé de ses fleurs qui sont blanches; mais il a le défaut d'être dévoré par les cantharides, ainsi que les Chevre-feuilles.

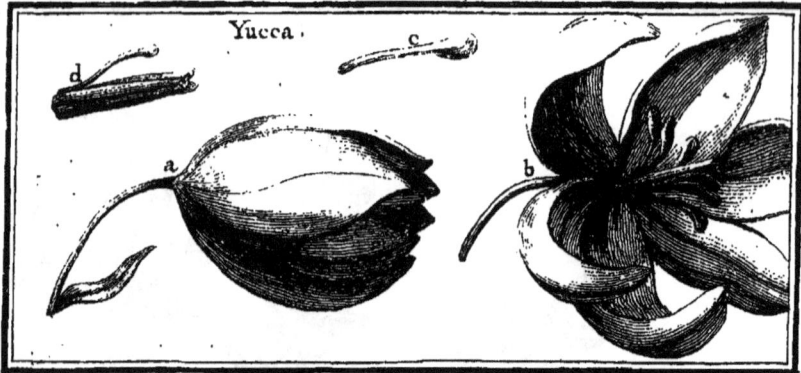

Yucca

YUCCA, Casp. Bauh. & Linn.

DESCRIPTION.

L'Yucca porte un ou deux gros épis de fleurs qui prennent naiffance de la tige qui fupporte fes feuilles. Chaque fleur (*a*) eft compofée d'un feul pétale (*b*) découpé affez
profondément en fix parties ; chaque découpure fe rabat fur
le milieu de la fleur, & eft creufée en dedans de façon que
cette fleur prend affez la figure d'une cloche. Dans le milieu
de cette cloche, on apperçoit fix étamines (*c*) qui entourent le
piftil (*d*), & qui prennent naiffance à fa bafe : ces étamines
ont la figure d'une maffe ; chacune eft compofée d'un long
filet charnu, qui va en groffiffant jufqu'à fon extrêmité ; le
fommet de ces étamines eft fitué au haut de la maffe. Le piftil
eft formé d'un embryon oblong & de trois ftyles, dont chacun
eft creufé dans fa longueur en forme de gouttiere. L'embryon devient une capfule oblongue, divifée en trois loges
qui renferment des femences menues ; chaque loge eft elle-
même partagée par des cloifons.

Les feuilles de l'*Yucca* font difpofées autour de la tige, à
peu près comme celles de l'Aloës: elles font longues, fermes,
creufées en gouttiere, & terminées par une forte pointe très-
aiguë.

E S P E C E.

YUCCA foliis Aloës. C. B. P.
Yucca à feuilles d'Aloës.

Il y a encore plufieurs autres efpeces d'*Yucca* dont nous ne parlerons point, parce qu'elles ne peuvent fupporter les hyvers de notre climat.

C U L T U R E.

L'*Yucca* de l'efpece que nous décrivons ici, n'eft pas fort délicat : il s'accommode affez bien de toutes fortes de terreins ; il fe plaît cependant plus dans une terre fabloneufe. On le multiplie par des drageons enracinés, qui pouffent autour des gros pieds.

U S A G E S.

Quoique l'*Yucca* ne puiffe être regardé comme un arbriffeau, parce qu'il n'a aucunes branches ligneufes, fa tige étant feulement entourée de feuilles longues & roides, qui fe terminent par une pointe très-piquante, nous avons cru cependant pouvoir le faire entrer dans cet ouvrage, parce qu'il conferve fa tige ; que fes gros épis de fleurs font un affez bel effet dans les jardins, & que l'on peut en mettre quelques pieds dans les bofquets d'été. Cette même raifon nous auroit engagé à parler du grand Aloës, s'il pouvoit fupporter les gelées de nos climats.

ZIZIPHUS;

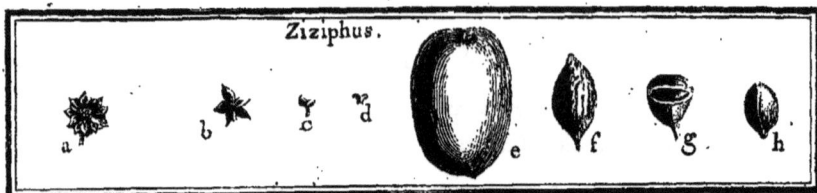

Ziziphus.

ZIZIPHUS, Tournef. RHAMNUS, Linn.
JUJUBIER.

DESCRIPTION.

LA fleur (*a*) du Jujubier reffemble beaucoup à celle du *Paliurus*. Cette fleur n'a point de calyce, à moins qu'on ne prenne le pétale (*b*), qui n'eft cependant pas percé par le bas, qui eft verd par dehors, & coloré en dedans, pour le calyce, lequel feroit alors d'une feule piece divifée jufqu'à la bafe en cinq : on apperçoit à l'angle de chaque découpure une petite feuille qu'on pourroit en ce cas prendre pour des pétales; mais, fuivant M. Linneus, ce font des *nectarium*.

On découvre dans l'intérieur de la fleur cinq étamines, & le piftil qui eft compofé d'un embryon arrondi (*c*) couronné de deux ftyles fort courts (*d*).

L'embryon devient un fruit charnu (*e*) figuré en olive, dans lequel eft un noyau (*f*) qui eft divifé intérieurement en deux loges (*g*), dans chacune defquelles eft contenue une femence (*h*) arrondie d'un côté, & applatie de l'autre.

Les feuilles du Jujubier font ovales, unies, luifantes, d'un verd gai, tirant un peu fur le jaune, finement dentelées par les bords, relevées en deffous de trois nervures qui partent de la queue de la feuille, & qui s'étendent jufqu'à la pointe : ces feuilles font attachées alternativement des deux côtés d'une branche menue, qui fouvent fe deffeche après que les feuilles font tombées; ce qui pourroit faire penfer que les feuilles du Jujubier font compofées & empannées; mais on apperçoit deux

Tome II.

épines ; quelquefois des ftipules à l'infertion des feuilles fur ces branches, & des boutons dans les aiffelles d'où il fort des fleurs & des branches : donc, quoique la plupart des branches menues qui fupportent les feuilles, tombent, on ne peut fe difpenfer de les regarder comme de véritables branches.

ESPECE.

ZIZIPHUS. Dod. Pempt. *Jujuba filveftris.* C. B. P. *vel, Rhamnus aculeis gemmatis, altero recurvo, foliis ovato oblongis.* Linn. Spec. Plant.
JUJUBIER.

M. Linneus a réuni au genre des *Rhamnus* les *Frangula,* les *Paliurus,* les *Alaternus* & les *Ziziphus.* Voyez ce que nous en avons dit dans ces différents articles.

CULTURE.

Il n'eft pas douteux qu'on pourroit élever les Jujubiers de femences ; mais comme fes racines pouffent beaucoup de rejets, on peut fe difpenfer de femer les noyaux du fruit de cet arbre. Il fe plaît affez dans les terreins fecs ; & quoiqu'il nous vienne de Provence, du Languedoc ou d'Efpagne, il fouffre peu de la rigueur de nos hyvers.

USAGES.

La beauté du feuillage de ce grand arbriffeau doit engager à le planter dans les bofquets d'été & d'automne : il ne convient point dans ceux du printemps, parce qu'il pouffe tard ; & que fa fleur a peu de mérite.

Il eft très-rare que fon fruit mûriffe dans nos jardins ; mais en Provence, en Languedoc, &c. où il vient à maturité, on le recueille avec foin pour le vendre aux marchands qui le font paffer dans l'intérieur du Royaume, où on ne laiffe pas d'en confommer pour les tifanes pectorales.

FIN.

TABLE GENERALE
DES MATIERES
Contenues dans cet Ouvrage.

A

Bbb ij

Genevrier, v. Juniperus.
Genista.
Genista, LINN. v. Spartium.
Genista-Spartium.
Gleditsia.
Globulaire, v. Globularia.
Globularia.
Glu, v. Aquifolium & Viscum.
Glycine, v. Phaseoloides.
Gomme de lierre, v. Hedera.
Granadilla.
Graine d'Avignon, v. Rhamnus.
Gratte-cul, v. Rosa.
Grenadier, v. Punica.
Grewia.
Griottier, v. Cerasus.
Grisaille, v. Populus.
Groseillier, v. Grossularia.
Grossularia.
Guaiacana.
Guainier, v. Siliquastrum.
Gualteria.
Guanabanus, PLUM. v. Anona.
Gui, v. Viscum.
Guignier, v. Cerasus.
Guilandina, v. Bonduc.

H

HALIMUS, v. Atriplex.
Hamamelis.
Haricot en arbrisseau, v. Phaseoloides.
Hedera.
Hediunda, v. Jasminoides.
Herbe-aux-gueux, v. Clematitis.
Hêtre, v. Fagus.
Hibiscus, v. Ketmia.
Hippocastanum.
Hippophae, v. Rhamnoides.
Houx, v. Aquifolium.
Huile d'Amande, v. Amygdalus.
Huile d'Aspic, v. Lavandula.
Huile de Foène, v. Fagus.
Huile de Laurier, v. Laurus.
Huile de Noisettes, v. Corylus.
Huile de Noix, v. Nux.
Huile de Pistaches, v. Terebinthus.
Huile d'Olive, v. Olea.
Huile essentielle de Jasmin, v. Jasminum.
Hydrangea.
Hypericum.
Hypreau, v. Populus.
Hysope, v. Hyssopus.
Hyssopus.

J

JACOBEASTRUM, v. Othonna.
Jasmin, v. Jasminum.
Jasmin de Virginie, v. Bignonia.
Jasminoides.
Jasminum.
If, v. Taxus.
Ilex.
Ilex, LINN. v. Aquifolium.
Indigo bâtard, v. Amorpha.
Jonc marin, v. Genista Spartium.
Itea.
Juglans, v. Nux.
Juniperus.
Juniperus, LINN. v. Cedrus.
Juniperus, v. Sabina.
Jujuba, v. Ziziphus.
Jujubier, v. Ziziphus.

K

KALMIA.
Kermès, v. Ilex.
Ketmia.
Kinorodon, v. Rosa.

L

LADANUM, Résine, Voyez Cistus.
Lande, v. Genista Spartium.
Lapathum Orientale, v. Polygonum.
Larix.
Lavande, v. Lavandula.
Lavandula.
Lavandula, LINN. v. Stœcas.
Laureola, v. Thymelæa.
Laurier, v. Laurus.
Laurier-Alexandrin, v. Ruscus.
Laurier-Cerise, v. Lauro-cerasus.
Laurier-Rose, v. Nerion.
Laurier sauvage d'Acadie, v. Gale.
Laurier-Tin, v. Tinus.
Laurier-Tulipier, v. Magnolia.
Lauro-cerasus.
Laurus.
Ledum ou Ledon, v. Cistus.
Lentiscus.
Lentisque, v. Lentiscus.
Lentisque du Pérou, v. Molle.
Licium, v. Jasminoides.
Lierre, v. Hedera.
Lierre de Canada, v. Menispermum.
Ligustrum.

Lilac.
Lilas, v. Lilac.
Lilas des Indes, v. Azedarach.
Liquidambar.
Liriodendrum, v. Tulipifera.
Lither-Wood, v. Dirca.
Lonicera, LINN. v. Caprifolium, Periclymenum, Chamæcerasus, Symphoricarpos, Diervilla.
Lucet, v. Vitis Idæa.
Lysimachia C. B. P. v. Nerion.

M

MAGNOLIA.
Mahaleb, v. Cerasus.
Main-découpée, v. Platanus.
Malus.
Marceau, v. Salix.
Marronnier, v. Castanea.
Marronnier d'Inde, v. Hippocastanum.
Marronnier à fleurs rouges, v. Pavia.
Massugo, v. Cistus.
Mastic, Résine, v. Lentiscus.
Mauret, v. Vitis Idæa.
Melese, v. Larix.
Melia, v. Azedarach.
Menispermum.
Merisier, v. Cerasus.
Merisier de Canada, v. Betula.
Messier, v. Mespilus.
Mespilus.
Mezereon, v. Thymelæa.
Micacoulier & Micocoulier, v. Celtis.
Mimosa, LINN. v. Acacia.
Minel, v. Cerasus.
Myrica foliis oblongis, v. Liquidambar.
Myrtille, v. Vitis Idæa.
Molle.
Moor-Wood, v. Dirca.
Morelle, v. Solanum.
Morus.
Mugo, v. Pinus.
Murier, v. Morus.
Myrica, v. Gale.
Myrica foliis oblongis, &c. v. Liquidambar.
Myrte, v. Myrtus.
Myrtus.

N

NEFFLIER, v. Mespilus.
Nega, v. Cerasus.
Nerion.
Nerium, v. Nerion.

Nerprun, v. Rhamnus.
Nez-coupé, v. Staphylodendron.
Noir de fumée, v. Pinus & Abies.
Noisettier, v. Corylus.
Noix de galle, v. Quercus.
Noyer, v. Nux.
Nux.

O

OBIER, Voyez Opulus.
Olea.
Olivier, v. Olea.
Olivier sauvage, v. Elæagnus.
Ononis, v. Anonis.
Opulus.
Orme, v. Ulmus.
Ornos, & Orni, v. Ficus.
Osier, v. Salix.
Osier blanc, v. Populus.
Osier fleuri, v. Nerion.
Osier rouge, jaune, &c. v. Salix.
Ostrya, v. Carpinus.
Othonna.
Oxiacantha, v. Mespilus.
Oziris, v. Casia.

P

PACANIER, v. Nux.
Padus, LINN. v. Lauro-Cerasus, & Cerasus.
Padus, v. Cerasus.
Pain-blanc, v. Opulus.
Patattes, v. Solanum.
Paliurus.
Passerina, v. Thymelæa.
Passiflora, v. Granadilla.
Pavia.
Pece ou Pesse, v. Abies.
Pelotte de neige, v. Opulus.
Pentaphylloides.
Periclymenum.
Perinne, résine, v. Pinus.
Periploca.
Persica.
Pervenche, v. Pervinca.
Pervinca.
Pêcher, v. Persica.
Petit-Chêne, v. Chamædris.
Peuplier, v. Populus.
Phaseoloides.
Philadelphus, v. Syringa.
Phlomis.
Phragmites, v. Arundo.

Phylica, *v.* Alaternus.
Phyllirea.
Piaqueminier, *v.* Guaiacana?
Picholine, *v.* Olea.
Pichot, *v.* Cerasus.
Pied-d'Oison, *v.* Chenopodium?
Pignon, *v.* Pinus.
Piment-royal, *v.* Gale.
Pimina, *v.* Opulus.
Pin, *v.* Pinus.
Pinaster, *v.* Pinus.
Pinus.
Pinus, LINN. *v.* Abies & Larix.
Piscari, *v.* Lentiscus.
Pishamin, *v.* Guaiacana.
Pistachia, LINN. } *v.* Terebinthus &
Pistachier. } Lentiscus.
Plane & Pleine, *v.* Acer.
Plaquemenier, *v.* Guaiacana.
Platane, *v.* Platanus.
Platanus.
Platano-Cephalus, *v.* Cephalantus.
Poirier, *v.* Pyrus.
Poix-grasse, } *v.* Abies
Poix-noire, } &
Poix-seche, } Pinus.
Polygonum.
Pomme de Liane, *v.* Granadilla?
Pommier, *v.* Malus.
Populus.
Porte-chapeau, *v.* Paliurus.
Potentilla, LINN. *v.* Pentaphylloides.
Pourpier de mer, *v.* Atriplex.
Prunier, *v.* Prunus.
Prunus.
Prunus, LINN. *v.* Cerasus, Lauro-Cerasus,
Armeniaca, Padus.
Pseudo-Acacia.
Ptelea.
Punica.
Pyrachanta, *v.* Mespilus.
Pyrus.
Pyrus, LINN. *v.* Malus.

Q

QUERCUS.
Quercus, LINN. *v.* Suber & Ilex.

R

RAGOUMINIER, *Voyez* Cerasus.
Raisin, *v.* Vitis.
Raisin de mer, *v.* Ephedra.

Rase, *résine*, *v.* Pinus.
Renouée, *v.* Polygonum.
Résine jaune ou *belle Résine*, *v.* Pinus.
Rhamnoides.
Rhamnus.
Rhamnus, LINN. *v.* Paliurus, Alaternus.
Frangula, Ziziphus.
Rhododendron, *v.* Chamærhododendros.
Rhus.
Rhus, LINN. *v.* Toxicodendron.
Rhus myrtifolia, &c. *v.* Gale.
Ribes, *v.* Grossularia.
Robinia, *v.* Pseudo-Acacia.
Robur, *v.* Quercus.
Ronce, *v.* Rubus.
Rosa.
Rose-Gueldre, *v.* Opulus.
Roseau, *v.* Arundo.
Rosier, *v.* Rosa.
Rosmarinus.
Rouvre, *v.* Quercus.
Rubus.
Rue, *v.* Ruta.
Ruscus.
Ruta.

S

SABINA.
Sabina Orientalis, &c. *v.* Cedrus.
Sabine, *v.* Sabina.
Salix.
Salvia.
Sambucus.
Sandaraque, *résine*, *v.* Juniperus.
Santolina.
Sapin, *v.* Abies.
Sarce-pareille, *v.* Smilax.
Sassafras, *v.* Laurus.
Sauge, *v.* Salvia.
Savinier, *v.* Sabina.
Saule, *v.* Salix.
Savon, *v.* Olea.
Schinos & Schinos aspros, *v.* Lentiscus.
Schinus, *v.* Molle.
Securidaca, *v.* Emerus.
Sedum-minus, &c. *v.* Chenopodium.
Séné-bâtard, *v.* Emerus.
Senecio, *v.* Baccharis.
Serento, *v.* Abies.
Seringa, *v.* Syringa.
Sibirica, *v.* Pseudo-Acacia.
Sideroxilon.
Siliqua.
Siliquastrum.

Smilax.

Fin de la Table Générale des Matieres.

Tome II.

Ccc

Extrait des Regiſtres de l'Académie Royale des Sciences.

Du 16. Août 1755.

MEssieurs Bouguer & Bernard de Jussieu, qui avoient
été nommés pour examiner un Ouvrage de M. Duhamel, intitulé : *Traité des Arbres & Arbuſtes qui ſe cultivent en France en pleine terre*, en
ayant fait leur rapport, l'Académie a jugé cet Ouvrage digne de l'Impreſſion :
en foi de quoi j'ai ſigné le préſent Certificat. A Paris le 16. Août 1755.

Signé, GRANDJEAN DE FOUCHY, Secrétaire perpétuel
de l'Académie Royale des Sciences.

Extrait des Regiſtres de l'Académie de Marine,

Du 28. Août 1755.

MOnſieur le Marquis DE LA GALISSONIERE & M. Bouguer, qui
avoient été nommés par l'Académie pour examiner un Ouvrage de M.
Duhamel, intitulé : *Traité des Arbres & Arbuſtes qui ſe cultivent en France
en pleine terre*, ayant fait leur rapport, l'Académie de Marine a jugé que cet
Ouvrage méritoit d'être imprimé. A Breſt le 29. dudit mois & an.

Signé, CHOQUET, Secrétaire de l'Académie de Marine.

PRIVILEGE DU ROI.

LOUIS par la grace de Dieu, Roi de France & de Navarre : A nos amés &
féaux Conſeillers, les Gens tenans nos Cours de Parlement, Maîtres des Requêtes ordinaires de notre Hôtel, Grand Conſeil, Prevôt de Paris, Baillifs, Sénéchaux,
leurs Lieutenans Civils, & autres nos Juſticiers qu'il appartiendra, SALUT. Nos
bien-amés LES MEMBRES DE L'ACADEMIE ROYALE DES SCIENCES de notre bonne
Ville de Paris, Nous ont fait expoſer qu'ils auroient beſoin de nos Lettres de Privilege pour l'impreſſion de leurs Ouvrages : A CES CAUSES, voulant favorablement
traiter les Expoſans, nous leur avons permis & permettons par ces Préſentes de faire
imprimer, par tel Imprimeur qu'ils voudront choiſir, toutes les Recherches ou Obſervations journalieres, ou Relations annuelles de tout ce qui aura été fait dans les
Aſſemblées de ladite Académie Royale des Sciences, les Ouvrages, Mémoires ou
Traités de chacun des Particuliers qui la compoſent, & généralement tout ce que
ladite Académie voudra faire paroître, après avoir fait examiner leſdits Ouvrages,
& qu'ils ſont jugé dignes de l'impreſſion, en tels volumes, forme, marge, caractères,
conjointement ou ſéparément, & autant de fois que bon leur ſemblera, & de les
faire vendre & débiter par tout notre Royaume, pendant le tems de vingt années
conſécutives, à compter du jour de la date des Préſentes ; ſans toutefois qu'à l'occaſion des Ouvrages ci-deſſus ſpécifiés, il puiſſe en être imprimé d'autres qui ne ſoient

pas de ladite Académie : faisons défenses à toutes sortes de personnes, de quelque qualité & condition qu'elles soient, d'en introduire d'impression étrangere dans aucun
lieu de notre obéissance ; comme aussi à tous Libraires & Imprimeurs d'imprimer
ou faire imprimer, vendre, faire vendre & débiter lesdits Ouvrages, en tout ou
en partie, & d'en faire aucunes traductions ou extraits, sous quelque prétexte que
ce puisse être, sans la permission expresse & par écrit desdits Exposans, ou de ceux
qui auront droit d'eux, à peine de confiscation des Exemplaires contrefaits, de
trois mille livres d'amende contre chacun des contrevenans ; dont un tiers à Nous,
un tiers à l'Hôtel Dieu de Paris, & l'autre tiers ausdits Exposans, ou à celui qui
aura droit d'eux, & de tous dépens, dommages & intérêts ; à la charge que ces
Présentes seront enregistrées tout au long sur le Registre de la Communauté des Libraires & Imprimeurs de Paris, dans trois mois de la date d'icelles ; que l'impression
desdits Ouvrages sera faite dans notre Royaume, & non ailleurs, en bon papier &
beaux caractères, conformément aux Réglemens de la Librairie ; qu'avant de les ex-
poser en vente, les Manuscrits ou Imprimés qui auront servi de copie à l'impression
desdits Ouvrages, seront remis ès mains de notre très-cher & féal Chevalier le
Sieur DAGUESSEAU, Chancelier de France, Commandeur de nos Ordres, &
qu'il en sera ensuite remis deux Exemplaires dans notre Bibliothèque publique, un
en celle de notre Château du Louvre, & un en celle de notredit très-cher & féal
Chevalier le Sieur DAGUESSEAU, Chancelier de France, le tout à peine de nul-
lité desdites Présentes : du contenu desquelles vous mandons & enjoignons de faire
jouir lesdits Exposans & leurs ayans cause, pleinement & paisiblement, sans souffrir
qu'il leur soit fait aucun trouble ou empêchement. Voulons que la copie des Présentes qui sera imprimée tout au long, au commencement ou à la fin desdits Ouvrages : soit tenue pour dûement signifiée, & qu'aux copies collationnées par l'un de
nos amez, féaux Conseillers & Sécrétaires, foi soit ajoutée comme à l'original.
Commandons au premier notre Huissier ou Sergent sur ce requis, de faire, pour l'e-
xécution d'icelles, tous actes réquis & nécessaires, sans demander autre permission,
& nonobstant Clameur de Haro, Charte Normande & Lettres à ce contraires ;
CAR tel est notre plaisir. DONNE à Paris le dix-neuviéme jour du mois de Mars,
l'an de grace mil sept cens cinquante, & de notre Régne le trente-cinquiéme. Par le
Roi en son Conseil. MOL.

*Registré sur le Registre XII. de la Chambre Royale & Syndicale des Libraires &
Imprimeurs de Paris, N°.430. fol. 309. conformément au Reglement de 1723, qui fait
défenses, article 4. à toutes personnes, de quelque qualité qu'elles soient, autres que les
Libraires & Imprimeurs, de vendre, débiter & faire afficher aucuns Livres pour les ven-
dre, soit qu'ils s'en disent les Auteurs ou autrement ; à la charge de fournir à la susdite
Chambre huit Exemplaires de chacun, prescrits par l'art. 108. du même Réglement. A
Paris le 5. Juin 1750. Signé, LE GRAS, Syndic.*

www.ingramcontent.com/pod-product-compliance
Lightning Source LLC
Chambersburg PA
CBHW031624210326
41599CB00021B/3287